计算机类技能型理实一体化新形态系列

Spring Cloud微服务应用开发
——基于Alibaba Nacos

（微课视频版）

主　编　张寺宁　吴绍根

清华大学出版社
北　京

内 容 简 介

本书以 Spring Cloud Alibaba 为基础介绍 Spring Cloud 微服务的应用开发。本书首先介绍了微服务相关知识点，进而阐述主流的微服务框架 Spring Cloud Alibaba 的实践应用，涵盖搭建 Spring Cloud Alibaba 项目、注册和配置中心、负载均衡、服务通信、流量控制、服务网关、分布式事务管理、链路追踪和项目部署等内容。本书为立体化新形态教材，配套 PPT、源代码、视频资源二维码、课后练习解答等数字资源，便于读者更加灵活、方便地学习知识点。

本书可作为高等院校计算机相关专业的教材，也可作为 Spring Cloud 微服务应用开发编程爱好者的自学参考书，本书还适合学习 Spring Cloud Alibaba 及其生态系统组件开发微服务应用的初学者使用。

本书封面贴有清华大学出版社防伪标签，无标签者不得销售。
版权所有，侵权必究。举报：010-62782989，beiqinquan@tup.tsinghua.edu.cn。

图书在版编目（CIP）数据

Spring Cloud 微服务应用开发：基于 Alibaba Nacos：微课视频版/张寺宁，吴绍根主编.
北京：清华大学出版社，2025.4.--（计算机类技能型理实一体化新形态系列）.
ISBN 978-7-302-68954-6

Ⅰ．TP368.5

中国国家版本馆 CIP 数据核字第 20254B7S98 号

责任编辑：张龙卿
封面设计：刘代书
责任校对：李　梅
责任印制：杨　艳

出版发行：清华大学出版社
网　　址：https://www.tup.com.cn，https://www.wqxuetang.com
地　　址：北京清华大学学研大厦 A 座　　　邮　编：100084
社 总 机：010-83470000　　　　　　　　　　邮　购：010-62786544
投稿与读者服务：010-62776969，c-service@tup.tsinghua.edu.cn
质量反馈：010-62772015，zhiliang@tup.tsinghua.edu.cn
课件下载：https://www.tup.com.cn，010-83470410

印 装 者：三河市铭诚印务有限公司
经　　销：全国新华书店
开　　本：185mm×260mm　　印　张：19.5　　字　数：467 千字
版　　次：2025 年 6 月第 1 版　　　　　　　　印　次：2025 年 6 月第 1 次印刷
定　　价：59.00 元

产品编号：102018-01

前　言

为了帮助读者学习、掌握和使用 Java 语言设计并了解开发项目的方法，编者携手企业具有丰富经验的工程师开发了一整套 Java 技术体系丛书。本丛书共 5 本，包括《Java 面向对象程序设计(微课视频版)》《Java Web 程序设计(微课视频版)》《Spring 框架应用开发——基于 Spring Boot(微课视频版)》《Spring Cloud 微服务应用开发——基于 Alibaba Nacos(微课视频版)》和《Spring 微服务系统部署(微课视频版)》。

本书介绍 Spring Cloud Alibaba 框架的核心技术。全书采用项目式教学模式，以项目、任务为驱动讲解 Spring Cloud Alibaba 框架理论知识和实践应用，并配套相应的数字资源。

全书共 9 章。第 1 章介绍了软件系统架构的演进、Spring Cloud Alibaba 环境搭建和初步使用方法；第 2 章介绍了 Spring Cloud Alibaba 框架的注册方法、配置中心组件 Nacos 的核心概念以及编程使用方法；第 3 章介绍了 LoadBalancer 组件的核心概念和负载均衡策略的编程使用方法；第 4 章介绍了基于 RestTemplate 和 OpenFeign 两种方式的服务远程通信编程使用方法；第 5 章介绍了 Spring Cloud Alibaba 流量控制组件 Sentinel 的核心概念和编程使用方法；第 6 章介绍了 Spring Cloud Alibaba 网关组件 Gateway 的核心概念和编程使用方法；第 7 章介绍了 Spring Cloud Alibaba 分布式事务管理组件 Seata 的核心概念和编程使用方法；第 8 章介绍了当前主流国产分布式链路追踪组件 SkyWalking 的核心概念和使用方法；第 9 章介绍了基于 Jar 和 War 两种方式打包部署 Spring Cloud Alibaba 项目的整体过程。

本书建议授课课时为 76 课时。

本书的第 1、2 章由吴绍根编写，第 3～9 章由张寺宁编写。本书配有详细的 PPT、教案、源代码、课后练习答案等数字资源，这些数字资源可从清华大学出版社官网下载。

编　者

2025 年 1 月

目 录

第 1 章 初识微服务 ·· 1

  1.1 了解软件系统架构的演进 ·· 1

    1.1.1 单体架构 ·· 1

    1.1.2 垂直分布式架构 ·· 2

    1.1.3 SOA 架构 ·· 2

    1.1.4 微服务架构 ··· 3

  1.2 认识 Spring Cloud 微服务框架 ··· 4

    1.2.1 Spring Cloud Netflix ·· 4

    1.2.2 Spring Cloud Alibaba ··· 6

  1.3 搭建 Spring Cloud Alibaba 项目 ··· 7

    1.3.1 搭建分布式项目 ·· 8

    1.3.2 分布式项目引入 Spring Cloud Alibaba 依赖 ································· 13

  1.4 综合案例：Spring Cloud Alibaba 初体验 ··· 15

    1.4.1 案例任务 ··· 15

    1.4.2 任务分析 ··· 16

    1.4.3 任务实施 ··· 16

  1.5 小结 ·· 18

  1.6 课后练习：创建 Spring Cloud Alibaba 项目 ······································· 18

第 2 章 Spring Cloud Alibaba 之注册中心 ·· 19

  2.1 初识 Nacos ·· 19

    2.1.1 Nacos 的概念 ··· 19

    2.1.2 Nacos 的基本架构 ··· 20

    2.1.3 Nacos 数据模型 ·· 21

  2.2 Nacos 环境搭建 ··· 22

    2.2.1 版本对应关系 ··· 22

    2.2.2 搭建 Nacos 服务端环境 ·· 23

    2.2.3 搭建 Nacos 客户端环境 ·· 25

  2.3 使用 Nacos 注册中心 ·· 26

    2.3.1 注册中心的 CP 和 AP 模式 ·· 26

2.3.2 服务注册和服务发现 ··· 27
2.3.3 注册中心基本使用 ··· 29
2.3.4 CP 模式保护阈值使用 ··· 35
2.3.5 注册中心其他常用配置 ··· 38
2.4 使用 Nacos 配置中心 ··· 39
2.4.1 配置中心基本功能 ··· 39
2.4.2 配置中心基本使用方法 ··· 41
2.4.3 配置热更新的实现方式 ··· 46
2.5 综合案例：Nacos 配置共享 ··· 48
2.5.1 案例任务 ·· 48
2.5.2 任务分析 ·· 48
2.5.3 任务实施 ·· 49
2.6 小结 ··· 52
2.7 课后练习：Nacos 服务注册和相互调用 ··································· 52

第 3 章 Spring Cloud Alibaba 之负载均衡 ································· 53

3.1 初识负载均衡 ·· 53
3.1.1 常用的负载均衡策略 ··· 53
3.1.2 服务端负载均衡 ··· 55
3.1.3 客户端负载均衡 ··· 55
3.2 LoadBalancer 负载均衡基本流程 ··· 55
3.3 使用 LoadBalancer ··· 56
3.3.1 轮询策略 ·· 57
3.3.2 随机选择策略 ··· 63
3.3.3 Nacos 权重分配策略 ··· 65
3.4 负载均衡机制下的分布式会话管理 ··· 66
3.4.1 初识 Spring Session ··· 67
3.4.2 使用 Spring Session ··· 68
3.5 综合案例：LoadBalancer 自定义负载均衡策略 ························· 71
3.5.1 案例任务 ·· 71
3.5.2 任务分析 ·· 71
3.5.3 任务实施 ·· 72
3.6 小结 ··· 75
3.7 课后练习：自定义基于时间规则的负载均衡策略 ························· 75

第 4 章 Spring Cloud Alibaba 之服务通信 ································· 76

4.1 微服务系统中的服务通信方式 ··· 76
4.2 基于接口的远程服务通信——RestTemplate ····························· 76
4.2.1 初识 RestTemplate ·· 77

	4.2.2	使用 RestTemplate	77
	4.2.3	RestTemplate 参数传递	88
	4.2.4	RestTemplate 超时配置	90
4.3	基于接口的远程服务通信——OpenFeign		91
	4.3.1	初识 OpenFeign	91
	4.3.2	使用 OpenFeign	92
	4.3.3	OpenFeign 参数传递	94
	4.3.4	OpenFeign 超时配置	98
	4.3.5	OpenFeign 日志配置	103
	4.3.6	OpenFeign 数据压缩	108
	4.3.7	OpenFeign 连接优化	109
4.4	基于消息队列的远程服务通信——RocketMQ		115
	4.4.1	什么是消息队列	115
	4.4.2	为什么需要消息队列	115
	4.4.3	RocketMQ 简介	117
	4.4.4	安装 RocketMQ 服务端	119
	4.4.5	安装 RocketMQ 客户端	122
	4.4.6	使用 RocketMQ	122
4.5	综合案例：利用 OpenFeign 实现简单的电商下单功能		130
	4.5.1	案例任务	130
	4.5.2	任务分析	131
	4.5.3	任务实施	131
4.6	小结		140
4.7	课后练习：利用 RestTemplate 实现简单的电商下单功能		140

第 5 章 Spring Cloud Alibaba 之流量控制 141

5.1	初识 Sentinel		141
	5.1.1	Sentinel 的由来	141
	5.1.2	Sentinel 简介	143
	5.1.3	Sentinel 对比 Hystrix	144
	5.1.4	Sentinel 的基本使用	145
	5.1.5	JMeter 压力测试工具	149
5.2	Sentinel 规则设置		152
	5.2.1	流控规则	153
	5.2.2	熔断规则	164
	5.2.3	热点规则	168
	5.2.4	授权规则	169
	5.2.5	系统规则	172
5.3	Sentinel 自定义异常处理		172

- 5.3.1 初识@SentinelResource 注解 …… 173
- 5.3.2 使用@SentinelResource 注解 …… 174
- 5.3.3 Sentinel 统一处理限流异常 …… 176
- 5.4 服务远程通信整合 Sentinel …… 178
  - 5.4.1 RestTemplate 整合 Sentinel …… 178
  - 5.4.2 OpenFeign 整合 Sentinel …… 182
- 5.5 综合案例：基于 Nacos 持久化存储 Sentinel 流控规则 …… 185
  - 5.5.1 案例任务 …… 185
  - 5.5.2 任务分析 …… 185
  - 5.5.3 任务实施 …… 186
- 5.6 小结 …… 188
- 5.7 课后练习：基于 Nacos 持久化存储 Sentinel 熔断规则 …… 188

第6章 Spring Cloud Alibaba 之服务网关 …… 189

- 6.1 初识 Gateway …… 189
  - 6.1.1 Gateway 简介 …… 189
  - 6.1.2 Gateway 的基本使用 …… 191
  - 6.1.3 Gateway 整合 Naocs …… 193
- 6.2 Gateway 断言的使用方法 …… 195
  - 6.2.1 DateTime 类型断言工厂 …… 196
  - 6.2.2 Cookie 类型断言工厂 …… 198
  - 6.2.3 Header 类型断言工厂 …… 199
  - 6.2.4 Host 类型断言工厂 …… 200
  - 6.2.5 Method 类型断言工厂 …… 201
  - 6.2.6 Path 类型断言工厂 …… 202
  - 6.2.7 Query 类型断言工厂 …… 203
  - 6.2.8 RemoteAddr 类型断言工厂 …… 204
  - 6.2.9 Weight 类型断言工厂 …… 205
  - 6.2.10 自定义断言工厂 …… 206
- 6.3 Gateway 过滤器的使用方法 …… 208
  - 6.3.1 局部过滤器 …… 208
  - 6.3.2 全局过滤器 …… 218
- 6.4 Gateway 跨域设置 …… 220
  - 6.4.1 全局跨域配置 …… 220
  - 6.4.2 局部跨域配置 …… 222
- 6.5 Gateway 整合 Sentinel …… 222
  - 6.5.1 Gateway 整合 Sentinel 实现流控 …… 223
  - 6.5.2 Gateway 整合 Sentinel 实现降级 …… 227
- 6.6 综合案例：搭建高可用 Gateway 集群 …… 230

6.6.1 案例任务 ·· 230
6.6.2 任务分析 ·· 230
6.6.3 任务实施 ·· 230
6.7 小结 ··· 233
6.8 课后练习：自主练习搭建高可用 Gateway 集群 ··············· 233

第 7 章 Spring Cloud Alibaba 之分布式事务管理 ············ 234

7.1 初识分布式事务 ··· 234
 7.1.1 分布式事务的由来 ·································· 234
 7.1.2 分布式事务处理模型和协议 ························ 235
7.2 初识 Seata ·· 238
 7.2.1 Seata 的架构 ·· 238
 7.2.2 Seata 的四种事务模式 ···························· 239
7.3 安装和使用 Seata ·· 244
 7.3.1 安装 Seata 服务端 ································ 244
 7.3.2 安装和使用 Seata 客户端 ························ 248
7.4 综合案例：Seata TCC 模式事务管理 ················· 251
 7.4.1 案例任务 ·· 251
 7.4.2 任务分析 ·· 251
 7.4.3 任务实施 ·· 252
7.5 小结 ··· 262
7.6 课后练习：Seata 在网购场景下的分布式事务管理 ······· 262

第 8 章 Spring Cloud Alibaba 之分布式链路追踪 ············ 263

8.1 初识 SkyWalking ·· 263
 8.1.1 SkyWalking 简介 ·································· 263
 8.1.2 SkyWalking 架构 ·································· 264
8.2 安装部署 SkyWalking ···································· 265
 8.2.1 部署 SkyWalking 服务端 ························ 265
 8.2.2 部署 SkyWalking 客户端 ························ 267
8.3 使用 SkyWalking ·· 269
 8.3.1 初识 SkyWalking 的 Web 页面 ················ 269
 8.3.2 SkyWalking 方法级的链路追踪 ················ 274
 8.3.3 SkyWalking 日志收集 ···························· 276
 8.3.4 SkyWalking 告警功能 ···························· 279
8.4 综合案例：SkyWalking 利用邮件发送告警信息 ······· 281
 8.4.1 案例任务 ·· 281
 8.4.2 任务分析 ·· 282
 8.4.3 任务实施 ·· 282

8.5 小结 ………………………………………………………………………… 285

8.6 课后练习：集成网关模块实现分布式链路追踪 ……………………… 285

第9章 Spring Cloud Alibaba 项目部署 ………………………………… 286

9.1 基于 Jar 部署 Spring Cloud Alibaba 项目 ………………………… 286

9.2 基于 War 部署 Spring Cloud Alibaba 项目 ………………………… 291

9.3 小结 ………………………………………………………………………… 297

9.4 课后练习：打包部署 Spring Cloud Alibaba 项目 ………………… 298

参考文献 ……………………………………………………………………… 299

第 1 章　初识微服务

当今 Java 系统架构已经从传统的单体架构演进到微服务架构，越来越多的公司以微服务架构作为衡量产品架构的标准。微服务是一种软件系统架构模式，提倡将单一应用程序划分成一组松散耦合的小型服务，各个服务之间通过轻量级的协议互相通信，使得整个软件系统更好地支持基于云原生的分布式部署。

1.1　了解软件系统架构的演进

随着互联网的发展，系统应用的规模越来越大，业务越来越复杂，进而系统架构也在不断地进行变化。从总体上看，Java 系统架构大体经历了单体架构、垂直分布式架构、SOA（service-oriented architecture，面向服务架构）架构和微服务架构这样四个阶段。

1.1.1　单体架构

单体架构即一个系统的所有功能都包含在一个 war 包或者 jar 包中，如图 1-1 所示。这种架构节约人力成本，能够快速开发和上线部署、维护成本低，很多初创型公司早期系统大多采用这种架构。在项目初期用户量不大的情况下，单体架构足以支撑系统业务的正常运行。随着业务的发展，单体系统暴露出了一系列问题。

图 1-1　单体架构

（1）用户量越来越大，网站的访问量也不断增大。为满足不同用户需求，系统的业务也越来越复杂。系统内模块高度耦合，对某个模块微小功能的调整，可能会对其他模块带来不可知的影响和潜在的缺陷。

（2）业务越多，系统程序包的容量也越大，系统部署升级的过程也越来越困难。每次发布新版本都是整个系统进行发布，系统部署需要重启整个系统。

（3）单体系统存在性能瓶颈问题，单体架构的服务器 CPU、内存、磁盘等资源都是有限的。即使添加资源也不可能无限制地扩展。

传统的单体架构已经渐渐地不能满足需求了。需要使用一种新的软件架构来解决上述问题。

1.1.2 垂直分布式架构

为了解决传统架构的问题，人们借用大数据中"分而治之"的思想，同时部署多个系统到多台服务器上，进行 CPU、内存、磁盘存储的负载均衡，以增加系统的服务性能，这就是分布式架构。在分布式架构的使用过程中，人们同时发现并不需要对整个系统进行分布式部署，只有系统中部分访问量很高的模块才需要分布式部署。因此将系统中模块进行垂直拆分，将系统拆分成多个模块。对高访问量的模块分布式部署多个服务器，低访问量的模块还是单服务器部署，这就是垂直分布式架构，如图 1-2 所示。垂直分布式架构实现了流量分担，解决了并发问题，而且可以针对不同模块进行优化和水平扩展。

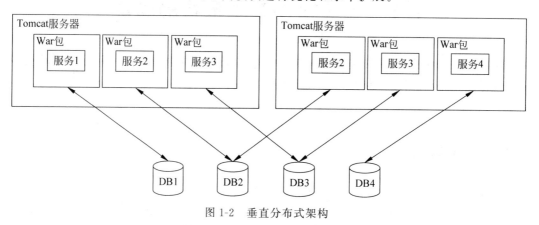

图 1-2　垂直分布式架构

当垂直模块越来越多，重复的业务代码就会越来越多。例如，A 模块需要调用服务 2，B 模块也要调用服务 2，是不是可以将服务 2 这部分重复代码抽取出来，做成统一的业务服务供不同模块调用？这样就产生了 SOA 架构。

1.1.3 SOA 架构

SOA 架构是一种面向服务的架构方式。该架构把一些通用的、被多个服务调用的共享业务服务提取出来，整合成共享的基础服务，这些服务相对来说比较独立，也可以重用。这样一个完整的业务就被划分为一些粗粒度的业务服务和对应的业务流程。当这种服务越来越多时，就需要一个管理者来管理这些服务。因此，一般 SOA 架构中会存在一个服务注册调度中心对集群进行实时管理，如图 1-3 所示。

SOA 架构的服务注册调度中心未实现组件化，功能较为单一，只负责管理服务，在服务治理方面有很多缺陷。例如，一个完整的业务流程需要依次调用多个服务，一旦某个服务调用环节出错，会卡死整个业务流程，造成服务雪崩。同时各服务关系错综复杂，如何统一部署、访问和运维？因此产生了微服务架构。

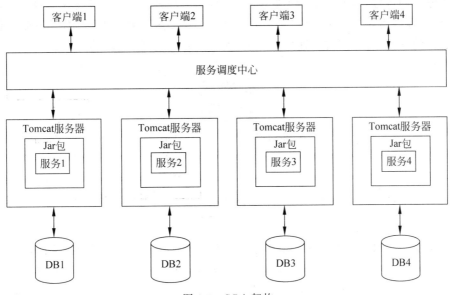

图 1-3 SOA 架构

1.1.4 微服务架构

微服务架构是面向服务架构 SOA 的进一步发展,目的是更好地对各服务进行治理。它将 SOA 服务进行彻底拆分,拆分成更小的细粒度服务,每个服务都是一个可以独立运行的项目。在微服务架构中,各服务由注册中心统一管理,注册中心实现组件化,本身也可以看作是一个微服务。服务之间通信采用基于 HTTP 的 RESTful 接口或基于 TCP 的 RPC 协议。外部客户端通过统一的网关访问内部各个服务,并对服务链路进行日志记录,性能监控和链路追踪,如图 1-4 所示。

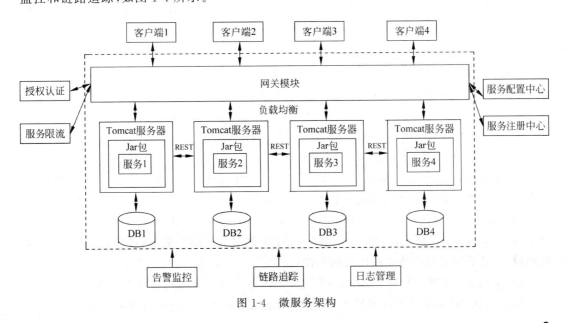

图 1-4 微服务架构

在服务访问过程中,如果某一个服务发生故障,可以通过重试、降级等机制来实现服务的容错,使故障隔离在单个服务中,避免服务雪崩。在系统更新迭代时,每个微服务都是一个独立运行的项目,可以实现快速单独部署,而不需要重新部署整个系统。

微服务架构

1.2 认识 Spring Cloud 微服务框架

在开发中,一般使用现有的微服务框架快速构建微服务应用,目前主流的微服务框架之一就是 Spring Cloud 系列。Spring Cloud 为微服务框架的实现提供了一个标准规范,约定一个微服务框架要提供服务注册发现、服务网关、远程服务通信、负载均衡、服务熔断、分布式消息、配置中心、链路监控等功能组件。实际上一个 Spring Boot 就是一个微服务的最小单元,整个微服务系统可以看作是由很多个 Spring Boot 项目组成。在此基础之上 Spring 团队基于 Spring Boot 整合实现了基于 Spring Cloud 规范的微服务框架,用于对内部各 Spring Boot 项目进行统一管理。基于 Spring Cloud 规范的微服务框架的发展经历了 2 代,分别是 Spring Cloud Netflix 和 Spring Cloud Alibaba。本任务将详细介绍二者的基本组件和异同点。

1.2.1 Spring Cloud Netflix

Spring Cloud Netflix 是第一代微服务架构的开源实现。Netflix 是美国 Netflix 公司开发并开源的一套微服务框架,并在生产环境中稳定运行。

1. Netflix 内部提供的组件

Netflix 内部提供了多种组件,包括服务治理组件注册中心(Eureka)、负载均衡组件(Ribbon)、服务调用组件(Feign)、服务熔断组件(Hystrix)、网关组件(Zuul)、配置管理组件(Archaius)等。Spring 团队对 Netflix 组件进行再次封装和整合,构建了 Spring Cloud Netflix 微服务框架,提升了 Netflix 框架的易用性。Spring Cloud Netflix 整体架构如图 1-5 所示。

(1) Eureka。这是一款基于 Rest 服务的服务治理组件,称为注册中心,用于服务注册与发现,同时实现了云端负载均衡和服务的故障转移功能。

(2) Ribbon。这是一款负载均衡组件,用于实现客户端服务调用的负载均衡。

(3) Hystrix。这是一款容错管理组件,用于实现服务熔断功能,通过断路器模式,隔离故障服务,从而保障微服务系统的高可用性。

(4) Feign。这是一款基于 Ribbon 和 Hystrix 的声明式服务远程通信组件。

(5) Zuul。这是一款微服务网关,用于提供动态路由及访问过滤等服务。

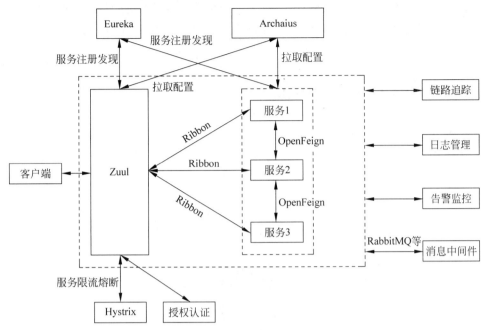

图 1-5 Spring Cloud Netflix 整体架构

（6）Archaius。配置管理 API，包含一系列配置管理 API，提供动态类型化属性、线程安全配置操作、轮询框架、回调机制等功能。

2. Spring Cloud 官方开源的微服务组件

Netflix 微服务框架可整合一些 SpringCloud 官方开源的微服务组件，例如，远程服务通信组件（Spring Cloud ResTemplate 和 Spring Cloud OpenFeign）、API 网关组件（Spring Cloud Gateway）、分布式消息组件（Spring Cloud RabbitMQ）、配置中心（Spring Cloud Config）、负载均衡组件（Spring Cloud LoadBalancer）等。

（1）Spring Cloud ResTemplate：Spring 官方提供的基于 RESTful 的远程服务通信组件，可实现不同微服务之间的调用。RestTemplate 底层提供了对 HTTP 请求及响应的封装，用于简化远程服务通信的实现过程。

（2）Spring Cloud OpenFeign：Spring 官方提供的基于 Feign 的远程服务通信组件。OpenFeign 在 Feign 基础上提供了对 Spring MVC 注解的支持，简化了远程服务通信的实现过程。

（3）Spring Cloud Gateway：Spring 官方提供的网关组件，用于替代旧网关组件 Netflix Zuul。Gateway 旨在为微服务架构提供统一的 API 路由管理方式。Gateway 的基本功能包括路由管理、监控、限流等。

（4）Spring Cloud RabbitMQ：基于 Erlang 语言开发的开源消息通信中间件。Spring 官方集成 RabbitMQ 用于各微服务之间的消息通信。

（5）Spring Cloud Config：Spring 官方提供的分布式配置中心组件，用于各微服务配置文件的统一管理和实时更新。

（6）Spring Cloud LoadBalancer：Spring 官方提供的负载均衡组件，用于替代 Ribbon。

2018年12月,Spring Cloud Netflix 进入维护模式,一些重要组件如注册中心 Eureka、Ribbon 已经不再迭代更新了。但目前仍然有不少开发者还在使用 SpringCloud Netflix 构建微服务应用。

1.2.2 Spring Cloud Alibaba

2019年7月,Spring Cloud Alibaba 成为 Spring 社区正式项目。Spring Cloud Alibaba 是第二代微服务架构的开源实现,内部包含阿里开源组件和商业化组件,以及部分常用的 Spring Cloud 官方开源组件。使用时开发者只需添加少量注解和配置,就可以通过阿里中间件来迅速搭建分布式应用系统。对于个人开发者来说,主要使用阿里开源组件和 Spring Cloud 官方开源组件开发微服务系统,因此,后续介绍内容不涉及阿里商业化组件。

Spring Cloud Alibaba 整体架构

Spring Cloud Alibaba 开源组件整体架构如图 1-6 所示。

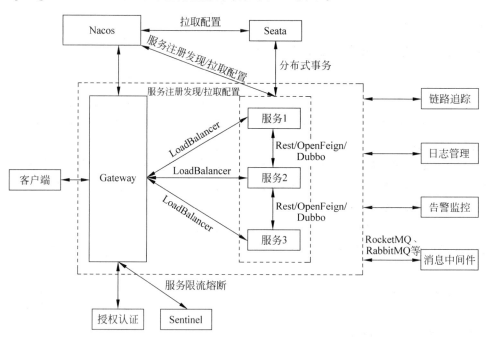

图 1-6　Spring Cloud Alibaba 开源组件整体架构

1. 阿里开源组件

(1) Nacos:一款基于分布式的服务注册发现和配置管理组件。Nacoss 将服务发现和服务配置功能集成整合。

（2）Sentinel：一款面向分布式服务架构的轻量级流量控制组件，用于服务的流量控制、熔断降级、系统负载保护等。

（3）RocketMQ：一款分布式消息组件，该系统基于高可用分布式集群技术，提供低延时的、高可靠的消息发布与订阅服务。

（4）Dubbo：一款高性能 RPC 组件，用于实现服务通信。

（5）Seata：一款分布式事务管理组件。

2. 阿里商业化组件

（1）Alibaba Cloud ACM：阿里云提供的一款对服务配置进行集中管理和推送的配置中心。

（2）Alibaba Cloud OSS：阿里云提供的一款海量、安全、低成本、高可靠的云存储服务。

（3）Alibaba Cloud SchedulerX：阿里云提供的一款分布式任务调度产品，实现基于 Cron 表达式的定时任务调度服务。

（4）Alibaba Cloud SMS：阿里云提供的一款短信服务的产品。

同时，Spring Cloud Alibaba 也兼容常用的 SpringCloud 官方开源组件。例如，使用 Spring Cloud Gateway 作为微服务网关；使用 Open Feign 或 RestTemplate 进行远程服务通信；使用 RabbitMQ 进行服务消息传递；使用 Spring Cloud LoadBalancer 进行负载均衡。

表 1-1 是基于 Spring Cloud Netflix 和 Spring Cloud Alibaba 的微服务架构相关组件对比。

表 1-1 Spring Cloud Netflix 和 Spring Cloud Alibaba 的微服务架构相关组件对比

组件类型	Spring Cloud Netflix	Spring Cloud Alibaba
服务注册发现	Eureka	Nacos
配置中心	Archaius	Nacos
服务熔断	Hystrix	Sentinel
服务调用	Feign/ResTemplate	Feign/ResTemplate/Dubbo
服务网关	Zuul	Spring Cloud Gateway
分布式消息	RabbitMQ	RabbitMQ/RocketMQ
负载均衡	Ribbon	Spring Cloud LoadBalancer/Dubbo LB
分布式事务管理	无	Seata

1.3 搭建 Spring Cloud Alibaba 项目

分布式项目是构建 Spring Cloud Alibaba 项目的基础。本任务将首先介绍如何使用 Idea 搭建一个简单的分布式项目，进而引入 Spring Cloud Alibaba 依赖搭建一个 Spring Cloud Alibaba 项目。

1.3.1 搭建分布式项目

本任务搭建的分布式项目包含一个父 Maven 项目和两个 Spring Boot 子项目。一个 Spring Boot 项目作为服务生产者提供服务；另一个 Spring Boot 项目作为服务消费者，远程调用服务生产者提供的服务。项目中 Idea 版本为 2023，Java 版本为 17，Spring Boot 版本为 3.0.2。

1. 创建父项目

下面创建的父项目是一个 Spring Boot Maven 项目，但是内部没有 src 目录，通过 pom.xml 文件管理所有子项目的版本依赖。

（1）打开 Idea，选择 File→New→Project 命令，如图 1-7 所示。

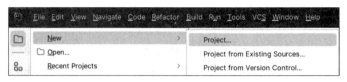

图 1-7　选择 File→New→Project 命令

（2）进入 New Project 对话框，在对话框左侧选中 Spring Initializr 选项，在对话框右侧进行如图 1-8 所示设置。设置 Name 选项为 SpringCloudDemo1；Location 选项可以自定义

图 1-8　New Project 对话框的 Spring Initializr 界面

设置项目存放位置,这里设置为 D:\ideaworkspace；Language 选项选择 Java；Type 选项选择 Maven；Group 和 Artifact 选项中输入 SpringCloudDemo1；Packagename 选项中输入 springclouddemo1；Java 版本为 17。

(3) 设置完毕,单击 Next 按钮,进入图 1-9 所示对话框。在对话框中,默认 Spring Boot 版本为 3.2.4,用户可以根据需要选择导入一些依赖。这里不修改 Spring Boot 版本,也不导入任何依赖,直接单击 Create 按钮,即可完成父项目的创建。

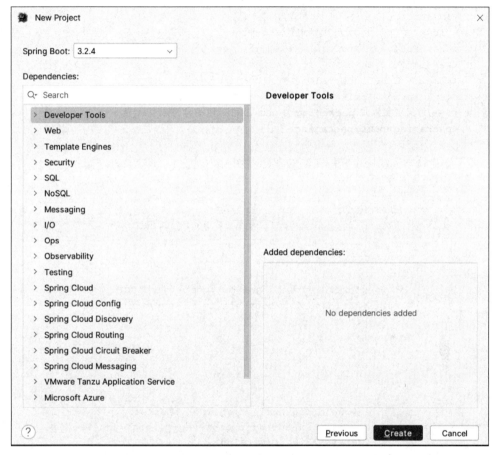

图 1-9　New Project 对话框的 Dependencies 界面

(4) 删除父项目 SpringCloudemo1 的 src 文件夹。在 SpringCloudemo1 项目的 pom.xml 文件中设置 spring-boot-starter-parent 的版本为 3.0.2。添加 <packaging>pom</packaging> 标签,设置父项目在工程中不会打成 Jar 包。设置打包插件 spring-boot-maven-plugin 版本为 3.0.2。设置父项目编译版本为 java17,这样后面创建的子项目也会自动继承父项目并使用 java17 编译项目。

【pom.xml】

```
<?xml version="1.0" encoding="UTF-8"?>
<project xmlns="http://maven.apache.org/POM/4.0.0"
    xmlns:xsi="http://www.w3.org/2001/XMLSchema-instance"
```

```xml
        xsi:schemaLocation= "http://maven.apache.org/POM/4.0.0
            https://maven.apache.org/xsd/maven-4.0.0.xsd">
    <modelVersion>4.0.0</modelVersion>
    <parent>
        <groupId>org.springframework.boot</groupId>
        <artifactId>spring-boot-starter-parent</artifactId>
        <version>3.0.2</version>
        <relativePath/> <!-- lookup parent from repository -->
    </parent>
    <groupId>SpringCloudDemo1</groupId>
    <artifactId>SpringCloudDemo1</artifactId>
    <version>0.0.1-SNAPSHOT</version>
    <name>SpringCloudDemo1</name>
    <description>SpringCloudDemo1</description>
    <!-- 为父项目添加 packaging 为 pom,工程打包不会打成 Jar 包 -->
    <packaging>pom</packaging>
    <properties>
        <java.version>17</java.version>
    </properties>
    <dependencies>
        <dependency>
            <groupId>org.springframework.boot</groupId>
            <artifactId>spring-boot-starter</artifactId>
        </dependency>
        <dependency>
            <groupId>org.springframework.boot</groupId>
            <artifactId>spring-boot-starter-test</artifactId>
            <scope>test</scope>
        </dependency>
    </dependencies>
    <build>
        <plugins>
            <plugin>
                <groupId>org.springframework.boot</groupId>
                <artifactId>spring-boot-maven-plugin</artifactId>
                <version>3.0.2</version>
            </plugin>
            <!-- 配置当前项目编译 jdk 版本信息 -->
            <plugin>
                <groupId>org.apache.maven.plugins</groupId>
                <artifactId>maven-compiler-plugin</artifactId>
                <version>3.8.1</version>
                <configuration>
                    <source>17</source>
                    <target>17</target>
                    <encoding>UTF-8</encoding>
                </configuration>
            </plugin>
        </plugins>
    </build>
</project>
```

2. 创建子项目

子项目是具体的 Spring Boot 项目,内部存在 src 目录。子项目可根据需要在 pom.xml 文件中导入依赖,依赖版本可自己管理,也可由父项目统一管理。下面在父项目下分别创建服务生产者和服务消费者的子项目。

(1) 在 SpringCloudDemo1 项目上右击,在弹出的快捷菜单中选择 New→Module 命令,如图 1-10 所示。

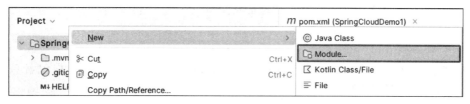

图 1-10 选择 New→Module 命令

(2) 进入 New Module 对话框,在对话框右侧进行如图 1-11 所示设置。设置 Name 为 ServiceProduct;Language 选项选择 Java;Build system 选项选择 Maven;GroupId 为 ServiceProduct 项目 src/main/java 目录下的根包名,设置为 prodemo。再单击下方 Create 按钮,即可完成 ServiceProduct 子项目的创建。

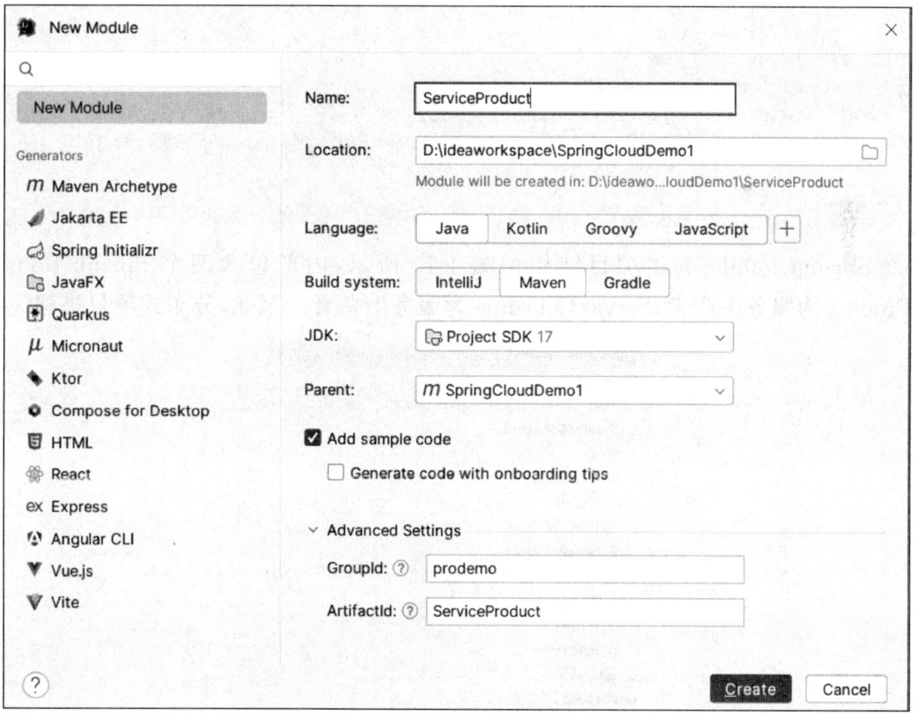

图 1-11 New Module 对话框

(3) 先删除 ServiceProduct 子项目的 prodemo 目录下的 Main 文件,然后在 ServiceProduct 子项目的 prodemo 目录下编写 ServiceProduct 项目的启动类 ServiceProductApplication.java。

【ServiceProductApplication.java】

```java
package prodemo;

import org.springframework.boot.SpringApplication;
import org.springframework.boot.autoconfigure.SpringBootApplication;

@SpringBootApplication
public class ServiceProductApplication {
    public static void main(String[] args){
        SpringApplication.run(ServiceProductApplication.class,args);
    }
}
```

(4) 按照上述步骤再创建一个子模块项目,项目名为 ServiceConsume,根包名 GroupId 为 condemo。创建完毕,先删除 ServiceConsume 子项目的 condemo 目录下的 Main 文件。然后在 ServiceConsume 项目的 condemo 目录下编写 ServiceConsume 项目的启动类 ServiceConsumeApplication.java。

【ServiceConsumeApplication.java】

```java
package condemo;

import org.springframework.boot.SpringApplication;
import org.springframework.boot.autoconfigure.SpringBootApplication;

@SpringBootApplication
public class ServiceConsumeApplication {
    public static void main(String[] args){
        SpringApplication.run(ServiceConsumeApplication.class,args);
    }
}
```

最终 SpringCloudDemo1 项目结构如图 1-12 所示,内部包含两个 Spring Boot 项目:ServiceProduct 为服务生产者,ServiceConsume 为服务消费者。至此,分布式项目搭建完毕。

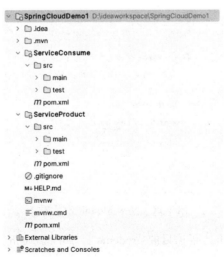

图 1-12 SpringCloudDemo1 项目结构

1.3.2　分布式项目引入 Spring Cloud Alibaba 依赖

下面对分布式项目引入 Spring Cloud Alibaba 依赖，使之成为一个 Spring Cloud Alibaba 项目。由于后续还需使用 SpringCloud 官方组件，这里同时引入 Spring Cloud Alibaba 和 Spring Cloud。下面对父项目 SpringCloudDemo1 的 pom.xml 文件中做两点修改。

（1）添加<dependencyManagement>标签，内部引入 Spring Cloud Alibaba 依赖和 Spring Cloud 依赖作为项目的父依赖。

（2）为了统一格式，将所有的父依赖都写在<dependencyManagement>标签中，可以注释原有<parent>标签内部的 Spring Boot 依赖，将 Spring Boot 依赖写在<dependencyManagement>标签中。

这里需首先确定 Spring Cloud Alibaba 和 Spring Cloud 的版本。Spring Cloud Alibaba 官方给出了如表 1-2 所示 Spring Cloud Alibaba、Spring Cloud 和 Spring Boot 版本对应关系。由于前面的分布式项目是基于 Spring Boot 3.0.2 版本构建，因此 Spring Cloud Alibaba 版本可选用 2022.0.0.0 版本或 2022.0.0.0-RC2 版本，对应的 Spring Cloud 版本为 2022.0.0。这里选取 2022.0.0.0-RC2 作为后续构建项目的 Spring Cloud Alibaba 版本。

表 1-2　Spring Cloud Alibaba、Spring Cloud 和 Spring Boot 版本对应关系

Spring Cloud Alibaba	Spring Cloud	Spring Boot
2022.0.0.0*	Spring Cloud 2022.0.0	3.0.2
2022.0.0.0-RC2	Spring Cloud 2022.0.0	3.0.2
2022.0.0.0-RC1	Spring Cloud 2022.0.0	3.0.0

最终 SpringCloudDemo1 项目的 pom.xml 文件如下。

【pom.xml】

```xml
<?xml version="1.0" encoding="UTF-8"?>
<project xmlns="http://maven.apache.org/POM/4.0.0"
         xmlns:xsi="http://www.w3.org/2001/XMLSchema-instance"
         xsi:schemaLocation="http://maven.apache.org/POM/4.0.0
         https://maven.apache.org/xsd/maven-4.0.0.xsd">
    <modelVersion>4.0.0</modelVersion>
    <modules>
        <module>ServiceProduct</module>
        <module>ServiceConsume</module>
    </modules>
<!--    <parent>-->
<!--        <groupId>org.springframework.boot</groupId>-->
<!--        <artifactId>spring-boot-starter-parent</artifactId>-->
<!--        <version>3.0.2</version>-->
<!--        <relativePath/> &lt;!&ndash; lookup parent from repository &ndash;&gt; -->
<!--    </parent>-->
```

```xml
<groupId>SpringCloudDemo1</groupId>
<artifactId>SpringCloudDemo1</artifactId>
<version>0.0.1-SNAPSHOT</version>
<name>SpringCloudDemo1</name>
<description>SpringCloudDemo1</description>
<!-- 为父项目添加的 packaging 为 pom,工程不会打成 Jar 包 -->
<packaging>pom</packaging>
<properties>
    <java.version>17</java.version>
</properties>
<dependencies>
    <dependency>
        <groupId>org.springframework.boot</groupId>
        <artifactId>spring-boot-starter</artifactId>
    </dependency>
    <dependency>
        <groupId>org.springframework.boot</groupId>
        <artifactId>spring-boot-starter-test</artifactId>
        <scope>test</scope>
    </dependency>
</dependencies>
<dependencyManagement>
    <dependencies>
        <!-- 为父项目添加 spring cloud alibaba 依赖 -->
        <dependency>
            <groupId>com.alibaba.cloud</groupId>
            <artifactId>spring-cloud-alibaba-dependencies</artifactId>
            <version>2022.0.0.0-RC2</version>
            <type>pom</type>
            <scope>import</scope>
        </dependency>
        <!-- 为父项目添加 spring boot 依赖 -->
        <dependency>
            <groupId>org.springframework.boot</groupId>
            <artifactId>spring-boot-starter-parent</artifactId>
            <version>3.0.2</version>
            <type>pom</type>
            <scope>import</scope>
        </dependency>
        <!-- 为父项目添加 spring cloud 依赖 -->
        <dependency>
            <groupId>org.springframework.cloud</groupId>
            <artifactId>spring-cloud-dependencies</artifactId>
            <version>2022.0.0</version>
            <type>pom</type>
            <scope>import</scope>
        </dependency>
    </dependencies>
</dependencyManagement>
```

```xml
<build>
    <plugins>
        <plugin>
            <groupId>org.springframework.boot</groupId>
            <artifactId>spring-boot-maven-plugin</artifactId>
            <version>3.0.2</version>
        </plugin>
        <!-- 配置当前项目编译 jdk 的版本信息 -->
        <plugin>
            <groupId>org.apache.maven.plugins</groupId>
            <artifactId>maven-compiler-plugin</artifactId>
            <version>3.8.1</version>
            <configuration>
                <source>17</source>
                <target>17</target>
                <encoding>UTF-8</encoding>
            </configuration>
        </plugin>
    </plugins>
</build>
</project>
```

至此,一个 Spring Cloud Alibaba 项目就搭建完毕了。此时项目没有引入任何 Spring Cloud Alibaba 组件,但是一样可以在两个 Spring Boot 子项目之间实现远程服务通信功能。下面将以一个综合案例演示该功能的具体实现。

1.4 综合案例:Spring Cloud Alibaba 初体验

在微服务项目中,业务逻辑被拆解成很多个微小的服务。如果要实现一个业务逻辑,往往需要远程调用一系列服务。例如,购买一件商品,单击"购买"按钮后,还需调用支付服务支付金额,调用库存服务扣减库存,调用积分服务累积积分,调用快递服务发送快递等。下面将通过一个案例介绍微服务项目内部如何进行服务远程通信。

1.4.1 案例任务

任务内容:利用 1.3 节创建的 Spring Cloud Alibaba 项目模拟用户下单并远程调用库存服务扣减库存。要求在子项目 ServiceProduct 内部创建一个库存服务,在子项目 ServiceConsume 内部创建一个订单服务。如果用户调用子项目 ServiceConsume 的订单服务下单购买,则订单服务内部在下单成功后需远程调用子项目 ServiceProduct 的库存服务扣减库存。

1.4.2　任务分析

该任务模拟一个简单的服务远程通信场景。ServiceProduct 和 ServiceConsume 是两个 Spring Boot 项目。由于项目没有引入任何 Spring Cloud Alibaba 组件，因此，可直接利用 Spring Boot 项目之间的远程服务通信类 RestTemplate 实现。RestTemplate 类是一个 Spring 官方提供的远程服务通信模板，内部封装了一系列远程服务通信方法，用以实现 Restful 风格的请求。这里只需在 ServiceConsume 的订单服务方法内部创建 RestTemplate 对象，并调用 RestTemplate 对象的相应方法，即可远程调用 ServiceProduct 的库存服务。

1.4.3　任务实施

下面在 SpringCloudDemo1 的子项目 ServiceProduct 内部创建一个库存服务，在子项目 ServiceConsume 中创建一个订单服务。实现远程调用 ServiceProduct 提供的服务。

分别在 ServiceProduct 项目和 ServiceConsume 项目的 pom.xml 文件中添加 Web 依赖，以便后续创建 Web 服务。

```xml
<dependencies>
    <dependency>
        <groupId>org.springframework.boot</groupId>
        <artifactId>spring-boot-starter-web</artifactId>
    </dependency>
</dependencies>
```

在 ServiceProduct 项目的 prodemo 目录下新建 controller 目录，在 controller 目录下编写 ProductController 类，在 ProductController 类内部定义库存服务接口方法 stock，stock 内部打印扣减库存。

【ProductController.java】

```java
package prodemo.controller;
import org.springframework.web.bind.annotation.GetMapping;
import org.springframework.web.bind.annotation.RestController;
@RestController
public class ProductController {
    @GetMapping("/stock")
    public String stock(){
        System.out.println("扣减库存");
        return "扣减库存";
    }
}
```

在 ServiceProduct 项目的 resources 目录下新建 application.yaml 配置文件，内部配置服务端口为 7071。

【application.yaml】

```
server:
  port: 7071
```

在 ServiceConsume 项目的 condemo 目录下新建 config 目录,在 config 目录下新建配置类 ServiceConsumeconfig,内部配置 RestTemplate 的 Bean 对象。使用时直接在订单服务类中注入 RestTemplate 对象即可。

【ServiceConsumeconfig.java】

```java
package condemo.config;
import org.springframework.boot.web.client.RestTemplateBuilder;
import org.springframework.context.annotation.Bean;
import org.springframework.context.annotation.Configuration;
import org.springframework.web.client.RestTemplate;
@Configuration
public class ServiceConsumeconfig {
    @Bean
    public RestTemplateBuilder restTemplateBuilder() {
        return new RestTemplateBuilder();
    }
    @Bean
    public RestTemplate restTemplate(RestTemplateBuilder restTemplateBuilder){
        RestTemplate restTemplate=restTemplateBuilder.build();
        return restTemplate;
    }
}
```

在 ServiceConsume 项目的 condemo 目录下新建 controller 目录,在 controller 目录下编写 ConsumeController 类;在 ConsumeController 类内部注入 RestTemplate 对象,同时定义订单服务接口方法 order;order 方法内部打印下单成功,并远程调用库存服务方法 stock。

【ConsumeController.java】

```java
package condemo.controller;
import org.springframework.beans.factory.annotation.Autowired;
import org.springframework.web.bind.annotation.GetMapping;
import org.springframework.web.bind.annotation.RestController;
import org.springframework.web.client.RestTemplate;
@RestController
public class ConsumeController {
    //注入 RestTemplate 对象
    @Autowired
    private RestTemplate restTemplate;
    @GetMapping("/order")
    public String order(){
        System.out.println("下单成功");
        String res= restTemplate.getForObject(
                "http://localhost:7071/stock",String.class);
        return "下单成功,"+res;
    }
}
```

上述代码中首先注入了 RestTemplate 对象,然后使用 RestTemplate 的 getForObject()方法进行服务远程通信。getForObject 方法的参数为远程服务地址和服务返回值类型。RestTemplate 对象的详细使用将在第 4 章中介绍。

在 ServiceConsume 项目的 resources 目录下新建 application.yaml 配置文件,内部配置服务端口为 7072。

【application.yaml】

```
server:
  port: 7072
```

分别启动 ServiceProductApplication.java 和 ServiceConsumeApplication.java。在浏览器中输入网址 http://localhost:7072/order,访问订单服务接口,页面显示"下单成功,扣减库存",成功实现了服务的远程调用。

上述案例实现了一个简单的服务远程通信,但是这种调用方式也存在缺陷。服务调用的核心代码是 restTemplate.getForObject 方法,内部需要硬编码指定服务 IP 地址和端口号,当服务调用越来越多,这种方式难以维护。服务的地址应该被管理起来,而不是硬编码在接口中。除此之外,万一库存服务出错,服务调用会被卡死,如何监控各子项目服务状态?如果某子项目服务访问量过大,如何实现负载均衡?这些问题就需要引入一些成熟的框架来解决。Spring Cloud Alibaba 是第二代成熟的微服务解决方案,内部提供相应组件用于解决项目微服务架构所遇到的一系列问题。后续章节将详细介绍 Spring Cloud Alibaba 框架中相关组件的使用。

1.5 小　　结

本项目是微服务学习的入门章节,重在引导读者进入微服务领域相关知识的学习。首先介绍软件系统架构的演进,包括单体架构、垂直分布式架构、SOA 架构、微服务架构等,使读者了解软件架构的整体演进过程,以及为什么要使用微服务架构。进而介绍主流的微服务框架 Spring Cloud Netflix 和 Spring Cloud Alibaba,使读者了解微服务框架的整体架构和基本功能组件。最后利用 Idea 搭建了一个简单的 Spring Cloud Alibaba 微服务项目,演示微服务项目的创建过程和简单的远程服务通信,使读者对微服务系统有初步的了解和认识,为后续章节打下学习基础。

1.6 课后练习:创建 Spring Cloud Alibaba 项目

参考 1.3 节微服务的搭建步骤,自主搭建一个简单的微服务系统,模拟用户登录功能,要求用户登录功能接收到登录请求后,必须远程调用用户管理服务接口,返回登录成功的信息。

第 2 章 Spring Cloud Alibaba 之注册中心

在第 1 章搭建的微服务项目中,远程服务通信时存在服务地址硬编码的问题。在实际应用中,要实现一个复杂的业务逻辑往往要调用大量的服务接口,如果这些服务接口地址都在程序中编码,在进行服务迁移时,就需要耗费大量时间去修改 IP 地址和端口号,不利于项目的后期维护。Spring Cloud Alibaba 内部提供 Nacos 组件解决此类问题。本章将详细介绍 Spring Cloud Alibaba 之 Nacos 2.x 的技术原理、架构、配置及使用方法。

2.1 初识 Nacos

Nacos 是阿里巴巴推出的集动态服务发现、配置管理于一体的第二代微服务管理平台。相比于第一代微服务注册中心 Eureka,Nacos 功能更为强大。目前 Nacos 已经成为国内开发者开发微服务的首选组件。目前 Nacos 的最新版本为 2.x,下面将基于 Nacos 2.x 介绍 Nacos 的概念和整体架构。

2.1.1 Nacos 的概念

Nacos 是阿里巴巴推出针对微服务架构中服务发现、服务配置管理和服务治理的综合性解决方案,后被 Spring 团队整合进 Spring Cloud Alibaba 框架。Nacos 支持对各种主流类型的服务管理,包括 Kubernetes 服务、gRPC 服务、Dubbo RPC 服务和 Spring Cloud RESTful 服务等。在具体使用中,Nacos 同时提供注册中心、配置中心和服务管理 UI 界面,用于替代传统的注册中心 Spring Cloud Eureka 和配置中心 Spring Cloud Config,使开发者更敏捷地构建和管理微服务平台。

Nacos 五大核心功能介绍如下。

1. 服务发现

Nacos 同时支持基于 DNS 和基于 RPC 的两种服务发现策略。服务提供者可以使用原生 SDK 和 OpenAPI 等多种方式向 Nacos 注册服务,服务消费者可以使用 DNS 和 HTTP 等方式查找和发现服务。

2. 服务健康监测

Nacos 提供对服务的实时健康检查,各服务通过心跳机制向 Nacos 汇报自身健康状况,如果有服务出现异常，Nacos将会自动阻止用户客户端向服务异常的主机发送请求。

3. 服务动态配置

Nacos提供配置统一管理功能，实现项目配置的中心化、外部化和动态化管理。同时Nacos还提供了一个简洁易用的UI服务管理界面，用于管理所有的服务和应用的配置。此外，Nacos还提供包括配置版本跟踪、配置发布、配置回滚以及配置状态跟踪等功能，使配置管理变得更加高效和敏捷。

4. 服务动态DNS

Nacos支持动态DNS服务权重路由，使开发者更容易实现服务的负载均衡、流量控制等功能。

5. 服务管理及元数据管理

Nacos提供管理微服务项目所有服务及其元数据信息，包括服务基本信息、服务生命周期、服务依赖关系分析、服务健康状态、服务流量管理、服务安全策略、服务性能指标统计等。

2.1.2 Nacos的基本架构

Nacos 2.x的基本架构为C/S架构，分为服务端和客户端。服务端主要功能为管理和注册服务，保存并提供客户端配置信息，向客户端提供服务列表等。客户端主要功能为注册自身服务，从服务端获取客户端配置，获取服务列表等。使用时需安装对应的Nacos服务端应用程序，服务端可单机部署，也可集群部署；各服务利用Nacos客户端组件向Nacos服务端注册服务。Nacos的基本架构如图2-1所示。

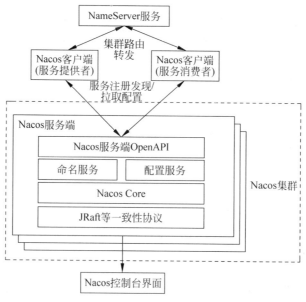

图2-1 Nacos的基本架构

图中主要组件介绍如下。

(1) 服务提供者：内部通过调用 Nacos 客户端组件，向 Nacos 服务端注册服务并拉取配置。

(2) 服务消费者：内部通过调用 Nacos 客户端组件，向 Nacos 服务端消费服务并拉取配置。

(3) NameServer 服务：用于 Nacos 集群部署模式，通过虚拟 IP、直连 IP 或 DNS 的方式将请求转发到特定的 Nacos 集群。

(4) Nacos 服务端：提供实现配置服务、命名服务等功能的 Open API 接口。

(5) 一致性协议：用于实现 Nacos 集群节点的数据同步，解决数据一致性问题。Nacos 默认使用 JRaft 算法实现数据同步。

(6) Nacos 控制台界面：支持使用默认用户账号、管理员账号和自定义账号三种模式登录。

(7) 数据存储：Nacos 元数据默认保存在内存中，同时也支持持久化存储在数据库中，例如，MySQL 和 Amazon S3 等。

Nacos 的基本架构

2.1.3 Nacos 数据模型

为便于统一管理服务和配置，类似于 Maven 中的 Jar 包定位，Nacos 将服务的定义拆分为命名空间、分组和服务，通过这三者定位到具体的某个服务。同时，Nacos 将配置的定义拆分成命名空间、分组和配置集，通过这三者定位到具体的某个服务配置，如图 2-2 所示。

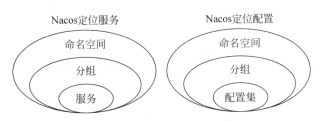

图 2-2 Nacos 服务和配置定位的数据模型

1. 命名空间

命名空间用于对不同的服务和配置环境进行隔离。例如，真实项目开发中，会存在开发环境、测试环境和生产环境。同一个服务或配置需要同时存在这三个环境中并且之间必须隔离，不能互相干扰。这时就可以通过设置不同的命名空间名称，在服务注册和配置管理时针对不同的环境使用不同的命名空间，以避免服务和配置的冲突和干扰。在 Nacos

中,默认的命令空间为 public,每个命名空间都有自己的命名空间 ID,且拥有自己独立的配置和服务注册表,不同命名空间的服务和配置互相隔离,不能相互访问。

2. 分组

分组将多个服务或配置集归纳为一组,以便统一管理。Nacos 默认的分组名称为 DEFAULT_GROUP。分组通常用于区分不同的系统,使用时一般将一个系统分为一个组,例如,一个员工管理系统的配置集可以归纳为一个分组 EMP_GROUP,一个网络管理系统的配置集可以归纳为一个分组 Net_GROUP。

3. 服务

一个项目或应用会内部会包含若干个服务,每个服务都通过唯一的服务名向 Nacos 注册,服务名一般由用户根据业务逻辑自定义。

4. 配置集

配置集可以认为是一个项目或应用的配置文件,一个配置集包含了项目或应用的各种配置信息。例如,一个配置集可能包含了数据源、线程池、日志级别等配置项。如果一个项目存在多个配置集,每个配置集都可以定义一个唯一的名称,以便区分。这个名称就是配置集 ID。配置集 ID 命名一般会遵守如下特定命名规则。

`[spring.application.name]-[spring.profiles.active].[file-extension]`

其中,当 spring.profiles.active 为空时,对应的连接符"-"也不存在,配置集 ID 的格式变成 [spring.application.name].[file-extension]。例如,在开发环境下,spring.profiles.active 为 dev,服务名 spring.application.name 为 service1,配置集 ID 可以命名为 service1-dev.yaml;如果不区分环境,也可命名为 service1.yaml。

在实际使用中,建议命名空间属性命名为不同环境,例如,开发环境(dev)、测试环境(test)和生产环境(prod)等。分组属性命名为项目名称。服务属性命名为项目下具体的某个服务名称,配置集属性命名为项目中具体某服务的配置文件。

2.2 Nacos 环境搭建

在使用 Nacos 之前必须先搭建好 Nacos 环境,由于 Nacos 是 C/S 架构,使用前必须先安装服务端应用程序。本任务将介绍如何安装配置和启动 Nacos 服务端应用程序,进而在项目中如何引入 Spring Cloud Alibaba 和 Nacos 的相关依赖。

2.2.1 版本对应关系

在安装 Nacos 之前首先要确定版本,因为 Nacos 是 Spring Cloud Alibaba 的生态组件,所以 Nacos 的版本由 Spring Cloud Alibaba 版本决定。这里 Spring Cloud Alibaba 的版本

为2022.0.0.0-RC2，Spring Cloud Alibaba官方给出了Spring Cloud Alibaba和内部各组件版本对应关系，如表2-1所示，可确定Spring Cloud Alibaba 2022.0.0.0-RC2版本所对应的Nacos版本为2.2.1。

表 2-1　Spring Cloud Alibaba 和内部各组件版本对应关系

Spring Cloud Alibaba Version	Sentinel Version	Nacos Version	RocketMQ Version	Dubbo Version	Seata Version
2022.0.0.0	1.8.6	2.2.1	4.9.4	—	1.7.0
2022.0.0.0-RC2	1.8.6	2.2.1	4.9.4	—	1.7.0-native-rc2
2021.0.5.0	1.8.6	2.2.0	4.9.4	—	1.6.1
2.2.10-RC1	1.8.6	2.2.0	4.9.4	—	1.6.1
2022.0.0.0-RC1	1.8.6	2.2.1-RC	4.9.4	—	1.6.1

2.2.2　搭建 Nacos 服务端环境

Nacos服务端依赖Java环境，首先必须保证本地Java环境正常。为了方便学习，这里选择在Windows环境下安装Nacos服务端，在Nacos官网下载Windows环境下2.2.1版本Nacos压缩包nacos-server-2.2.1.zip，然后解压压缩包即可。Nacos服务端支持两种启动模式：单机启动模式和集群启动模式。单机启动模式适合开发环境，集群启动模式适合生产环境；集群启动模式为默认模式。

（1）如果是单机启动，只需修改nacos的bin目录下startup.cmd文件内部代码。将以下内容：

```
set MODE= "cluster"
```

改成：

```
set MODE= "standalone"
```

保存后再双击startup.cmd文件，Nacos服务端将以单机模式启动。

（2）如果是集群启动，Nacos元数据需借助外部数据库存储，需修改nacos的conf目录下appilcation.propertirs配置文件内容，设置外部数据库信息（数据库数量、数据库地址和数据库连接池等），如图2-3所示。然后在MySQL数据库中创建nacos数据库并在数据库

图 2-3　Naocs 配置文件 appilcation.propertirs

中执行 conf 目录下的 mysql-schema.sql 数据库脚本文件,创建 nacos 服务端运行的相关数据表。

注意:在 Nacos 2.2.1 版本中,还必须修改 nacos 的 conf 目录下 appilcation.propertirs 配置文件的内容,设置 nacos.core.auth.plugin.nacos.token.secret.key 配置项值,该值为长度大于或等于 32 位的随机字符串经过 Base64 加密后的结果,否则服务端会启动失败。该配置项默认值为空。

为了方便,这里采用单机模式启动 Nacos 服务端,需修改两处地方。

(1) 将 nacos 的 bin 目录下 startup.cmd 文件内部 set MODE="cluster" 改成 set MODE="standalone"。

(2) 设置 nacos 的 conf 目录下 appilcation.propertirs 配置文件中配置项 nacos.core.auth.plugin.nacos.token.secret.key 值为 01234567012345670123456701234567 经过 Base64 加密后的结果 MDEyMzQ1NjcwMTIzNDU2NzAxMjM0NTY3MDEyMzQ1NjcKIA==,具体如下。

```
nacos.core.auth.plugin.nacos.token.secret.key=MDEyMzQ1NjcwMTIzNDU2NzAxMjM0NTY3MDEyMzQ1NjcKIA==
```

保存后再双击 startup.cmd 文件,Nacos 服务端将以单机模式启动。待看到窗口显示 Nacos started Successfully in stand alone mode 的信息,则服务端启动成功,命令行窗口如图 2-4 所示,窗口内部显示 Nacos 服务端启动相关信息(Nacos 版本、Nacos 启动模式、默认端口号 Port、进程号 Pid 和控制台 Web 界面访问地址等)。

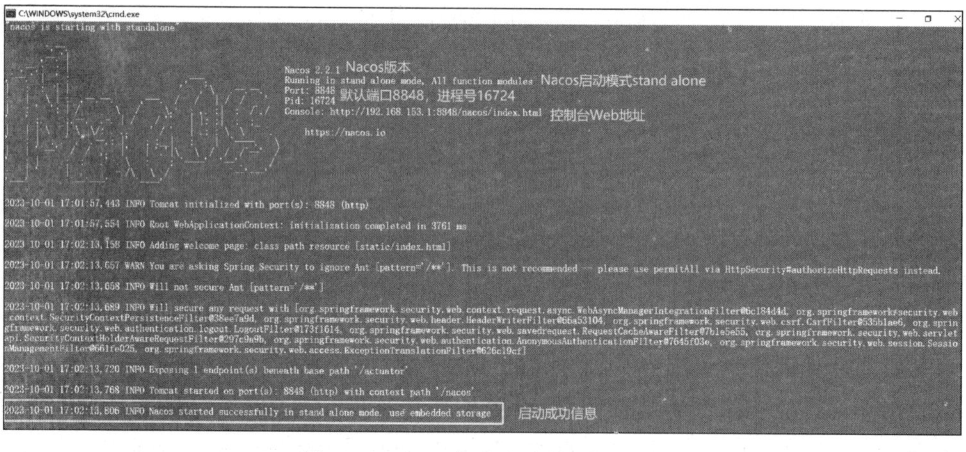

图 2-4 Nacos 启动成功命令行窗口

Nacos 启动成功后,可在浏览器中输入地址 http://localhost:8848/nacos/index.html,进入 Nacos 控制台登录页面,如图 2-5 所示。

在控制台 Web 登录页面输入用户名和密码均为 nacos,即可登录成功。进入 Nacos 控制台功能页面,如图 2-6 所示。在页面左侧分别有配置管理、服务管理、权限控制、命名空间和集群管理菜单,用户可通过 UI 页面配置和查看 Nacos 服务相关信息。

如需关闭 Nacos 服务端,双击 shutdown.cmd 文件即可。

图 2-5　Nacos 控制台登录页面

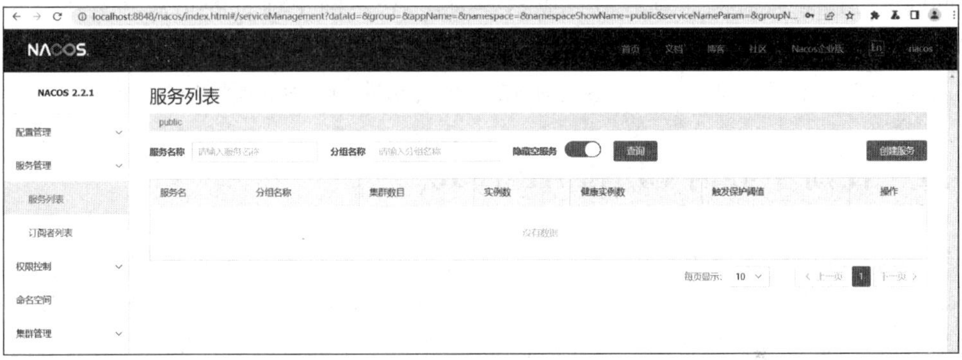

图 2-6　Nacos 控制台功能页面

2.2.3　搭建 Nacos 客户端环境

在 Spring Cloud Alibaba 项目中，各微服务通过 Nacos 客户端组件和 Nacos 服务端进行通信。因此，需要在各微服务的 pom.xml 文件中引入 Nacos 客户端依赖。Nacos 常用的功能就是服务注册发现和配置管理，因此需添加如下两个依赖。Nacos 版本号不需指定，由 Spring Cloud Alibaba 统一管理。

```xml
<dependency>
    <groupId>com.alibaba.cloud</groupId>
    <artifactId>spring-cloud-starter-alibaba-nacos-discovery</artifactId>
</dependency>
<dependency>
    <groupId>com.alibaba.cloud</groupId>
    <artifactId>spring-cloud-starter-alibaba-nacos-config</artifactId>
</dependency>
```

由于 Nacos 2.x 默认使用 Spring Cloud LoadBalancer 做负载均衡，因此服务调用者的 pom.xml 文件中还需引入 LoadBalancer 依赖。

```
<dependency>
    <groupId>org.springframework.cloud</groupId>
    <artifactId>spring-cloud-starter-loadbalancer</artifactId>
</dependency>
```

下面将分别介绍 Nacos 服务注册发现和配置管理功能的原理和相关配置。

2.3 使用 Nacos 注册中心

注册中心是分布式系统中专门用来存储和调度服务的组件，用于对整个分布式系统的服务进行统一管理。在 1.4 节的综合案例中，项目中没有注册中心，服务提供者和服务调用者之间的远程服务通信地址只能写一成不变的代码，不利于项目的扩展和运维。Spring Cloud Alibaba 提供 Nacos 组件统一管理内部所属各服务组件，简化了微服务系统中的服务治理问题。本任务将详细介绍 Nacos 注册中心相关功能的实现原理和配置使用。

2.3.1 注册中心的 CP 和 AP 模式

分布式系统中存在一个 CAP 理论，即在一个分布式系统中不可能同时兼顾一致性（consistency）、可用性（availability）和分区容错性（partition tolerance）。一致性（C）是指分布式系统中，集群每个节点在同一时刻访问数据结果是一致的；可用性（A）是指集群在部分节点出现故障后仍然可以使用；分区容错性（P）是指集群中部分节点网络通信发生故障时，集群依然能够使用。

Nacos 注册中心存在 AP 和 CP 两种运行模式。在 AP 模式下，集群要首先保证可用性，可以接受一段时间内的数据不一致。而 CP 模式下，集群首先要保证数据的一致性，可以接受一定时间内集群不可用。如果服务注册 Nacos 的客户端节点注册时在配置文件设置如下：

```
spring:
  cloud:
    nacos:
      discovery:
        ephemeral: true
```

那么 Nacos 集群对这个客户端节点的效果就是 AP 模式，采用 Distro 协议实现。反之，如果设置 ephemeral 为 false，那么 Nacos 集群对这个节点的效果就是 CP 模式，采用 JRaft 协议实现。根据客户端注册时的属性，Nacos 集群可以让 AP 和 CP 模式同时混合存在，以应对解决不同场景的业务需求。

AP 模式是 Nacos 注册中心的默认模式。因为对于服务发现来说，针对同一个服务，即使注册中心的不同节点保存的服务提供者信息不一致,也不会造成严重后果。对于服务消费者来说,服务能消费才是最重要的,即使部分服务消费者无法找到正确的服务提供者消费服务,还是有一些消费者能够正常消费服务的,这比集群服务不可用及系统出现异常的情况要好。所以 Nacos 注册中心集群部署下优先保障可用性,默认为 AP 模式。

在 AP 模式下,为保障集群的可用性,服务注册的实例均为临时实例,临时实例仅会注册在 Nacos 内存,不会持久化应用到 Nacos 磁盘,如果服务下线或服务不可用,则临时实例会被及时清除。服务调用者调用服务时只会访问健康实例。

在 CP 模式下,为保障集群的一致性,服务注册的实例均为永久实例,永久实例会注册到 Nacos 内存,同时也会被持久化应用到 Nacos 磁盘,如果服务下线或服务不可用,则不会清除服务实例。服务调用者调用服务时会访问健康实例和不健康实例。

Nacos 为什么会设计 AP 和 CP 两种模式? AP 模式注册的服务以临时实例存在,适合于应对突发流量暴增的场景。当流量暴增,可注册多个服务临时实例分担压力。当流量过去之后,不需这么多服务实例,可自动从注册中心清除服务实例。CP 模式下由于服务实例持久化存储,利于运维人员实时查看实例的健康状态百分比,便于项目的后续运维。同时 CP 模式还可以通过设定服务健康实例数/当前服务总实例数的比例阈值(比例阈值为 0~1 的小数)来防止服务雪崩。服务雪崩是指服务提供者不可用导致服务调用者也跟着不可用,以此类推,引起整个链路中的所有微服务都不可用。例如,设定服务健康实例数/当前服务总实例数的比例阈值为 0.5。服务 A 有 50 个实例,当其中 45 个实例都处于不健康状态,如果 Nacos 采用 AP 模式服务调用者只会访问这 5 个健康实例,这 5 个健康实例大概率会因为流量洪峰被打垮,产生服务雪崩。如果采用 CP 模式,健康实例数/总实例数小于 50% 时,会触发保护机制。当服务调用者访问服务时,Nacos 会把该服务所有健康的和不健康的实例全部提供给服务调用者,调用者可能访问到不健康的服务实例,服务调用失败。但这样可以起到服务分流的作用,通过牺牲了一些服务调用请求,保证了健康服务实例的可用性。

注册中心的 CP 和 AP 模式

2.3.2 服务注册和服务发现

Nacos 注册中心的核心功能就是服务注册和服务发现。服务注册就是将某服务的相关信息注册到一个公共的组件上去。服务发现就是新注册的这个服务能够及时地被其他调用者发现,同时对服务状态进行监控,如果服务状态发生改变,也能及时自动发现并更新服务信息。传统的服务调用只涉及服务提供者和服务消费者两个对象。而引入注册中心后,服务的调用将涉及服务提供者、服务消费者、服务注册中心三个对象。

(1) 服务提供者:在服务启动时,向服务注册中心注册自身服务,并向服务注册中心定期发送心跳信息上报服务存活状态。

(2) 服务消费者:在服务启动时,向服务注册中心订阅服务列表信息,把服务注册中心返回的服务列表信息缓存在本地内存中,根据服务列表信息中的服务IP和端口号与服务提供者建立连接。

(3)服务注册中心:用于保存服务提供者注册的服务信息,当服务提供者信息发生变更时,服务注册中心进行同步更新,并将最新的服务提供者信息推送给服务消费者。

下面将详细介绍Nacos 2.x版本注册中心实现服务注册和服务发现功能的基本工作流程。

1. 服务注册

服务注册流程如图2-7所示。

(1)各服务提供者内部使用@EventListener(ApplicationStartEvent.class)注解注册服务启动监听事件,当服务提供者启动后,会触发监听事件并通过gRPC向Nacos服务端注册一个服务实例,同时建立gRPC长连接。gRPC长连接通过定时发送keepalive消息维持链路。所有的长连接通过ConnectionManager对象管理。

(2)Nacos服务端收到各服务提供者注册请求时,会创建一个ConcurrentHashMap对象,将服务实例信息列表(服务名、服务IP和端口号等)缓存到内存中。如果是CP模式下,服务实例信息列表持久化存储,会同时保存在磁盘中。

(3)注册完毕,Nacos服务端会对定时所有服务实例进行健康检查操作,维护内部的服务实例列表数据,保证服务消费者能够及时获取最新的服务实例信息。

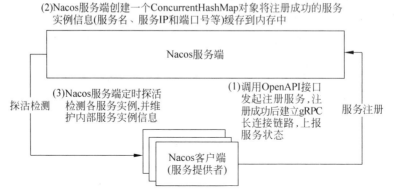

图2-7 服务注册流程

健康检查方式分为两种:在AP模式下,Nacos服务端每3s执行一次客户端连接查看,查看所有连接中是否有超过20s没有进行通信的连接,如果有,服务端就会向该客户端发送一个请求进行探活。如果客户端在1s内成功响应,则探活检测通过,更新最后一次通信时间,否则长连接失效。Nacos服务端会从ConnectionManager对象中移除该长连接,并将该服务实例从服务实例列表中清除。

在CP模式下,Nacos服务端会每隔20s主动检测服务实例的健康状态,检测没有通过的服务实例会被标记为不健康状态,但不会从服务实例列表清除。

2. 服务发现

在单体系统架构中服务调用是本地的,服务消费者和服务提供者在同一个节点,服务调用不需要指定服务地址。在分布式架构中服务调用是远程的,需要指定服务提供者的服务地址。服务消费者可通过 Nacos 服务端获取服务提供者的服务实例地址。如果服务实例地址发生改变或者服务实例发生异常,服务消费者如何知晓?这时就需要用到服务发现机制了。Nacos 服务发现机制包括拉和推两种模式,如图 2-8 所示。

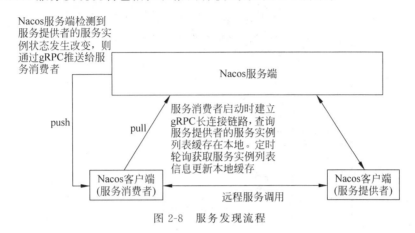

图 2-8　服务发现流程

(1) 拉模式(pull):服务消费者启动时,内部 Nacos 客户端会自动向 Nacos 服务端注册建立 gRPC 长连接,并向 Nacos 服务端查询服务提供者的实例列表信息缓存在本地。随后向 Nacos 服务端定时轮询服务实例列表信息更新本地缓存。

(2) 推模式(push):Nacos 服务端实时监听服务提供者的服务实例状态,如果服务实例地址发生改变或异常,Nacos 服务端会通过 gRPC 长连接主动把变更后的最新服务实例信息推送给服务消费者。

这两种方式互补,保障了服务发现的实时性。方式 1 中服务消费者 Nacos 客户端会订阅 Nacos 服务端的服务,如果有服务实例信息更新,Nacos 服务端会以 gRPC 方式向所有服务消费者的 Nacos 客户端主动推送最新的服务实例列表。如果 Nacos 服务端是集群架构,基于数据一致性协议,还会将最新的服务数据列表同步推送到 Nacos 服务端集群的其他节点上。方式 2 中各服务消费者启动后 Nacos 客户端会开启一个独立线程,定时主动向 Nacos 服务端拉取服务实例列表,同时在本地保存一份。

在 Nacos 的服务注册和服务发现过程中,服务名和服务 IP 地址、端口是动态绑定关系。因此在服务调用过程中,服务调用者可以在代码中直接使用服务名(而不是服务 IP 地址和端口号)去进行服务调用,Nacos 服务端会通过负载均衡组件 LoadBalancer 自动映射服务名到对应的服务 IP 地址和端口号。即使服务 IP 地址和端口号发生变化,Nacos 服务端也会自动更新映射数据,从而解决了第 1 章服务调用地址硬编码的问题。

2.3.3　注册中心基本使用

下面介绍如何在 Spring Cloud Alibaba 项目中配置和使用 Nacos 注册中心的服务注册、服务发现功能,完成服务远程通信。

按照 1.3 节的步骤创建一个名为 SpringCloudDemo2 的 Spring Cloud Alibaba 父项目,父项目内包含服务提供者 NacosProduct 和服务调用者 NacosConsume 两个子模块。创建完毕,SpringCloudDemo2 项目内部结构如图 2-9 所示。

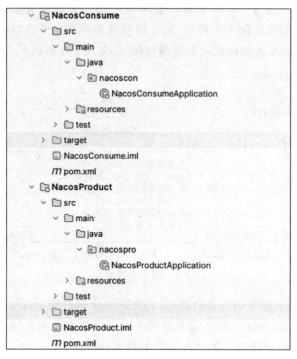

图 2-9　SpringCloudDemo2 项目内部结构

在 NacosProduct 子模块的 pom.xml 文件中引入 Nacos 服务发现启动器、Web 启动器。

```xml
<dependencies>
    <!--引入Nacos服务注册发现启动器 -->
    <dependency>
        <groupId>com.alibaba.cloud</groupId>
        <artifactId>spring-cloud-starter-alibaba-nacos-discovery</artifactId>
    </dependency>
    <!--引入Web启动器-->
    <dependency>
        <groupId>org.springframework.boot</groupId>
        <artifactId>spring-boot-starter-web</artifactId>
    </dependency>
</dependencies>
```

在 NacosConsume 子模块的 pom.xml 文件中引入 Nacos 服务发现启动器、Web 启动器和 LoadBalancer 启动器。这里引入 LoadBalancer 启动器是因为使用 Nacos 作为注册中心后,在服务远程通信过程中服务调用者可以借助负载均衡组件并根据服务名,访问注册中心上对应 IP 地址和端口号的某个服务实例,而不需要在代码中硬编码指定 IP 地址和端口号。Spring Cloud Alibaba 2022 版本不再使用 Ribbon 作远程服务通信的客户端负载均衡,推荐使用 Spring Cloud LoadBalancer 组件作客户端负载均衡。

```xml
<dependencies>
    <!--引入Nacos服务注册发现启动器-->
    <dependency>
        <groupId>com.alibaba.cloud</groupId>
        <artifactId>spring-cloud-starter-alibaba-nacos-discovery</artifactId>
    </dependency>
    <!--引入Web启动器-->
    <dependency>
        <groupId>org.springframework.boot</groupId>
        <artifactId>spring-boot-starter-web</artifactId>
    </dependency>
    <!--引入LoadBalancer启动器-->
    <dependency>
        <groupId>org.springframework.cloud</groupId>
        <artifactId>spring-cloud-starter-loadbalancer</artifactId>
    </dependency>
</dependencies>
```

在NacosProduct的resources目录下新建配置文件application.yaml,在配置文件中添加如下配置注册服务。

【application.yaml】

```yaml
#向Nacos注册服务端口号8081
server:
  port: 8081
spring:
  application:
    #向Nacos注册的服务名nacos-pro,服务名不能包含下划线,否则找不到服务
    name: nacos-pro
  cloud:
    nacos:
      discovery:
        # nacos服务端地址,默认端口为8848
        server-addr: localhost:8848
```

在NacosConsume的resources目录下新建配置文件application.yaml,在配置文件中添加如下配置注册服务。

【application.yaml】

```yaml
#向Nacos注册服务端口号8082
server:
  port: 8082
spring:
  application:
    #向Nacos注册的服务名nacos-con,服务名不能包含下划线,否则找不到服务
    name: nacos-con
  cloud:
    nacos:
```

```yaml
      discovery:
        # nacos 服务端地址,默认端口为 8848
        server-addr: localhost:8848
      config:
        import-check:
          enabled: false
```

在 NacosProduct 的 src/main/java 目录下新建 controller 文件夹,在 controller 文件夹下创建 NacosProController 类,类内部创建一个接口方法 nacosPro(),用于对外提供服务。

【NacosProController.java】

```java
package nacospro.controller;
import org.springframework.web.bind.annotation.GetMapping;
@RestController
public class NacosProController {
    @GetMapping("/nacosPro")
    public String nacosPro(){
        System.out.println("nacosPro 服务被调用");
        return "nacosPro 服务被调用";
    }
}
```

在 NacosConsume 的 src/main/java 目录下新建 config 文件夹,在 config 文件夹下创建配置类 NacosConsumerconfig,内部配置 RestTemplate Bean 对象。RestTemplate Bean 对象上需添加@LoadBalanced 注解,开启客户端负载均衡模式。

【NacosConsumerconfig.java】

```java
package nacoscon.config;
import org.springframework.boot.web.client.RestTemplateBuilder;
import org.springframework.context.annotation.Bean;
import org.springframework.context.annotation.Configuration;
import org.springframework.web.client.RestTemplate;
@Configuration
public class ServiceConsumerconfig {
    @Bean
    public RestTemplateBuilder restTemplateBuilder(){
        return new RestTemplateBuilder();
    }
    @Bean
    @LoadBalanced //客户端负载均衡
    public RestTemplate restTemplate(RestTemplateBuilder restTemplateBuilder){
        RestTemplate restTemplate=restTemplateBuilder.build();
        return restTemplate;
    }
}
```

在 NacosConsume 的 src/main/java 目录下新建 controller 文件夹,在 controller 文件夹下创建 NacosConController 类,类内部创建一个接口方法 nacosCon(),用于对外提供服

务,同时 nacosCon() 方法内部远程调用 NacosProduct 模块的 nacosPro 接口服务。此时服务远程通信只需指定服务提供者的服务名而不是 IP 地址和端口号,消除了服务远程通信时 IP 地址和端口号硬编码问题。

【NacosConController.java】

```java
package nacoscon.controller;
import org.springframework.beans.factory.annotation.Autowired;
import org.springframework.web.bind.annotation.GetMapping;
import org.springframework.web.bind.annotation.RestController;
import org.springframework.web.client.RestTemplate;
@RestController
public class NacosConController {
    //注入 RestTemplate 对象
    @Autowired
    private RestTemplate restTemplate;
    @GetMapping("/nacosCon")
    public String nacosCon(){
        System.out.println("nacosCon 服务被调用");
        String res= restTemplate.getForObject(
            "http://nacos-pro/nacosPro",String.class);
        return "nacosCon 服务被调用,"+res;
    }
}
```

首先开启 Nacos 服务端,然后分别开启 NacosProduct 和 NacosConsume 启动类。从控制台中可以看到启动日志,包含了 Nacos 建立了 gRPC 长连接以及当前注册的服务实例信息等,如图 2-10 所示。

图 2-10 控制台输出 Nacos 服务端启动日志

在浏览器中输入 http://localhost:8848/nacos/index.html,登录 Nacos 控制台 Web 页面。单击"服务管理"下"服务列表"命令,列表中可以看到 nacos-pro 和 nacos-con 两个服务已经成功注册了,如图 2-11 所示。nacos-pro 和 nacos-con 两个服务分别有一个实例,都是健康状态。

单击服务列表右侧"详情"链接,则进入服务详情界面,nacos-pro 的服务详情界面如图 2-12 所示。页面上半部分显示服务名、分组(默认为 DEFAULT_GROUP)、保护阈值

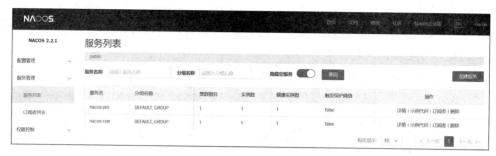

图 2-11　nacos 服务列表页面

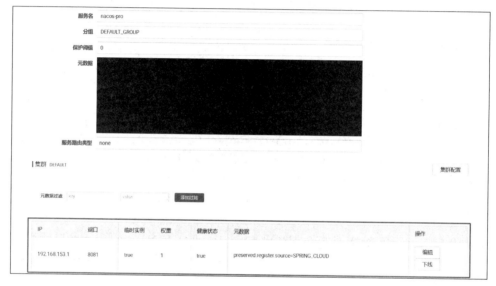

图 2-12　nacos-pro 的服务详情界面

(CP 模式下设置生效)和元数据等信息。页面下半部分会显示该服务的所有服务实例信息,包括服务 IP 地址、端口号、是否为临时实例(AP 模式注册为临时实例、CP 模式注册为永久实例)、权重(负载均衡设置,权重越大则服务实例访问频率越高)、健康状况、元数据等,还可以通过右侧按钮对服务实例进行上、下线处理。

在浏览器页面输入 http://localhost:8082/nacosCon,即可成功远程调用到 nacos-pro 的服务,在页面打印"nacosCon 服务被调用,nacosPro 服务被调用"。单击图 2-11 列表中 nacos-pro 服务右侧的"订阅者"链接。就可以看到 nacos-pro 服务被订阅调用的信息,如图 2-13 所示。

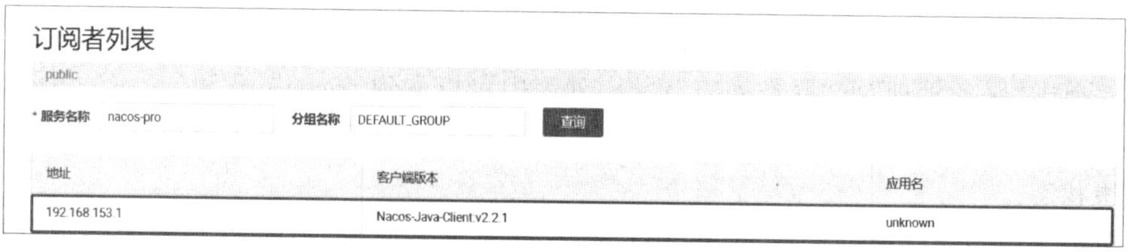

图 2-13　服务订阅者列表界面

分别停止 nacos-pro 和 nacos-con 两个服务,再次刷新服务列表页面,则服务列表为空,如图 2-14 所示。这就是临时服务实例,服务停止后马上从服务列表中删除。

图 2-14　服务被删除后的服务列表

2.3.4　CP 模式保护阈值使用

通过前面的介绍可以了解到,Nacos 在 CP 模式下服务注册的是永久实例。即使服务下线,该服务实例仍然会保存在服务列表中。因此,CP 模式下可通过设置服务的保护阈值,防止服务雪崩。当健康服务实例数量/总服务实例数量小于保护阈值时,会触发服务保护措施。当服务调用者调用服务时,服务会将所有的服务实例(包括健康服务实例和不健康服务实例)都返回给服务调用者,以保障健康实例的可用性。本小节将介绍如何设置服务的保护阈值来防止服务雪崩。

由于 Nacos 默认为 AP 模式,在设置保护阈值之前,需要先修改 nacos-pro 和 nacos-con 两个服务的配置文件,将服务发现模式修改为 CP 模式。

```
spring:
  cloud:
    nacos:
      discovery:
        # nacos 服务端地址,默认端口为 8848
        server-addr: localhost:8848
        ephemeral: false #true 为临时实例,false 为永久实例
```

在 Idea 中配置 nacos-pro 分别以 8081、8083 端口启动,使得 nacos-pro 有两个服务实例。为方便管理多个服务,这里可设置开启 service 选项的树状列表视图。单击 Idea 左下方 Services 选项,打开 Services 面板,使用快捷键 Ctrl+Shift+T 开启树状服务列表视图。在树状服务列表视图中右击 NacosProductApplication 应用,弹出如图 2-15 所示快捷菜单。

图 2-15　右击 NacosProductApplication 应用

在弹出的快捷菜单中选择 Copy Configuration 命令,进入图 2-16 所示 Edit Configuration 页面。这里设置 Name 为 NacosProductApplication8083,是为了与原有 NacosProductApplication 区分开。单击 Build and run 面板右侧 Modify Options 按钮,弹出 Add Run Options 对话框。在对话框中勾选 Java 选项下的 Program arguments 子选项,Build and run 面板会多出一条运行参数输入框。

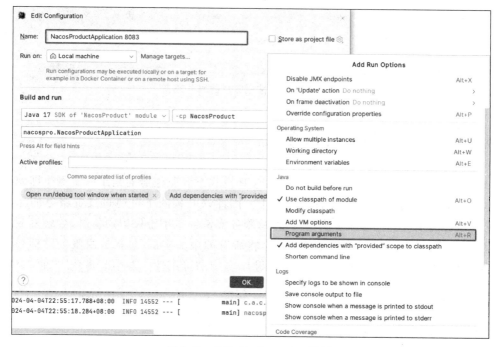

图 2-16　Edit Configuration 页面

在运行参数输入框中输入--server.port=8083,可设置运行端口为 8083,如图 2-17 所示。单击 OK 按钮保存设置,即可在树状服务列表视图中看见 NacosProductApplication8083 服务。

此时启动 8081 和 8083 端口的 nacos-pro 服务以及 nacos-con 服务。在 Nacos 控制台中看到 nacos-pro 和 nacos-con 服务的服务实例均为永久实例。nacos-pro 服务实例列表如图 2-18 所示。

此时,如果把 nacos-pro 服务的保护阈值设置为 0.6,意味着目前 2 个服务实例中,只要有一个服务实例异常或下线,就会触发保护机制,调用 nacos-pro 服务时,Nacos 会将健康实例和不健康实例一起返回。

在服务详情页面单击右上角"编辑"按钮,在图 2-19 所示"更新服务"对话框中设置"保护阈值"为 0.6。

关闭 8083 端口的 nacos-pro 服务,使该服务实例下线,只保留 8081 端口的服务实例,使 nacos-pro 服务触发服务保护机制。具体信息在服务列表中可以看到,如图 2-20 所示。

此时等待 20s,在浏览器页面输入 http://localhost:8082/nacoscon,访问多次,会发现有时候访问 8081 端口的服务实例,有时候访问 8083 端口的服务实例。在访问 8081 端口的服务实例时能够正常收到数据,而在访问 8083 端口的服务实例时会报错,如图 2-21 所示。这就是服务分流的作用,通过牺牲了一些服务调用请求,保证了健康服务实例的可用性。

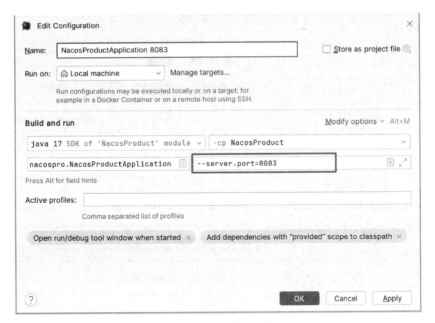

图 2-17　设置运行端口为 8083

IP	端口	临时实例	权重	健康状态	元数据	操作
192.168.153.1	8081	false	1	true	preserved.register.source=SPRING_CLOUD	编辑 下线
192.168.153.1	8083	false	1	true	preserved.register.source=SPRING_CLOUD	编辑 下线

图 2-18　nacos-pro 服务实例列表

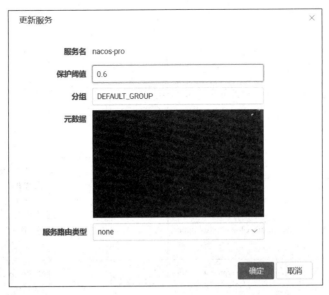

图 2-19　"更新服务"对话框

图 2-20　nacos-pro 服务的具体信息

图 2-21　分别访问 8081 和 8083 端口服务实例返回的结果

2.3.5　注册中心其他常用配置

除了上述使用的一些配置项外，Nacos 还有一些其他常用配置项，如表 2-2 所示。

表 2-2　Nacos 注册中心其他常用配置项

配置项	键名	默认值	说明
服务端地址	spring.cloud.nacos.discovery.server-addr	无	Nacos Server 启动监听的 IP 地址和端口
服务名	spring.cloud.nacos.discovery.service	${spring.application.name}	服务名称
服务分组	spring.cloud.nacos.discovery.group	DEFAULT_GROUP	服务所处分组
权重	spring.cloud.nacos.discovery.weight	1	取值范围为 1~100，数值越大则权重越大
注册的 IP 地址	spring.cloud.nacos.discovery.ip	无	服务注册时使用的 IP 地址，其优先级最高
注册的端口	spring.cloud.nacos.discovery.port	−1	默认情况下不用配置，会自动探测
命名空间	spring.cloud.nacos.discovery.namespace	无	一般用于隔离不同环境的服务，例如，开发测试环境和生产环境等
集群名称	spring.cloud.nacos.discovery.cluster-name	DEFAULT	集群模式下设置 Nacos 集群名

2.4 使用 Nacos 配置中心

在分布式架构下，每个微服务都有自己的配置文件，配置文件会随着微服务数量的增加而越来越多，同时这些配置文件分散在各个微服务中，如果配置发生变动，要去每个微服务中分别修改、重启服务，无法做到配置的统一管理。如果项目环境再细分为开发环境、测试环境、生产环境，配置文件数量会进一步增加，因此需要一个组件统一地将所有微服务的配置文件管理起来。另外，在配置发生改变时，能够在不重启服务的情况下，做到配置的实时更新，从而增加整个微服务系统的稳定性。Nacos 就是一个集注册中心和配置中心功能于一体的 Spring Cloud Alibaba 微服务组件。本节将详细介绍 Nacos 配置中心相关功能的实现原理和配置使用。

2.4.1 配置中心基本功能

Nacos 配置中心有两方面的功能，既可以将配置统一管理，又可以在配置发生改变时及时通知各微服务，实现配置的热更新。

1. 配置统一管理

使用了配置中心后，微服务项目本地配置文件内部一般只指定服务名、Nacos 服务端地址和服务运行环境（开发环境、测试环境、生产环境）等信息，其余改变频率较高的配置项都在 Nacos 统一配置管理。项目启动加载配置流程如图 2-22 所示。

图 2-22　项目启动加载配置流程

在项目启动后要首先拉取 nacos 中管理的配置，然后与本地的 application.yml 配置合并，才能完成项目启动。这里服务名、Nacos 服务端地址和服务运行环境等配置需要配置在 bootstrap.yaml 配置文件中。因为 bootstrap.yaml 配置文件优先级高于 application.yaml，在项目启动后会优先加载 bootstrap.yaml 配置文件内容获取 Nacos 服务端地址，先从 Nacos 服务端上获取项目的配置，然后才和本地的 application.yml 文件内的配置合并，启动项目并创建相关 Bean 对象。

在 Nacos 服务端一般使用 Data ID 字段来保存配置文件名称。为了使 Nacos 服务端能够顺利找到各微服务配置文件，配置文件的文件名需要遵守的命名规则是［prefix］-［spring.profiles.active］.［file-extension］，其中 prefix 默认值为 spring.application.name。

当 spring.profiles.active 为空时,对应的连接符"-"及其选项也不存在,Data ID 的格式变成 [prefix].[file-extension]。例如,服务名 spring.application.name 为 service1 的微服务项目在开发环境下,spring.profiles.active 为 dev 的配置文件名称可以命名为 service1-dev.yaml;如果不区分环境,也可命名为 service1.yaml。

2. 配置的热更新

除了配置集中管理外,Nacos 配置中心还可以实现配置的热更新。Nacos 配置热更新的工作流程如图 2-23 所示。

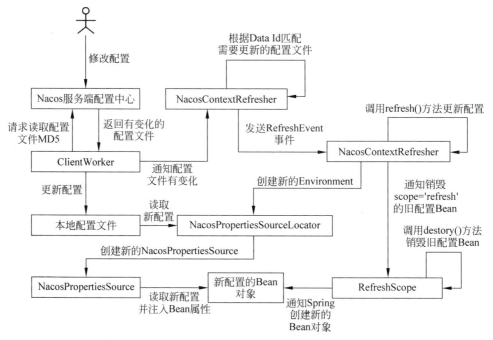

图 2-23 Nacos 配置热更新的工作流程

整个流程主要步骤如下。

(1) 各微服务中的 Nacos 客户端线程 ClientWorker 会每隔 10ms 异步读取一次配置中心的配置文件 md5 值,将其和本地配置文件的 md5 值比较,如果 md5 值不相等,则从服务器提取最新配置,提取完毕,将最新的配置文件保存到本地。

(2) ClientWorker 会通知 Nacos 上下文管理对象 NacosContextRefresher 配置文件有变化。NacosContextRefresher 对象会根据配置文件的 Data ID 判断是否需要更新配置,如果需要更新,则向刷新管理对象 NacosContextRefresher 发送 RefreshEvent 事件以便通知更新配置。

(3) 在更新配置时,会先复制一份旧的配置,然后通过构建新的 Environment 对象获取新的配置,比较二者发现有变化的配置项。

(4) 基于上述变化,读取本地保存的最新配置文件,重新构建 NacosPropertiesSource 的内容。

(5) ContextRefresher 对象通知 RefreshScope 销毁 scope='refresh' 的旧配置 Bean。

（6）RefreshScope 调用 destory()方法销毁旧配置 Bean，通知 Spring Bean 容器创建新的配置 Bean 对象，并注入 NacosPropertiesSource 中最新的配置。

配置中心基本功能

2.4.2　配置中心基本使用方法

使用 Nacos 配置中心之前需先在服务的 pom.xml 文件中导入如下配置中心依赖。

```
<dependency>
    <groupId>com.alibaba.cloud</groupId>
    <artifactId>spring-cloud-starter-alibaba-nacos-config</artifactId>
</dependency>
```

配置中心统一管理配置后，服务的配置不再存储在本地，而是存储在配置中心上。服务启动后会第一时间先去配置中心上读取自己的 application 配置文件，然后加载配置信息，完成服务启动。那么就需要在本地的某个配置文件中添加连接到 Nacos 服务端的地址来访问 Nacos 服务端配置中心上存储的 application 配置文件，并且这个配置文件的加载顺序一定是在 application 配置文件之前。因此，这里必须使用另外一种配置文件来存储 Nacos 服务端的地址——bootstrap 配置文件。

bootstrap 配置文件的执行时间比 application 配置文件要早。在 Spring Cloud 项目启动时会先创建一个 Bootstrap Context 对象，作为 Spring 应用的 Application Context 对象的父对象。初始化配置时，Bootstrap Context 先从外部源加载配置属性并解析配置，然后才轮到 Application Context 对象加载配置。

使用配置中心统一管理配置。以 bootstrap.yaml 配置文件为例，一般在文件中设置如下配置项，这些配置项都是服务连接 Nacos 配置中心并获取配置文件时需要用到的。

```
spring:
  application:
    #向 Nacos 注册的服务名
    name: nacos-pro
  cloud:
    nacos:
      config:
        #配置中心地址
        server-addr: localhost:8848
        #配置文件扩展名
        file-extension: yaml
        #配置文件所在命名空间 ID
        namespace: 命名空间 ID
        #自定义配置文件名，一般不需配置
```

```
#如果Nacos配置文件不以服务名命名,由用户自定义,需配置此项
name: 配置文件名称
```

采用 bootstrap.yaml 做配置文件,还需引入如下 bootstrap 启动器依赖,否则服务启动会报错。因为 Spring Cloud 默认启动是禁用 bootstrap 配置文件的。

```xml
<dependency>
    <groupId>org.springframework.cloud</groupId>
    <artifactId>spring-cloud-starter-bootstrap</artifactId>
</dependency>
```

下面演示配置中心的功能使用。在 SpringCloudDemo2 父项目下新建一个服务 NacosConfigDemo,其目录结构如图 2-24 所示。

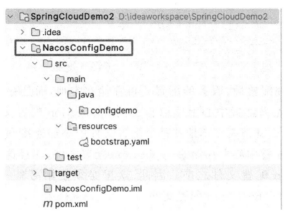

图 2-24　NacosConfigDemo 服务的目录结构

在 NacosConfigDemo 服务的 pom 文件中引入如下依赖,包括服务注册启动器、配置中心启动器、bootstrap 启动器和 Web 启动器。

```xml
<dependencies>
    <!--引入Nacos服务注册发现启动器-->
    <dependency>
        <groupId>com.alibaba.cloud</groupId>
        <artifactId>spring-cloud-starter-alibaba-nacos-discovery</artifactId>
    </dependency>
    <!--引入Nacos配置中心启动器-->
    <dependency>
        <groupId>com.alibaba.cloud</groupId>
        <artifactId>spring-cloud-starter-alibaba-nacos-config</artifactId>
    </dependency>
    <!--引入bootstrap启动器-->
    <dependency>
        <groupId>org.springframework.cloud</groupId>
        <artifactId>spring-cloud-starter-bootstrap</artifactId>
    </dependency>
    <!--引入Web启动器-->
```

```
        <dependency>
            <groupId>org.springframework.boot</groupId>
            <artifactId>spring-boot-starter-web</artifactId>
        </dependency>
    </dependencies>
```

打开 Naocs 控制台页面，选择左侧的“命名空间”命令，进入命名空间页面。在命名空间页面单击页面右侧的“新建命名空间”，弹出如图 2-25 所示对话框。在对话框中输入“命名空间名”为 dev，“描述”为开发环境，创建一个新的命名空间。

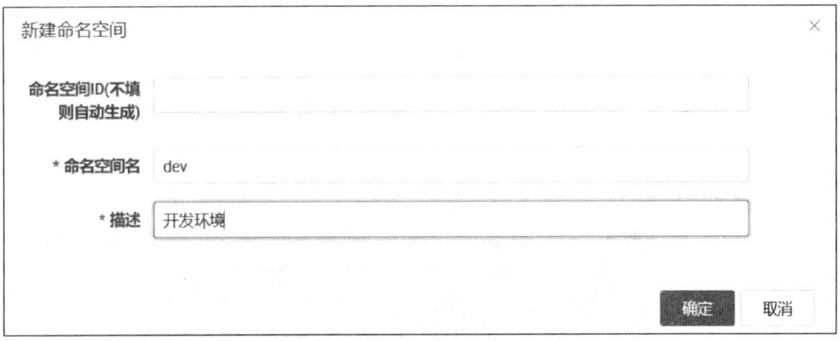

图 2-25　新建命名空间

创建完毕，在命名空间页面就可以看到新创建的 dev 命名空间，如图 2-26 所示。图中方框中的命名空间 ID 非常重要，将配置在 bootstrap. yaml 文件中以区分不同的命名空间。

命名空间名称	命名空间ID	描述
public(保留空间)		
dev	2b00a01b-03a3-4871-8f42-72a6eec7b0d1	开发环境

图 2-26　命名空间列表

选择“配置管理”→“配置列表”命令，进入配置管理页面。配置管理页面默认命名空间为 public，在配置管理页面中单击页面上方的 dev，进入 dev 命名空间。在 dev 命名空间下单击“创建配置”按钮，进入新建配置页面，如图 2-27 所示。在图中输入 Data ID 为 nacos-config-demo，配置格式选择 YAML 格式，配置内容包括设置服务注册端口号、服务注册命名空间和地址。单击页面中的“发布”按钮，可以发布配置。

```
#向 Nacos 注册服务端口号 8085
server:
  port:8085
spring:
  cloud:
    nacos:
      discovery:
        # 服务注册命名空间为 dev
```

```
          namespace: 2b00a01b-03a3-4871-8f42-72a6eec7b0d1
          # nacos 服务端地址，默认端口为 8848
          server-addr: localhost:8848
```

图 2-27 在 dev 命名空间新建配置

在 NacosConfigDemo 服务的 resources 目录下新建 bootstrap.yaml 文件。在文件内进行的配置包括服务名、配置中心地址、配置文件扩展名和配置文件所在命名空间 ID。

【bootstrap.yaml】

```
spring:
  application:
    #向 Nacos 注册的服务名
    name: nacos-config-demo
  cloud:
    nacos:
      config:
        #配置中心地址
        server-addr: localhost:8848
        #配置文件扩展名
        file-extension: yaml
        #配置文件所在命名空间 ID 设置为 dev 命名空间所在 ID 而不是名称
        namespace: 2b00a01b-03a3-4871-8f42-72a6eec7b0d1
```

启动 NacosConfigDemo 服务，在控制台可以看到 nacos-config-demo.yaml 配置文件已经被加载和监听了，如图 2-28 所示。

此时访问 Nacos 控制台页面的服务列表页面，看到在 dev 命名空间下已经成功注册了

nacos-config-demo 服务，如图 2-29 所示。证明 Nacos 上配置的 nacos-config-demo.yaml 文件内容被成功加载并读取了。

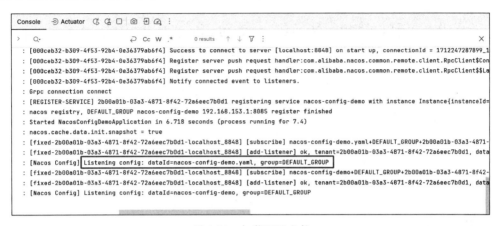

图 2-28　加载配置文件

图 2-29　dev 命名空间服务列表

在 Nacos 中修改配置后，会创建一个对应的历史版本快照。在 Nacos 控制台中选择"配置管理"→"历史版本"命令，进入如图 2-30 所示界面，即可看到这些配置快照。Nacos 默认保存最新 30 天的历史配置快照，可单击"详情"链接查看配置详情，也可单击"回滚"链接回滚配置，单击"比较"链接比较历史版本配置和当前配置的差别。

图 2-30　历史版本配置列表

2.4.3 配置热更新的实现方式

实现配置热更新的常见方式有两种：基于 Environment 对象和基于 @RefreshScope 注解。

1. 基于 Environment 对象

当 Nacos 配置中心的配置有变动时，配置中心会将最新的配置动态推送给服务。服务会自动构建新的 Environment 对象并获取新的配置。程序中就可以通过 ConfigurableApplicationContext 对象的 getEnvironment().getProperty()方法获取具体配置。下面演示此方式的服务热更新实现。

在 Nacos 控制台页面中修改命名空间 dev 下的 nacos-config-demo 配置文件，在其中添加一条数据库配置 jdbc-url。

```
# 向 Nacos 注册服务端口号 8085
server:
  port:8085
spring:
  cloud:
    nacos:
      discovery:
        # 服务注册命名空间为 dev
        namespace: 2b00a01b-03a3-4871-8f42-72a6eec7b0d1
        # nacos 服务端地址,默认端口为 8848
        server-addr: localhost:8848
  datasource:
    hikari:
      jdbc-url: jdbc:mysql://localhost:3306/database
```

在 NacosConfigDemo 服务的 src/main/java/configdemo 目录下新建 NacosConfigFromEnvironmentController.java 文件。在文件中编写 getUrlFromEnvironment()方法，获取配置文件中的 jdbc-url 配置，并使之能够实时更新。

【NacosConfigFromEnvironmentController.java】

```java
package configdemo;
import org.springframework.beans.factory.annotation.Autowired;
import org.springframework.context.ConfigurableApplicationContext;
import org.springframework.web.bind.annotation.GetMapping;
import org.springframework.web.bind.annotation.RestController;
@RestController
public class NacosConfigFromEnvironmentController{
    @Autowired
    private ConfigurableApplicationContext configurableApplicationContext;
    @GetMapping(value = "getUrlFromEnvironment")
    public String getUrlFromEnvironment(){
```

```
    #通过 Environment 对象的 getProperty 方法获取配置
    String url=configurableApplicationContext.getEnvironment()
            .getProperty("spring.datasource.hikari.jdbc-url");
    return "jdbcUrlFromEnv:"+url;
    }
}
```

启动 NacosConfigDemo 服务，在浏览器中访问地址 http://localhost:8085/getUrlFromEnvironment，页面打印出 jdbcUrlFromEnv：jdbc:mysql://localhost:3306/database。在 Nacos 控制台中修改配置文件，将 jdbc-url 配置项里面的端口号改为 3307，即 jdbc:mysql://localhost:3307/database。单击"发布"按钮，最新的配置会被实时推送到控制台打印，打印信息如图 2-31 所示。每修改一次配置，配置中心都会实时推送一次最新配置信息。

图 2-31　最新配置实时推送到控制台的打印信息

此时在浏览器中再次访问地址 http://localhost:8085/getUrlFromEnvironment，页面打印出 jdbcUrlFromEnv，即 jdbc:mysql://localhost:3307/database。服务在没有重启的情况下实时加载了最新配置。

2. 基于@RefreshScope 注解

@RefreshScope 注解是 Spring Cloud 提供的一种属性刷新机制。可应用于需要动态加载配置的类或方法上，当配置中心的配置发生变化时，Spring Cloud 通过调用/actuator/refresh 端点来实时更新被@RefreshScope 注解修饰的类或方法内部的配置属性。使用时，一般@RefreshScope 配合@Value 注解使用，以便注入最新配置。下面演示此方式的服务热更新实现。

在 NacosConfigDemo 服务的 src/main/java/configdemo 目录下新建 NacosConfigFromScopeController.java 文件。在文件中编写 getUrlFromScope() 方法，获取配置文件中的 jdbc-url 配置，并使之能够实时更新。

【NacosConfigFromScopeController.java】

```
package configdemo;
import org.springframework.beans.factory.annotation.Value;
import org.springframework.cloud.context.config.annotation.RefreshScope;
import org.springframework.web.bind.annotation.GetMapping;
import org.springframework.web.bind.annotation.RestController;
@RestController
@RefreshScope
public class NacosConfigFromScopeController {
```

```
@Value("${spring.datasource.hikari.jdbc-url}")
private String url;
@GetMapping(value = "/getUrlFromScope")
public String getUrlFromScope(){
    return "jdbcUrlFromScope:"+url;
}
```

在浏览器中访问地址 http://localhost:8085/getUrlFromScope，页面打印出 jdbcUrlFromScope，即 jdbc:mysql://localhost:3306/database。在 Nacos 控制台中修改配置文件，将 jdbc-url 配置项里面的端口号改为 3307。再次访问地址 http://localhost:8085/getUrlFromScope，页面打印出 jdbcUrlFromScope，即 jdbc:mysql://localhost:3307/database。服务配置也实时更新了。

2.5 综合案例：Nacos 配置共享

在微服务场景下，各服务之间经常会有一些公共配置，例如，数据库连接池配置、服务响应超时时间等。在使用 Nacos 进行配置管理时，是否能够把这些公共配置提取出来，并单独用一个公共配置文件存储，然后实现各服务的配置共享呢？

2.5.1 案例任务

任务内容：假设有两个微服务 A 和 B。在 Nacos 配置中心创建一个公共配置文件 common-setting.yaml，在内部配置 hikari 数据库连接池的连接超时时间为 5s。同时在服务 A 和 B 的内部各定义一个接口方法，方法内部打印获取到的 hikari 数据库连接池超时时间，再比较服务 A 和 B 获取的时间是否一样。

2.5.2 任务分析

该任务模拟实现微服务场景下利用 Nacos 配置中心功能统一管理各服务公共配置项。此功能实现过程类似于公共文件的引入，需先定义一个公共配置文件，然后在各服务的配置文件中引入该公共配置文件。在前面的内容中提到，Nacos 中各服务启动会默认加载名称为[prefix]-[spring.profiles.active].[file-extension]的配置文件，如何能够在服务启动时再同步加载一个公共配置文件呢？Naocs 中可通过 extension-configs 或 shared-configs 配置项实现此功能。

```
spring:
  cloud:
    nacos:
      config:
        extension-configs/shared-configs:
```

```
      - data-id: 公共配置文件名 1
        group: 分组 1
        refresh: 确定是否实施刷新配置,true 为刷新,false 为不刷新
      - data-id: 公共配置文件名 2
        group: 分组 2
        refresh: 确定是否实施刷新配置,true 为刷新,false 为不刷新
```

其中,extension-configs 内部是一个 List 集合,可设置多个配置文件,每个配置文件还可以设置组(group),以实现配置文件的分组隔离。extension-configs 和 shared-configs 内部配置写法相同,只不过 extension-configs 内部配置优先级比 shared-configs 高。extension-configs 内部配置会在 shared-configs 之后加载。

2.5.3 任务实施

在 SpringCloudDemo2 项目下新建两个微服务 NacosServerA 和 NacosServerB,并添加相应的启动类文件,同时在 pom.xml 文件中导入 Nacos、bootstrap 和 Web 依赖,创建完后,SpringCloudDemo2 项目结构如图 2-32 所示。

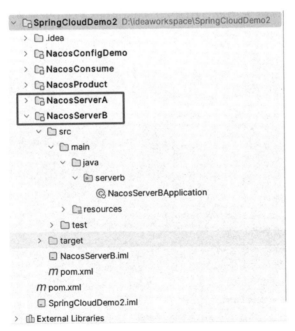

图 2-32 SpringCloudDemo2 项目结构

在 NacosServerA 的 resources 目录下新建配置文件 bootstrap.yaml,这里以 extension-configs 为例进行配置,在 bootstrap.yaml 中输入以下内容。

【bootstrap.yaml】

```
server:
  port: 9090
```

```yaml
spring:
  application:
    #向 Nacos 注册的服务名
    name: nacos-a
  cloud:
    nacos:
      config:
        #配置中心地址
        server-addr: localhost:8848
        #配置文件扩展名
        file-extension: yaml
        #配置文件所在命名空间 ID
        namespace: 2b00a01b-03a3-4871-8f42-72a6eec7b0d1
        extension-configs:
          - data-id: common-setting.yaml
            refresh: true
```

仿照 NacosServerA，在 NacosServerB 的 resources 目录下新建配置文件 bootstrap.yaml，以 extension-configs 为例进行配置，在 bootstrap.yaml 中输入以下内容。

```yaml
server:
  port: 9091
spring:
  application:
    #向 Nacos 注册的服务名
    name: nacos-b
  cloud:
    nacos:
      config:
        #配置中心地址
        server-addr: localhost:8848
        #配置文件扩展名
        file-extension: yaml
        #配置文件所在命名空间 ID
        namespace: 2b00a01b-03a3-4871-8f42-72a6eec7b0d1
        extension-configs:
          - data-id: common-setting.yaml
            refresh: true
```

在 Nacos 控制台界面新建公共配置文件 common-setting.yaml，此处配置文件名 Data ID 必须带 yaml 后缀，不能写成 common-setting，否则无法读取配置。在配置内容中设置 hikari 数据库连接池超时时间为 6s，如图 2-33 所示。

在 NacosServerA 的 src/main/java 目录下新建 servera 目录，在 servera 目录下新建 NacosAConfigController.java，内部添加 getNacosATimeout( ) 方法，获取公共配置文件 common-setting.yaml 设置的数据库连接池超时时间。

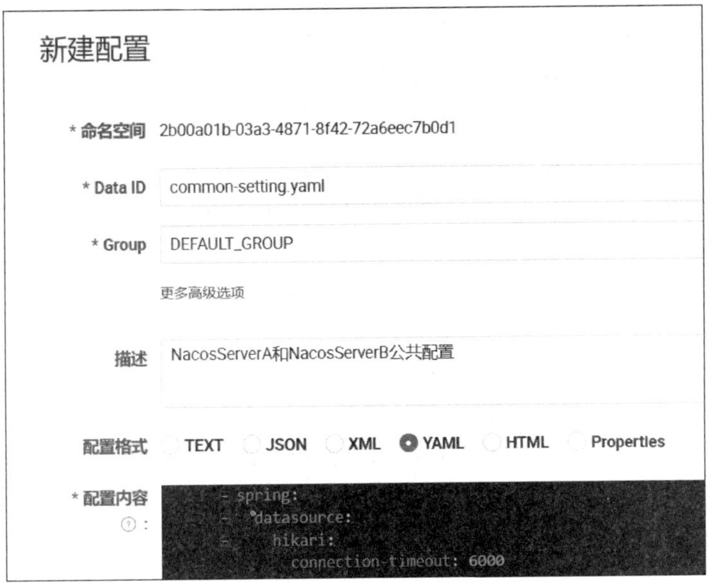

图 2-33　common-setting.yaml 配置

【NacosAConfigController.java】

```java
package servera;
import org.springframework.beans.factory.annotation.Value;
import org.springframework.cloud.context.config.annotation.RefreshScope;
import org.springframework.web.bind.annotation.GetMapping;
import org.springframework.web.bind.annotation.RestController;
@RestController
@RefreshScope
public class NacosAConfigController {
    @Value(value = "${spring.datasource.hikari.connection-timeout}")
    private String timeout;
    @GetMapping(value = "/getNacosATimeout")
    public String getNacosATimeout() {
        return "nacosA:" +timeout;
    }
}
```

在 NacosServerB 的 src/main/java 目录下新建 serverb 目录,在 serverb 目录下新建 NacosBConfigController.java,内部添加 getNacosBTimeout()方法获取公共配置文件 common-setting.yaml 设置的数据库连接池超时时间。

【NacosBConfigController.java】

```java
package serverb;
import org.springframework.beans.factory.annotation.Value;
import org.springframework.cloud.context.config.annotation.RefreshScope;
import org.springframework.web.bind.annotation.GetMapping;
import org.springframework.web.bind.annotation.RestController;
```

```
@RestController
@RefreshScope
public class NacosBConfigController {
    @Value(value = "${spring.datasource.hikari.connection-timeout}")
    private String timeout;
    @GetMapping(value = "/getNacosBTimeout")
    public String getNacosBTimeout() {
        return "nacosB:" +timeout;
    }
}
```

分别启动服务 NacosServerA 和 NacosServerB,在浏览器中访问地址 http://localhost:9090/getNacosATimeout,页面打印出 nacosA:6000。在浏览器中访问地址 http://localhost:9090/getNacosBTimeout,页面打印出 nacosB:6000。两个服务接口获取的配置项是一致的。NacosServerA 和 NacosServerB 都成功读取到了公共配置文件 common-setting.yaml。

2.6 小　　结

本项目主要介绍 Nacos 组件的概念、原理、架构和实际使用,包括注册中心和配置中心功相关功能。其中,注册中心相关功能包含注册中心的 CP 和 AP 模式、注册中心基本使用、服务负载均衡和权重设置、保护阈值的使用等。配置中心相关功能包含配置中心基本使用、配置热更新功能等。最后利用一个综合案例介绍实际项目开发中经常使用的服务配置共享功能,使读者对 Nacos 组件的原理和使用有初步的了解和认识,为后续章节打下学习基础。

2.7 课后练习：Nacos 服务注册和相互调用

自主搭建一个 Spring Cloud Alibaba 项目,项目中至少存在两个微服务 A 和 B,服务 A 和服务 B 注册在 Nacos 之上并进行相关配置。服务 A 和服务 B 内部分别定义一个配置接口方法,用于获取自身 Nacos 上的配置。服务 A 和服务 B 实现相互调用,服务 A 可以调用服务 B 的配置接口方法获取服务 B 的配置,同时服务 B 也可以调用服务 A 的配置接口方法获取服务 A 的配置。

第 3 章　Spring Cloud Alibaba 之负载均衡

在微服务系统架构中，服务是分布式部署，一个服务往往部署在多个服务器上。客户端通过服务名访问注册中心上可用的服务。如果不采取其他措施，客户端会根据注册中心提供的服务列表将服务名随机映射到某个具体的服务器 IP 地址，去访问该服务器的服务。这种随机映射会导致部分服务器被高频访问，甚至出现拥堵，同时另一部分服务器被访问次数很少，甚至无人问津。同时各服务器之间的性能也不尽相同，对于配置较高的服务器，应该适当多分配访问次数；对于配置较低的服务器，应该适当减少访问次数。要解决这类问题，就需要用到负载均衡技术。

3.1　初识负载均衡

负载均衡是一种计算机技术，用于在多个资源（计算机、CPU、磁盘、网络等）中分配负载，以实现资源的优化利用，避免资源过载。负载均衡通常是由专用软件和硬件来完成，将大量作业合理地分摊到多个操作单元上进行执行，用于解决互联网架构中的高并发和高可用的问题。在分布式架构盛行的当下，负载均衡是每个微服务系统必须要考虑的问题。负载均衡有多种不同的实现策略。下面介绍一些常用的负载均衡策略。

3.1.1　常用的负载均衡策略

常用的负载均衡策略有轮询、加权轮询、随机选择、加权随机选择、最少连接、IP 哈希等。

1. 轮询

轮询策略是从可用服务端节点列表中按顺序依次选择一个节点出来提供服务。例如，服务端节点列表一共有 3 个节点，分别是节点 1、节点 2、节点 3，轮询时，这些节点将按照顺序组成一个服务端节点列表[节点 1、节点 2、节点 3]。访问时第一次请求访问服务端节点 1，第二次请求访问服务端节点 2，第三次请求访问服务端节点 3，第四次请求又访问服务端节点 1，以此类推。

2. 加权轮询

加权轮询策略和轮询策略类似，也是从可用服务端节点列表中按顺序依次选择一个节点出来。只不过加权轮询的服务端节点列表中各个节点的权重不一样，权重多的节点被轮询到的概率就多。加权轮询最常见的实现方式就是通过列表或数组实现。例如，服务端节点列表一共有3个节点，分别是节点1、节点2、节点3，假设节点1~节点3的权重分别为3、2、1，则加权轮询时，这些节点按照不同权重组成一个服务端节点列表[节点1、节点1、节点1、节点2、节点2、节点3]。其中，节点1出现3次，节点2出现2次，节点1出现1次，内部各节点出现的顺序可以随机调整，只要符合权重要求即可。访问时第一次请求访问服务端节点1，第二次请求还是访问服务端节点1，第三次请求还是访问服务端节点1，第四次请求访问服务端节点2，第五次请求访问服务端节点2，第六次请求访问服务端节点3，如此循环往复。此方式需对节点列表进行洗牌操作，避免同一节点被连续访问。

3. 随机选择

随机选择策略是从可用服务端节点列表中随机选择一个节点出来提供服务。例如，服务端节点列表一共有3个节点，分别是节点1、节点2、节点3。随机选择时，这些节点将共同组成一个服务端节点列表[节点1、节点2、节点3]。每次访问时，随机从服务端节点列表中选择一个节点提供服务，而不是按照顺序访问，有小概率会出现前后两次随机选取时选取到同一节点的情况，使用时应尽量避免，应分散各个服务节点的负载。

4. 加权随机选择

加权随机策略和随机选择策略类似，也是从可用服务端节点列表中随机选择一个节点出来提供服务，只不过服务端节点列表中各节点权重不同。例如，服务端节点列表一共有3个节点，分别是节点1、节点2、节点3，假设节点1~节点3的权重分别为3、2、1。加权随机选择时，这些节点按照不同权重组成一个服务端节点列表(节点1、节点1、节点1、节点2、节点2、节点3)。其中，节点1出现3次，节点2出现2次，节点3出现1次，访问时随机从节点列表中选取一个节点提供服务。

5. 最少连接

最少连接策略是从可用服务端节点列表中选择当前连接数最少的服务器提供服务。例如，服务端节点列表一共有3个节点，分别是节点1、节点2、节点3，假设节点1~节点3的访问次数分别为3、2、1，则下一次请求会选取节点3提供服务。

6. IP 哈希

IP 哈希策略是根据请求的用户 IP 地址选取服务节点，将相同 IP 地址的请求统一发给同一服务节点，实现请求 IP 和服务器节点的一一绑定。例如，为某些专线 IP 用户提供高性能的精准服务。

在实际场景中，负载均衡策略可以应用在服务端，也可以应用在客户端。如果应用在服务端，称为服务端负载均衡；如果应用在客户端，称为客户端负载均衡。

常用的负载均衡策略

3.1.2 服务端负载均衡

服务端负载均衡是在服务端和客户端之间通过独立的负载均衡器(实现负载均衡功能的软件)维护一份可用的服务端节点列表,并通过定时心跳机制对个服务端节点进行检测。如果发现有服务端节点不可用,则剔除该服务端节点。当客户端发送请求到负载均衡器时,负载均衡器会按特定的负载均衡算法从可用服务器列表中取出一台服务器的地址进行转发。服务端负载均衡在传统的高并发部署项目中应用广泛,最常用的服务端负载均衡软件就是 Nginx。基于 Nginx 的服务端负载均衡架构如图 3-1 所示,由 Nginx 内部独立维护一张可用的服务端节点列表,所有的请求都通过 Nginx 进行请求转发,负载均衡的控制权在服务端。

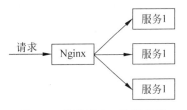

图 3-1 基于 Nginx 的服务端负载均衡架构

3.1.3 客户端负载均衡

客户端负载均衡是当前微服务架构的主流负载均衡策略。该模式下各服务统一注册在注册中心中,由注册中心统一维护可用服务端节点列表。注册中心定时将最新的可用服务端节点列表信息发送给每个客户端节点并保存在本地,由各客户端节点根据特定的负载均衡算法决定向哪个服务端节点发送请求。负载均衡的控制权在客户端。客户端负载均衡架构如图 3-2 所示,图中客户端和注册中心需定时通信,确保获取最新的可用服务端节点列表数据。

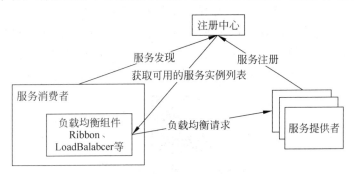

图 3-2 客户端负载均衡架构

在 2022.0.0.0-RC2 版本的 Spring Cloud Alibaba 中实现客户端负载均衡的组件是 Spring Cloud Loadbalancer,原有的负载均衡组件 Ribbon 因为已经停止维护而被弃用。因此本章后续内容将围绕 Spring Cloud Loadbalancer 进行介绍。

3.2 LoadBalancer 负载均衡基本流程

在实现上,LoadBalancer 的负载均衡需借助 Nacos 服务发现相关功能。nacos 服务发现功能能够为 LoadBalancer 实时提供可用的服务列表信息以及服务列表下各服务实例的详细信息。

以 RestTemplate 服务调用方式为例,LoadBalancer 的负载均衡的基本流程如图 3-3 所示。

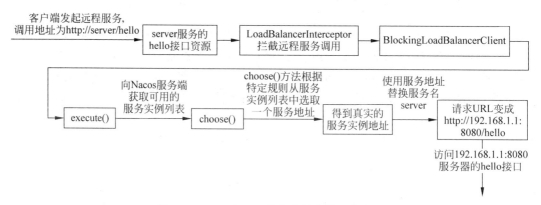

图 3-3 LoadBalancer 的负载均衡的基本流程

(1) 用户通过 RestTemplate 对象发起请求访问某服务资源。假设请求路径为 http://server/hello,路径内部指定要访问的服务名为 server,访问的是 server 服务下的 hello 资源。

(2) 用户请求被负载均衡拦截器对象 LoadBalancerInterceptor 拦截,并交给 BlockingLoadBalancerClient 对象处理请求。

(3) 在 BlockingLoadBalancerClient 处理请求时,需先执行 execute()方法,通过 Nacos 服务发现客户端组件从服务注册中心读取实时服务实例对象列表,并根据解析得到的请求服务名 server 找到该服务名下所有服务实例的 IP 地址和端口号等信息,再存储在本地。

(4) 基于本地存储的服务实例信息利用 choose()方法选择一个负载均衡器(默认是轮询负载均衡器),从 server 服务名下的所有服务实例对象中挑选一个服务实例。

(5) BlockingLoadBalancerClient 根据选取的服务实例对象 IP 地址和端口号替换原来请求路径中的服务名,例如,将 server 替换成 192.168.1.1:8080,此时请求路径就映射成 http://192.168.1.1:8080/hello,然后就可以访问 192.168.1.1 服务器上的 hello 资源了。

LoadBalancer 负载均衡基本流程

3.3 使用 LoadBalancer

Spring Cloud Loadbalancer 是 Spring Cloud 官方推出的一款负载均衡组件。2020 版本之后的 Spring Cloud Alibaba 框架中,Ribbon 不再支持,而是统一使用 Loadbalancer 进行负载均衡。LoadBalancer 的使用方式与 Ribbon 相似,以便传统项目可以从 Ribbon 进行平滑过渡。LoadBalancer 并不是一个独立的项目,而是 spring-cloud-commons 中的一个模块。目前,Loadbalancer 已实现了 3 个负载均衡策略,分别是轮询策略(RoundRobinLoadBalancer)、

随机数策略(RandomLoadBalancer)和 Naocs(NacosLoadBalancer)权重分配策略。其中，轮询策略是 Loadbalancer 的默认策略。

3.3.1 轮询策略

轮询策略是 Loadbalancer 的默认策略，已使用 RoundRobinLoadBalancer 类实现。该策略是从已有的可用服务端节点列表中按顺序依次选择一个节点出来提供服务。如果以 RestTemplate 对象进行服务调用，只需在创建 RestTemplate Bean 对象的时候在上面添加 @LoadBalanced 注解。

```
@Bean
@LoadBalanced
public RestTemplate restTemplate(){
    return new RestTemplate();
}
```

下面结合一个简单的例子演示轮询策略的实现效果。

按照 1.3 节的步骤创建一个名为 SpringCloudDemo3 的 Spring Cloud Alibaba 父项目，父项目内包含服务提供者 LoadBalanceProduct 和服务调用者 LoadBalanceConsume 两个子模块。创建完毕，整个项目结构如图 3-4 所示。

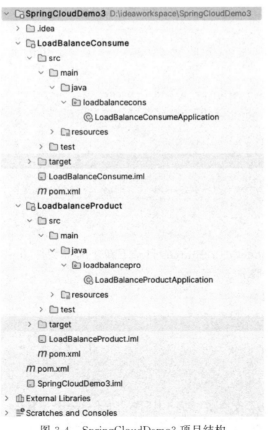

图 3-4　SpringCloudDemo3 项目结构

在 LoadBalanceProduct 子模块的 pom.xml 文件中引入 Nacos 服务发现启动器、Web 启动器。

```xml
<dependencies>
    <!--引入Nacos服务注册发现启动器-->
    <dependency>
        <groupId>com.alibaba.cloud</groupId>
        <artifactId>spring-cloud-starter-alibaba-nacos-discovery</artifactId>
    </dependency>
    <!--引入Web启动器-->
    <dependency>
        <groupId>org.springframework.boot</groupId>
        <artifactId>spring-boot-starter-web</artifactId>
    </dependency>
</dependencies>
```

在 LoadBalanceConsume 子模块的 pom.xml 文件中引入 Nacos 服务发现启动器、Web 启动器和 LoadBalancer 启动器。项目引入 LoadBalancer 启动器后，会通过配置类 LoadBalancerAutoConfiguration 自动配置 LoadBalancer。

```xml
<dependencies>
    <!--引入Nacos服务注册发现启动器-->
    <dependency>
        <groupId>com.alibaba.cloud</groupId>
        <artifactId>spring-cloud-starter-alibaba-nacos-discovery</artifactId>
    </dependency>
    <!--引入Web启动器-->
    <dependency>
        <groupId>org.springframework.boot</groupId>
        <artifactId>spring-boot-starter-web</artifactId>
    </dependency>
    <!--引入LoadBalancer启动器-->
    <dependency>
        <groupId>org.springframework.cloud</groupId>
        <artifactId>spring-cloud-starter-loadbalancer</artifactId>
    </dependency>
</dependencies>
```

在 LoadBalanceProduct 的 resources 目录下新建配置文件 application.yaml，在配置文件中添加如下配置注册服务。

【application.yaml】

```yaml
#向Nacos注册服务端口号8086
server:
  port: 8086
spring:
  application:
    #向Nacos注册的服务名。服务名不能包含下划线，否则找不到服务
    name: lb-pro
```

```yaml
    cloud:
      nacos:
        discovery:
          # nacos 服务端地址,默认端口为 8848
          server-addr: localhost:8848
```

在 LoadBalanceConsume 的 resources 目录下新建配置文件 application.yaml,在配置文件中添加如下配置注册服务。

【application.yaml】

```yaml
# 向 Nacos 注册服务端口号 8087
server:
  port:8087
spring:
  application:
    # 向 Nacos 注册的服务名。服务名不能包含下划线,否则找不到服务
    name: lb-con
  cloud:
    nacos:
      discovery:
        # nacos 服务端地址,默认端口为 8848
        server-addr: localhost:8848
```

在 LoadBalanceProduct 的 src/main/java 目录下新建 controller 文件夹,在 controller 文件夹下创建 LoadBalanceProController 类,类内部创建一个接口方法 lbPro(),用于对外提供服务,方法返回当前服务的端口号。

【LoadBalanceProController.java】

```java
package loadbalancepro.controller;
import org.springframework.beans.factory.annotation.Value;
import org.springframework.web.bind.annotation.GetMapping;
import org.springframework.web.bind.annotation.RestController;
@RestController
public class LoadBalanceProController {
    @Value(value = "${server.port}")
    private String port;
    @GetMapping("/lbPro")
    public String lbPro(){
        System.out.println("服务被调用");
        return "访问端口: "+port;
    }
}
```

在 LoadBalanceConsume 的 src/main/java 目录下新建 config 文件夹,在 config 文件夹下创建配置类 LbConsumerconfig,内部利用@LoadBalanced 注解配置 RestTemplate Bean 对象。

【LbConsumerconfig.java】

```java
package loadbalancecons.config;
import org.springframework.boot.web.client.RestTemplateBuilder;
import org.springframework.context.annotation.Bean;
import org.springframework.context.annotation.Configuration;
import org.springframework.web.client.RestTemplate;
@Configuration
public class LbConsumerconfig{
    @Bean
    public RestTemplateBuilder restTemplateBuilder(){
        return new RestTemplateBuilder();
    }
    @Bean
    @LoadBalanced //客户端负载均衡
    public RestTemplate restTemplate(RestTemplateBuilder restTemplateBuilder){
        RestTemplate restTemplate=restTemplateBuilder.build();
        return restTemplate;
    }
}
```

在 LoadBalanceConsume 的 src/main/java 目录下新建 controller 文件夹，在 controller 文件夹下创建 LoadBalanceConsController 类，类内部创建一个接口方法 lbCon()，用于对外提供服务，同时 lbCon() 方法内部利用 RestTemplate 对象的 getForObject() 方法远程调用 LoadBalanceProduct 模块的 lbPro 接口服务。

【LoadBalanceConsController.java】

```java
package loadbalancecons.controller;
import org.springframework.beans.factory.annotation.Autowired;
import org.springframework.beans.factory.annotation.Value;
import org.springframework.web.bind.annotation.GetMapping;
import org.springframework.web.bind.annotation.RestController;
import org.springframework.web.client.RestTemplate;
@RestController
public class LoadBalanceConsController {
    //注入 RestTemplate 对象
    @Autowired
    private RestTemplate restTemplate;
    @GetMapping("/lbCon")
    public String lbCon(){
        String res= restTemplate.getForObject(
                "http://lb-pro/lbPro",String.class);
        return res;
    }
}
```

此时，已经有一个 lb-pro 服务生产实例，端口号为 8086。一个 lb-con 服务消费实例端口号为 8087。下面再新增一个 lb-pro 服务生产实例，以端口号 8089 启动，演示 LoadBalancer 负载均衡轮询策略的效果。

在 Idea 下方的 Services 面板中右击服务列表树中的 LoadBalanceProductApplication 应用,弹出如图 3-5 所示快捷菜单。

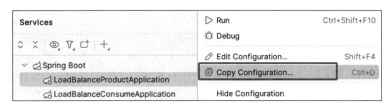

图 3-5　右击 LoadBalanceProductApplication 应用

在弹出的快捷菜单中选择 Copy Configuration 命令,进入图 3-6 所示 Edit Configuration 页面。为了与原有 LoadBalanceProductApplication 区分开,这里设置 Name 为 LoadBalanceProductApplication8089。单击 Build and run 面板右侧 Modify options 选项,弹出 Add Run Options 对话框。在对话框中勾选 Java 选项下的 Program arguments 子选项,Build and run 选项区会多出一条运行参数输入框。

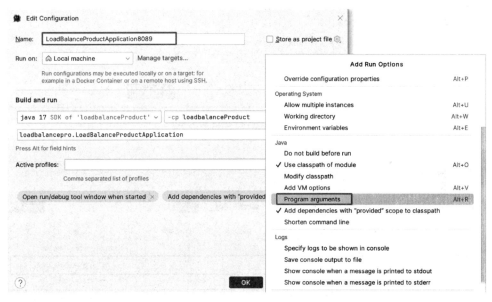

图 3-6　Edit Configuration 页面

在运行参数输入框中输入--server.port=8089,设置运行端口为 8089,如图 3-7 所示。单击 OK 按钮保存,即可在树状服务列表视图中看见 LoadBalanceProductApplication8089 服务。

双击 Nacos 的 bin 目录下的 startup.cmd 文件,启动 Nacos 服务端,然后启动 Run Dashboard 对话框中的 3 个服务,在 Nacos 控制台服务列表中就能看到 lb-pro 服务有 2 个服务实例在线,lb-con 有 1 个服务实例在线,如图 3-8 所示。

单击 lb-pro 服务列表右侧的"详情"链接,则进入服务详情界面,可以看到具体的 2 个服务实例信息,端口号分别为 8086 和 8089,如图 3-9 所示。

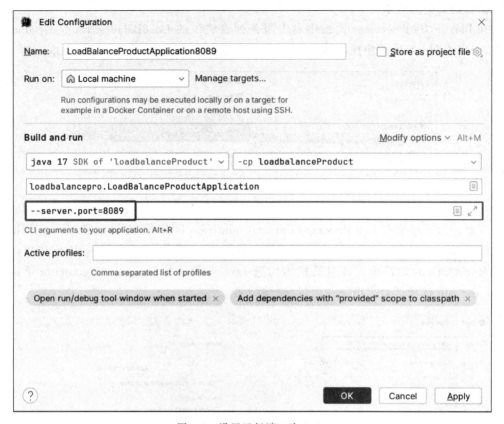

图 3-7　设置运行端口为 8089

图 3-8　lb-pro 和 lb-con 服务实例

图 3-9　lb-pro 服务详情

在浏览器页面输入 http://localhost:8087/lbCon,分别进行两次 lb-pro 服务调用,调用结果如图 3-10 所示。

图 3-10　lb-pro 服务的两次服务调用结果

从图 3-10 中可以看到,LoadBalancer 默认的负载均衡策略是依次轮询,第一次访问的是 8086 端口的服务实例,第二次访问的是 8089 端口的服务实例。

3.3.2　随机选择策略

随机选择策略也是 LoadBalancer 内部已经实现的负载均衡策略之一,用于从可用服务端节点列表中随机选择一个节点出来提供服务。如需使用该策略,只需把 LoadBalancer 默认负载均衡策略改成随机选择策略即可。LoadBalancer 通过 LoadBalancerClientConfiguration 类自动进行负载均衡策略配置。LoadBalancerClientConfiguration 类内部存在如图 3-11 所示代码,通过 reactorServiceInstanceLoadBalancer() 方法设置 RoundRobinLoadBalancer 均衡器为默认的负载均衡器。方法返回值为一个 ReactorLoadBalancer<ServiceInstance>对象。

```
@ConditionalOnDiscoveryEnabled
public class LoadBalancerClientConfiguration {
    private static final int REACTIVE_SERVICE_INSTANCE_SUPPLIER_ORDER = 193827465;

    public LoadBalancerClientConfiguration() {
    }

    @Bean
    @ConditionalOnMissingBean
    public ReactorLoadBalancer<ServiceInstance> reactorServiceInstanceLoadBalancer(Environment environment, LoadBalancerClientFactory
        String name = environment.getProperty("loadbalancer.client.name");
        return new RoundRobinLoadBalancer(loadBalancerClientFactory.getLazyProvider(name, ServiceInstanceListSupplier.class), name);
    }
```

图 3-11　LoadBalancer 配置默认负载均衡器

因此,可以模仿上述写法来直接使用随机选择策略。与轮询策略一样,随机选择策略在 LoadBalancer 内部已实现,类名为 RandomLoadBalancer。可以编写一个配置类,配置类内部定义方法创建 RandomLoadBalancer 随机选择负载均衡器对象,方法返回值为 ReactorLoadBalancer < ServiceInstance > 类型。然后将该负载均衡器对象利用 @LoadBalancerClient 注解配置在相应的客户端请求方法上。下面演示随机选择策略的具体使用。

在 SpringCloudDemo3 项目的 config 目录下新建 MyRandomLoadBalancer 类,类内部输入如下代码,创建随机选择负载均衡器对象。

【MyRandomLoadBalancer.java】

```
package loadbalancecons.config;
import org.springframework.beans.factory.annotation.Autowired;
import org.springframework.cloud.client.ServiceInstance;
import org.springframework.cloud.loadbalancer.core.RandomLoadBalancer;
```

```
import org.springframework.cloud.loadbalancer.core.ReactorLoadBalancer;
import org.springframework.cloud.loadbalancer.core.ServiceInstanceListSupplier;
import org.springframework.cloud.loadbalancer.support.LoadBalancerClientFactory;
import org.springframework.context.annotation.Bean;
import org.springframework.context.annotation.Configuration;
import org.springframework.core.env.Environment;
@Configuration
public class MyRandomLoadBalancer {
    @Bean
    @Autowired(required = false)
    ReactorLoadBalancer<ServiceInstance> createmyrandombalancer(
        Environment environment,
        LoadBalancerClientFactory loadBalancerClientFactory) {
        String name = environment.getProperty(
            LoadBalancerClientFactory.PROPERTY_NAME);
        //使用随机选择负载均衡器
        return new RandomLoadBalancer(loadBalancerClientFactory.
            getLazyProvider(name, ServiceInstanceListSupplier.class),
            name);
    }
}
```

然后在 LoadBalanceConsController 类上添加 @LoadBalancerClient 注解，让该类下所有方法进行服务调用时使用自己配置的随机选择负载器 MyRandomLoadBalancer。

【LoadBalanceConsController.java】

```
package loadbalancecons.controller;
import loadbalancecons.config.MyRandomLoadBalancer;
import org.springframework.beans.factory.annotation.Autowired;
import org.springframework.cloud.loadbalancer.annotation.LoadBalancerClient;
import org.springframework.web.bind.annotation.GetMapping;
import org.springframework.web.bind.annotation.RestController;
import org.springframework.web.client.RestTemplate;
@RestController
@LoadBalancerClient(name = "lb-pro",
        configuration = MyRandomLoadBalancer.class)
public class LoadBalanceConsController {
    //注入 RestTemplate 对象
    @Autowired
    private RestTemplate restTemplate;
    @GetMapping("/lbCon")
    public String lbCon(){
        String res= restTemplate.getForObject(
            "http://lb-pro/lbPro",String.class);
        return res;
    }
}
```

其中，@LoadBalancerClient 注解中有两个属性，name 属性用于指定要实现负载均衡的服务名，configuration 属性用于指定实现负载均衡策略的配置类。如需配置每个服务使用不同的负载均衡策略，可使用 @LoadBalancerClients 注解。@LoadBalancerClients 注解内部可添加多个 @LoadBalancerClient 注解，每个 @LoadBalancerClient 注解配置一个服务的负载均衡策略。

```
@LoadBalancerClients(
        @LoadBalancerClient(value = "服务名", configuration = 配置类名.class)
)
```

启动 Nacos 服务端，然后分别启动服务提供者 LoadBalanceProductApplication、LoadBalanceProductApplication8089 和服务消费者 LoadBalanceConsumeApplication。在浏览器中输入地址 http://localhost:8087/lbCon，进行 10 次服务调用，可以发现客户端不再像之前一样轮询访问 8086 和 8089 端口的服务，而是随机在 8086 和 8089 端口中进行选择，由于端口数量较少，会出现连续多次选择同一端口的情况。

注意：MyRandomLoadBalancer 类定义后默认会覆盖轮询策略。如果不使之生效，需同时删除 LoadBalanceConsController 类上的 @LoadBalancerClient(name = "lb-pro", configuration = MyRandomLoadBalancer.class) 注解和 MyRandomLoadBalancer 类上的 @Configuration 注解。如果仅删除 @LoadBalancerClient 注解而不删除 MyRandomLoadBalancer 类上的 @Configuration 注解，会报 java.lang.IllegalStateException：No instances available for lb-pro 的错误。

3.3.3 Nacos 权重分配策略

在服务实际部署中，服务器设备性能会各有差异。部分服务实例所在机器性能较好，部分服务实例所在机器性能较差。此时，就不能采用默认的轮询机策略或随机数策略来实现负载均衡，而是希望性能好的机器承担更多的用户请求，性能差的机器承担更少的用户请求。LoadBalancer 实现该功能需利用 Nacos 的权重分配策略，即设置图 3-7 所示的服务实例列表中的服务权重。Nacos 可以给每个服务实例设定不同的权重，权重值为 0~1，权重值越大的服务实例被访问的频率越高。如果权重为 0，则该服务实例永远不会被访问。

使 lb-pro 服务的 8086 和 8089 端口服务实例实现按权重比例访问，需先在 lb-con 配置文件中开启 NacosLoadBalancer 权重策略，因为在 Nacos 2.x 版本中，NacosLoadBalancer 的权重策略默认是关闭的，需要手动开启。然后在服务实例列表中设置服务实例权重，此时访问服务就不是依次轮询，而是按分配的权重来访问。这里对 lb-con 的配置文件做如下修改，开启 Nacos 权重策略。为了避免随机选择策略的影响，需注释掉 MyRandomLoadBalancer 类上的 @Configuration 注解，使之不生效。

```
#向Nacos注册服务端口号8082
server:
  port: 8082
spring:
```

```yaml
    application:
        #向 Nacos 注册的服务名。服务名不能包含下划线,否则找不到服务
        name: nacos-con
    cloud:
        nacos:
            discovery:
                # nacos 服务端地址,默认端口为 8848
                server-addr: localhost:8848
    #开启 loadbalancer
    loadbalancer:
        nacos:
            enabled: true
```

在服务实例列表中设置 8086 服务实例权重为 0.2,8089 服务实例权重为 0.8,如图 3-12 所示。

IP	端口	临时实例	权重	健康状态	元数据	操作
192.168.153.1	8089	true	0.8	true	preserved.register.source=SPRING_CLOUD	编辑 下线
192.168.153.1	8086	true	0.2	true	preserved.register.source=SPRING_CLOUD	编辑 下线

图 3-12 设置服务实例权重

在浏览器页面输入 http://localhost:8087/lbCon,访问 10 次,7 次访问了 8089 端口的服务实例,3 次访问了 8086 端口服务实例,如图 3-13 所示,实现了按比例的负载均衡。因为总访问次数较少,此处也有可能出现 8086 端口访问次数为 2,而 8089 端口访问次数为 8 的情况。总体上 8089 端口访问频率高,随着访问次数的增加,8089 端口访问比例会接近 80%。

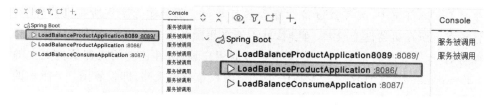

图 3-13 8086 端口和 8089 端口服务实例按权重比例访问

如果将 lb-pro 的 8086 端口的服务实例权重设置成 0,则 8086 端口服务实例永远不会被访问。设置权重为 0 一般应用在服务升级中。升级前将待升级的服务权重调整为 0,然后升级服务。升级完毕,把服务权重一点点上调,待服务稳定后逐步恢复到原来的权重,从而实现服务的平滑升级。

3.4 负载均衡机制下的分布式会话管理

在分布式环境下,客户端一般都会采用负载均衡机制访问服务端,即同一用户的 HTTP 请求将通过不同的 Session 访问同一服务名下的不同服务实例。如果在 Session 中

保存有一些公共数据,例如,用户登录信息、购物车信息等,由于这些 Session 数据是保存在各服务实例本地 Tomcat 中,当客户端负载均衡访问不同服务实例时,Session 中的数据是无法共享获取的。如何保证不同的服务实例能够共享同一份 Session 数据呢?最简单的办法就是把 Session 数据保存到一个公共的数据库管理起来,使得每个服务实例都能访问。对此 Spring 团队提供了 Spring Session 项目来解决分布式环境下的会话共享问题。

3.4.1 初识 Spring Session

在传统的单体应用下,当用户首次访问其中一个服务实例时,该服务实例会在内存中创建一个 Session 对象存储用户数据,同时将该 Session 对象的 SessionId 发送给用户浏览器的 Cookie 中存储。后续用户每次通过浏览器访问服务实例时都会带上 Cookie 中的 SessionId 信息,这样服务实例就可以通过 SessionId 判断每次的请求是不是同一个用户。如果是同一用户,就可以在内存中获取当前用户存储在 Session 中的信息。

但在分布式架构下,这样做是有问题的。分布式架构下一般部署多个服务实例,各服务实例采用负载均衡机制访问。用户前一次访问服务实例 A 并存储的 Session 数据,有可能下一次就访问服务实例 B。由于 Session 数据保存在服务实例 A 的内存中,服务实例 B 是不能获取到 Session 数据的,这就是 Session 共享问题。

Spring Session 是 Spring 团队提供的一套分布式 Session 管理方案。Spring Session 把传统的 HttpSession 对象替换为 Spring Session 对象,并利用外置的 Redis(默认首选数据库)、MongoDB 和 MySQL 等数据库来存储 Spring Session 对象内容,使得 Session 信息能够被所有服务实例共享访问,即使服务实例中途宕机,Session 数据也不会丢失。

Spring Session 的工作原理大致如下。

(1)用户请求会被 Spring Session 内部注册的一个过滤器 SessionRepositoryFilter 拦截,Spring Session 通过装饰者模式将 HttpServletRequest 对象增强成 SessionRepositoryRequestWrapper 对象。

(2)SessionRepositoryRequestWrapper 对象会根据当前请求携带的 SessionId 去 Redis 中查询是否保存有该 SessionId 的会话对象,如果查不到,证明是首次访问,就直接创建一个 RedisSession 对象,并以 spring:session:sessions:SessionID 作为键添加到 Redis 中保存。其间如果有用户保存的数据,可以一并存入。

(3)在后续请求过程中,Spring Session 可通过 SessionRepositoryRequestWrapper 对象的 getSession() 方法获取 RedisSession 对象。getSession() 方法内部先从请求当前服务的 HttpServletRequest 对象中获取当前请求所对应的 Session 对象。如果找不到(发生了负载均衡),会去本地 Cookie 中查找一个 Key 值是 SESSION 的 Cookie 信息,通过这个 Cookie 获取到 SessionId,再利用 SessionId 去 Redis 数据库中查找 Session 对象,进而获取会话数据。

Spring Session 对整个业务代码的入侵性很小,在代码层面使用时用户仍然可以像获取本地 Session 对象一样使用 HttpServletRequest 对象的 getSession() 方法获取 Spring Session 对象。

3.4.2 使用 Spring Session

这里以 LoadBalanceProduct 模块为例来演示 Spring Session 的使用,其中 LoadBalanceProduct 开启两个服务实例端口号为 8086 和 8089。如果访问 8086 端口服务实例存入的 Session 数据时能够从 8089 端口服务实例访问到,则证明 Session 已经共享。

Spring Session 默认使用 Redis 数据库保存 Session 信息,因此使用 Spring Session 之前需先在 LoadBalanceProductApplication8089 模块的 pom.xml 文件中导入如下 Spring Session 依赖和 Redis 依赖。为方便定义 Java 对象,这里同时导入 Lombok 依赖。

```xml
<!--引入 spring-session-->
<dependency>
    <groupId>org.springframework.session</groupId>
    <artifactId>spring-session-data-redis</artifactId>
</dependency>
<!--引入 redis 启动器-->
<dependency>
    <groupId>org.springframework.boot</groupId>
    <artifactId>spring-boot-starter-data-redis</artifactId>
</dependency>
<!--redis 使用 commons-pool2 连接池-->
<dependency>
    <groupId>org.apache.commons</groupId>
    <artifactId>commons-pool2</artifactId>
</dependency>
<!--引入 Lombok-->
<dependency>
    <groupId>org.projectlombok</groupId>
    <artifactId>lombok</artifactId>
</dependency>
```

在 LoadBalanceProduct 模块新建 config 目录,在 config 目录下新建 SpringSessionConfig 配置类。

【SpringSessionConfig.java】

```java
package loadbalancepro.config;
import com.fasterxml.jackson.annotation.JsonAutoDetect;
import com.fasterxml.jackson.annotation.PropertyAccessor;
import com.fasterxml.jackson.databind.ObjectMapper;
import com.fasterxml.jackson.databind.jsontype.impl.LaissezFaireSubTypeValidator;
import org.springframework.context.annotation.Bean;
import org.springframework.context.annotation.Configuration;
import org.springframework.data.redis.serializer.Jackson2JsonRedisSerializer;
import org.springframework.data.redis.serializer.RedisSerializer;
```

```java
import org.springframework.session.data.redis.config.annotation.
web.http.EnableRedisHttpSession;
@Configuration
@EnableRedisHttpSession(maxInactiveIntervalInSeconds = 3600)
public class SpringSessionConfig {
    /*更换默认的序列化器*/
    @Bean("springSessionDefaultRedisSerializer")
    public RedisSerializer defaultRedisSerializer(){
        return getSerizlizer();
    }
    /*Spring Session 中默认的序列化器为 JDK 序列化器,无法读取 Java 对象类型数据,
    可替换成 Jackson2JsonRedisSerializer 序列化器*/
    private RedisSerializer getSerizlizer(){
        ObjectMapper objectMapper = new ObjectMapper();
        // 指定类中要序列化的范围
        objectMapper.setVisibility(PropertyAccessor.ALL, JsonAutoDetect.Visibility.ANY);
        //序列化时将对象对应的完整类名一起保存下来,以便反序列化
        objectMapper.activateDefaultTyping(LaissezFaireSubTypeValidator.instance,
                ObjectMapper.DefaultTyping.NON_FINAL);
        // 使用 Jackson2JsonRedisSerializer 来序列化和反序列化 Redis 的 value 值
        Jackson2JsonRedisSerializer jackson2JsonRedisSerializer =
                new Jackson2JsonRedisSerializer(objectMapper,Object.class);
        return jackson2JsonRedisSerializer;
    }
}
```

配置类内部使用 Jackson2JsonRedisSerializer 序列化类代替 Spring Session 默认的 JDK 序列化类,以便能够序列化和反序列化读写 Redis 中保存的 Session 对象数据。配置类上添加 @EnableRedisHttpSession 注解,开启 RedisSession 管理。@EnableRedisHttpSession 注解内部的 maxInactiveIntervalInSeconds 属性可设置 Redis 缓存失效时间,常用单位为秒。此处设置 Redis 缓存失效时间为 1h。

在 LoadBalanceProduct 模块的 LoadBalanceProController 类中添加 login() 和 getSessionInfo() 两个方法。其中,login() 方法模拟用户登录场景,登录成功后,在 Session 对象中存储用户数据。getSessionInfo() 方法获取 Session 对象中存储的用户数据。从以下代码中可以看到 Spring Session 获取 Redis 中 Session 对象的代码和本地获取 Session 是一样的。

```java
@GetMapping("/login")
public String login(HttpServletRequest request){
    User loginUser = (User)request.getSession().getAttribute("loginUser");
    if(null==loginUser){
        User user = new User();
        user.setUsername("admin"+port);
        user.setPassword(port);
        request.getSession().setAttribute("loginUser", user);
        return "访问端口:"+port+",不存在 session";
```

```
        }else{
            return "访问端口："+port+ ",获取session"+loginUser.toString();
        }
    }
    @GetMapping("/getSessionInfo")
    public User getSessionInfo(HttpServletRequest request){
        User loginUser = (User)request.getSession().getAttribute("loginUser");
        if(null==loginUser){
            return null;
        }
        return loginUser;
    }
```

启动 Nacos 服务端、LoadBalanceProduct 的 8086 和 8089 两个服务，然后在浏览器中访问 http://localhost:8089/login，浏览器会随机访问 8089 的 LoadBalanceProduct 服务，页面显示"访问端口 8089，不存在 Session"，此时查看 Redis 中的 Session 数据，可以看到如图 3-14 所示内容。

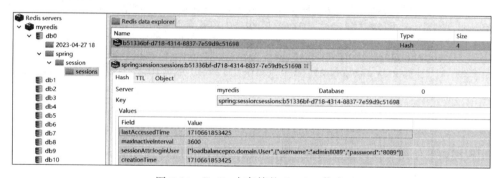

图 3-14　Redis 中存储的 Session 信息

其中，lastAccessedTime 是最后访问时间，maxInactiveInterval 是 Session 失效时间，sessionAttr:loginUser 是存入 Session 中的用户登录数据，为序列化后的 User 对象内容和序列化的类名全路径，creationTime 是 Session 创建的时间。

如果需要读取 Redis 中的 Session 数据，就可以根据路径 loadbalancepro.domain.User 找到 User 类来反序列化{"username":"admin8089","password":"8089"}。

此时在浏览器中访问 http://localhost:8086/getSessionInfo，页面能够显示 Redis 中存储的 Session 内容"{"username":"admin8089","password":"8089"}"，证明 8089 服务实例存储的 Session 数据在 8086 服务实例中能够正常获取，实现了 Session 共享。只要不关闭浏览器，保证是同一个会话，就可以一直获取到 8089 服务实例存储在 Redis 中的 Session 数据。

开发中，如果要让所有的微服务都共享 Session，只需在这些微服务中引入 SpringSession 依赖和 Redis 依赖，并创建相应的实体化类即可。使用中如果 Session 存储的是 Java 对象，要确保各微服务定义的 Java 类路径(类名+包名)和 Redis 中存储的类全路径完全一致，才能够正常反序列化 Java 对象获取数据。例如，要获取图 3-14 所示数据，必须在各微服务中定义一个 User 类，且包名为 loadbalancepro.domain。

3.5 综合案例：LoadBalancer 自定义负载均衡策略

LoadBalancer 只实现了轮询和随机选择两种负载均衡。如果由于应用场景的特殊性，原有负载均衡策略不能满足需求，就需要根据实际需求自定义个性化的负载均衡策略。对此，LoadBalancer 也能够非常方便地支持用户自定义负载均衡策略。本节就以一个综合案例来演示如何自定义一个 LoadBalancer 负载均衡策略。

3.5.1 案例任务

任务内容：自定义一个 LoadBalancer 负载均衡策略，该策略设置请求时每个服务实例被连续访问，如果某服务实例连续访问次数超过 2 次，就必须进行服务实例的切换，以保证每个服务实例尽可能平均地被访问。例如，某服务有 2 个服务实例 A 和 B，请求时前 2 次连续访问服务实例 A，第 3 次访问就切换到服务实例 B，再连续访问 2 次服务实例 B，第 3 次再切换回访问服务实例 A，以此规律循环下去。

3.5.2 任务分析

要实现此功能，LoadBalancer 内部没有现成的负载均衡器可以实现，需要自定义创建一个负载均衡器完成任务功能。可以参照 LoadBalancer 现有的两个负载均衡器 RoundRobinLoadBalancer 和 RandomLoadBalancer 的代码实现。以 RoundRobinLoadBalancer 负载均衡器代码为例，关键代码如图 3-15 框中所示。

该代码的主要功能可归纳为如下 4 点。

（1）RoundRobinLoadBalancer 类实现了 ReactorServiceInstanceLoadBalancer 接口，并提供有参构造方法。

（2）收到请求后，RoundRobinLoadBalancer 类通过 choose() 方法进行服务实例的选择，choose 方法返回类型为 Mono<Response<ServiceInstance>>对象，内部封装了选中的服务实例 ServiceInstance 对象。

（3）choose() 方法内部首先获取 Nacos 注册中心所有可用的服务实例并以 ServiceInstanceListSupplier 集合类型存储。然后对 ServiceInstanceListSupplier 类内部每个 List<ServiceInstance>类型的服务实例集合调用 processInstanceResponse 方法进行处理。

（4）processInstanceResponse 方法内部又调用 getInstanceResponse 方法进行处理。在 getInstanceResponse() 方法内部编写轮询策略代码，选中一个服务实例并以 Response<ServiceInstance>对象封装返回。然后在 processInstanceResponse 方法内部使用 selectedServiceInstance 方法把选中的服务实例设置进 ServiceInstanceListSupplier 类型服务实例集合。

```
public class RoundRobinLoadBalancer implements ReactorServiceInstanceLoadBalancer {
    private static final Log log = LogFactory.getLog(RoundRobinLoadBalancer.class);
    final AtomicInteger position;
    final String serviceId;
    ObjectProvider<ServiceInstanceListSupplier> serviceInstanceListSupplierProvider;

    public RoundRobinLoadBalancer(ObjectProvider<ServiceInstanceListSupplier> serviceInstanceListSupplier

    public RoundRobinLoadBalancer(ObjectProvider<ServiceInstanceListSupplier> serviceInstanceListSupplier

    public Mono<Response<ServiceInstance>> choose(Request request) {
        ServiceInstanceListSupplier supplier = (ServiceInstanceListSupplier) this.serviceInstanceListSup
        return supplier.get(request).next().map((serviceInstances) -> {
            return this.processInstanceResponse(supplier, serviceInstances);
        });
    }

    private Response<ServiceInstance> processInstanceResponse(ServiceInstanceListSupplier supplier, List
        Response<ServiceInstance> serviceInstanceResponse = this.getInstanceResponse(serviceInstances);
        if (supplier instanceof SelectedInstanceCallback && serviceInstanceResponse.hasServer()) {
            ((SelectedInstanceCallback) supplier).selectedServiceInstance((ServiceInstance) serviceInsta
        }

        return serviceInstanceResponse;
    }

    private Response<ServiceInstance> getInstanceResponse(List<ServiceInstance> instances) {
        if (instances.isEmpty()) {
            if (log.isWarnEnabled()) {
```

图 3-15 RoundRobinLoadBalancer 负载均衡器部分代码

同样,负载均衡器 RandomLoadBalancer 代码中的方法和 RoundRobinLoadBalancer 类中的方法大体相同,只不过 getInstanceResponse()方法内部的实现策略是随机选择策略。由此可知自定义负载均衡策略的核心在于 getInstanceResponse()方法的编写。这里总结一下自定义负载均衡策略的主要实现步骤。

① 创建一个自定义负载均衡类,并实现 ReactorServiceInstanceLoadBalancer 接口。

② 将 RoundRobinLoadBalancer 类内部所有方法复制到自定义负载均衡类中,并修改构造方法的方法名称。

③ 删除 getInstanceResponse()方法内部原有的代码,编写自定义负载均衡策略代码。

④ 新建配置类,在配置类中创建自定义负载均衡器 Bean 对象。

⑤ 将自定义负载均衡器 Bean 对象利用@LoadBalancerClient 注解,配置在客户端请求方法上。

3.5.3 任务实施

在 LoadBalanceConsume 模块的 config 目录下新建一个自定义负载均衡器类 CustomerLoadBalancer。模仿 RoundRobinLoadBalancer 类中的代码,在 CustomerLoadBalancer 类中输入如下代码,创建自定义负载均衡器。

【CustomerLoadBalancer.java】

```
package loadbalancecons.config;
import org.springframework.beans.factory.ObjectProvider;
```

```java
import org.springframework.cloud.client.ServiceInstance;
import org.springframework.cloud.client.loadbalancer.DefaultResponse;
import org.springframework.cloud.client.loadbalancer.EmptyResponse;
import org.springframework.cloud.client.loadbalancer.Request;
import org.springframework.cloud.client.loadbalancer.Response;
import org.springframework.cloud.loadbalancer.core.NoopServiceInstanceListSupplier;
import org.springframework.cloud.loadbalancer.core.ReactorServiceInstanceLoadBalancer;
import org.springframework.cloud.loadbalancer.core.SelectedInstanceCallback;
import org.springframework.cloud.loadbalancer.core.ServiceInstanceListSupplier;
import reactor.core.publisher.Mono;
import java.util.List;
import java.util.concurrent.atomic.AtomicInteger;
public class CustomerLoadBalancer implements ReactorServiceInstanceLoadBalancer {
    private ObjectProvider<ServiceInstanceListSupplier>
            serviceInstanceListSupplierProvider;
    private String serviceId;
    //服务实例的访问次数
    private AtomicInteger count=new AtomicInteger(0);
    //服务实例索引
    private AtomicInteger index=new AtomicInteger(0);
    public CustomerLoadBalancer(ObjectProvider<ServiceInstanceListSupplier>
            serviceInstanceListSupplierProvider,String serviceId)
    {
        this.serviceInstanceListSupplierProvider = serviceInstanceListSupplierProvider;
        this.serviceId = serviceId;
    }
    @Override
    public Mono<Response<ServiceInstance>> choose(Request request) {
        ServiceInstanceListSupplier supplier =
                (ServiceInstanceListSupplier)this.serviceInstanceListSupplierProvider.
                getIfAvailable(NoopServiceInstanceListSupplier::new);
        return supplier.get(request).next().map((serviceInstances) -> {
            return this.processInstanceResponse(supplier, serviceInstances);
        });
    }
    private Response<ServiceInstance> processInstanceResponse(
            ServiceInstanceListSupplier supplier,
            List<ServiceInstance> serviceInstances) {
        Response<ServiceInstance> serviceInstanceResponse =
                this.getInstanceResponse(serviceInstances);
        if (supplier instanceof SelectedInstanceCallback
                && serviceInstanceResponse.hasServer()) {
            ((SelectedInstanceCallback)supplier).
                    selectedServiceInstance(
                            (ServiceInstance)serviceInstanceResponse.getServer());
        }
        return serviceInstanceResponse;
    }
    //每个服务实例访问 2 次,然后切换下一个服务实例
    private Response<ServiceInstance> getInstanceResponse(
            List<ServiceInstance> instances){
        if (instances.isEmpty()) {
            return new EmptyResponse();
```

```java
        }
        int size = instances.size();
        System.out.println("当前服务拥有服务实例数："+size);
        ServiceInstance serviceInstance = null;
        while (serviceInstance == null) {
            if (this.count.intValue() < 2) {
                this.count.incrementAndGet();
            } else {
                System.out.println("切换到下一个服务实例");
                this.count.set(0);
                this.index.incrementAndGet();
                if (this.index.intValue() >= size) {
                    this.index.set(0);
                }
            }
            serviceInstance = instances.get(this.index.intValue());
        }
        return new DefaultResponse(serviceInstance);
    }
}
```

上述黑体代码为自定义负载均衡器核心代码，内部通过 count 变量对每个服务实例的访问次数进行计数，服务实例索引为 index 变量值。每访问一次服务实例，count 值加 1；如果 count 值大于或等于 2，则切换到下一个服务实例，即 index 值加 1，同时 count 值归 0。如果所有的服务实例都访问完毕，index 值归 0，又从第 1 个服务实例开始访问。

在 config 目录下新建 CustomerLbConfig 配置类，内部创建自定义负载均衡器 Bean 对象。

【CustomerLbConfig.java】

```java
package loadbalancecons.config;
import org.springframework.beans.factory.annotation.Autowired;
import org.springframework.cloud.client.ServiceInstance;
import org.springframework.cloud.loadbalancer.core.ReactorLoadBalancer;
import org.springframework.cloud.loadbalancer.core.ServiceInstanceListSupplier;
import org.springframework.cloud.loadbalancer.support.LoadBalancerClientFactory;
import org.springframework.context.annotation.Bean;
import org.springframework.context.annotation.Configuration;
import org.springframework.core.env.Environment;
@Configuration
public class CustomerLbConfig {
    @Bean
    @Autowired(required = false)
    ReactorLoadBalancer<ServiceInstance> createcustomerlb(
            Environment environment,
            LoadBalancerClientFactory loadBalancerClientFactory) {
        String name = environment.getProperty(
                LoadBalancerClientFactory.PROPERTY_NAME);
        //使用自定义负载均衡器
        return new CustomerLoadBalancer(loadBalancerClientFactory.
                getLazyProvider(name, ServiceInstanceListSupplier.class),
                name);
    }
}
```

注释掉 LoadBalanceConsController 类上原有的@LoadBalancerClient 注解,重新添加一个新的@LoadBalancerClient 注解,该注解指向自定义负载均衡 Bean。

```
@LoadBalancerClient(name = "lb-pro",configuration = CustomerLbConfig.class)
```

启动 Nacos 服务端,然后分别启动服务提供者 LoadBalanceProductApplication、LoadBalanceProductApplication8089 和服务消费者 LoadBalanceConsumeApplication。在浏览器中输入地址 http://localhost:8087/lbCon 进行服务调用,可以发现客户端先访问 8086 端口服务实例 2 次,第 3 次切换后访问 8089 端口服务实例。再访问 8089 端口服务实例 2 次,第 3 次又切换后访问 8086 端口服务,以此循环下去,实现了预期目的。

注意:CustomerLbConfig 类定义后,默认会覆盖轮询策略。如果不使之生效,需同时删除 LoadBalanceConsController 类上的@LoadBalancerClient(name = "lb-pro",configuration = CustomerLbConfig.class)注解和 CustomerLbConfig 类上的@Configuration 注解。如果仅删除@LoadBalancerClient 而不删除 CustomerLbConfig 类上的@Configuration 注解,会报 java.lang.NullPointerException:Cannot invoke "Object.hashCode()" because "key" is null 的错误。

3.6 小　　结

负载均衡是微服务开发中的一个重要概念,是每个微服务系统都必须要考虑的问题。本项目主要介绍 Spring Cloud Alibaba 负载均衡组件 LoadBalancer 和分布式会话管理组件 Spring Session 的概念和使用,包括负载均衡的基础知识,LoadBalancer 的运行流程,轮询、随机选择、Nacos 权重分配等不同负载均衡策略的基本使用,以及 Spring Session 的基础知识和基本使用。最后通过一个综合案例介绍 LoadBalancer 的进阶使用——如何实现自定义负载均衡策略,使读者在掌握 LoadBalancer 基本使用方法的基础上,能够进一步灵活地定义各种个性化的负载均衡策略,拓展 LoadBalancer 的应用场景。

3.7 课后练习:自定义基于时间规则的负载均衡策略

模仿 3.5 节通过自定义实现一个基于时间规则的负载均衡策略,该策略根据客户端访问时间中的秒数来映射服务名下的不同服务实例,当时间中的秒数为 0~30s 时,每次都访问服务实例 A;当时间中的秒数为 31~60s 时,每次都访问服务实例 B。例如,当前访问时间为 08:00:01,应该访问服务实例 A;当访问时间为 08:00:31,应该访问服务实例 B。

第 4 章　Spring Cloud Alibaba 之服务通信

在传统单体架构系统中,服务通信大多都是本地服务调用,服务调用者和服务提供者都在同一个应用程序中,编码实现较为简单。在微服务架构系统中,服务大多部署在多个节点上,服务调用者和服务提供者分布在不同的应用程序中,此时服务通信更多是远程的、跨节点和跨应用程序,编码实现也较为复杂。本章将介绍如何在 Spring Cloud Alibaba 项目中实现远程服务通信。

4.1　微服务系统中的服务通信方式

微服务架构系统中的服务通信总体上可以分为基于 HTTP 接口调用方式和基于消息队列方式的远程服务通信。它们具有不同的用途和实现方式。

1. HTTP 接口调用方式

HTTP 接口调用是一种同步通信方式,它的机制是发送一个请求到远程系统,并等待远程系统返回响应。这种方式要求发送方和接收方在同一时间在线。HTTP 接口调用大多用于需要立即得到响应的场景,如 Web 场景下的用户登录、支付等。在实际开发中常用的 HTTP 接口调用工具有 RestTemplate、OpenFeign 等。

2. 消息队列方式

消息队列是一种异步通信方式,它通过将消息存储在队列中实现不同系统之间的通信。这种方式允许发送方和接收方不必同时在线。发送方只需将消息发送到队列中,接收方可以在任何时候从队列中获取消息进行处理。消息队列通常用于解决异步通信场景中的一些问题,如流量峰值平衡、服务高可用性等。在实际开发中常用的消息队列中间件工具有 RabbitMQ、RocketMQ、Kafka 等。

总体来说,消息队列和接口调用的主要区别在于它们处理通信的方式和同步或异步的特性。消息队列支持异步通信,而接口调用则支持同步通信。

4.2　基于接口的远程服务通信——RestTemplate

传统方式基于 HTTP 的远程服务通信使用 Java 原生的 HttpURLConnection 或者 Apache 的 HttpClient 等工具实现。但是这种方式下 API 使用过于复杂,为开发人员带来很多额外的代码开销。例如,在创建对象后需要手动进行配置、手动回收资源,引入额外依赖包进行 JSON 数据格式的转换等。对此,Spring 团队提出了 RestTemplate 模板类,用于简化 HTTP 服务通信的编码实现。本节将介绍如何使用 RestTemplate 实现服务的远程通信。

4.2.1 初识 RestTemplate

RestTemplate 是 Spring 团队提出的用于发送 HTTP 请求的客户端工具类,它遵循 Restful 访问原则。RestTemplate 内部封装了更加简单易用的 API 模板方法,使开发人员能够方便地实现远程服务通信,提升了开发效率。RestTemplate 底层默认使用 JDK 原生的 HttpURLConnnection 实现,同时也支持使用其他的 HTTP 连接工具,例如,OkHttp、Apache HttpComponents 等。

Spring Boot 框架进一步简化了 RestTemplate 模板类的使用,Spring Boot 会自动对 RestTemplate 进行默认配置,实现开箱即用。在 Spring Boot 项目中,只需引入一个 spring-boot-starter-web 依赖,就可以在程序中直接使用 RestTemplate 模板类了。RestTemplate 内部简化了请求和响应数据的处理,它基于 Restful 风格,自动使用 JSON 转换器将请求和响应数据以 JSON 格式进行封装和解析。这样开发人员就不再需要手动编写额外代码去处理 JSON 数据了,减少了代码的复杂度。在 Spring Cloud Alibaba 的 2022 版本中,可以将 RestTemplate 和 Spring Cloud Loadbalancer 配合使用,以实现远程服务通信的负载均衡。

初始 RestTemplate

4.2.2 使用 RestTemplate

在使用 RestTemplate 之前先搭建一个新的 Spring Cloud Alibaba 项目并进行相关配置,以便后续使用。这里先按照 1.3 节的步骤创建一个名为 SpringCloudDemo4 的 Spring Cloud Alibaba 父项目,父项目内包含服务提供者 ServiceProduct 和服务调用者 ServiceConsume 两个子模块。创建完毕,整个项目结构如图 4-1 所示。

在 ServiceProduct 模块的 pom.xml 文件中引入如下 Nacos 服务发现依赖和 Web 依赖。RestTemplate 就存在于 spring-boot-starter-web 依赖中。

```
<dependencies>
    <!--引入Nacos服务注册发现启动器-->
    <dependency>
        <groupId>com.alibaba.cloud</groupId>
        <artifactId>spring-cloud-starter-alibaba-nacos-discovery</artifactId>
```

```xml
        </dependency>
        <!--引入 Web 启动器-->
        <dependency>
            <groupId>org.springframework.boot</groupId>
            <artifactId>spring-boot-starter-web</artifactId>
        </dependency>
    </dependencies>
```

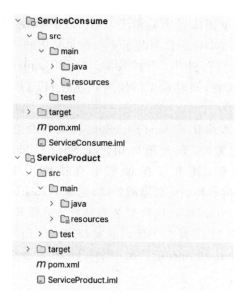

图 4-1 SpringcloudDemo4 项目结构

在 ServiceProduct 模块的 src/main/resources 目录下新建 application.yaml 配置文件，在文件内输入以下内容，配置服务名为 service-pro，端口号为 8086。

```yaml
#向 Nacos 注册的服务端口号为 8086
server:
  port: 8086
spring:
  application:
    #向 Nacos 注册的服务名。服务名不能包含下划线，否则找不到服务
    name: service-pro
  cloud:
    nacos:
      discovery:
        # nacos 服务端的地址。其默认端口为 8848
        server-addr: localhost:8848
```

在 ServiceConsume 模块的 pom.xml 文件中引入 Nacos 服务发现依赖、Web 依赖和 LoadBalancer 依赖。

```xml
<dependencies>
    <!--引入 Nacos 服务注册发现启动器-->
```

```xml
<dependency>
    <groupId>com.alibaba.cloud</groupId>
    <artifactId>spring-cloud-starter-alibaba-nacos-discovery</artifactId>
</dependency>
<!--引入Web启动器-->
<dependency>
    <groupId>org.springframework.boot</groupId>
    <artifactId>spring-boot-starter-web</artifactId>
</dependency>
<dependency>
    <groupId>org.springframework.cloud</groupId>
    <artifactId>spring-cloud-starter-loadbalancer</artifactId>
</dependency>
</dependencies>
```

在 ServiceConsume 模块的 src/main/resources 目录下新建 application.yaml 配置文件，在文件内输入以下内容，配置服务名为 service-con，端口号为 8087。

```yaml
#向Nacos注册服务端口号8087
server:
  port:8087
spring:
  application:
    #向Nacos注册的服务名。服务名不能包含下划线，否则找不到服务
    name: service-con
  cloud:
    nacos:
      discovery:
        # nacos服务端的地址。其默认端口为8848
        server-addr: localhost:8848
```

至此，项目环境搭建完毕，下面开始介绍 RestTemplate 的基本使用。使用 RestTemplate 需首先创建 RestTemplate Bean 对象。这里先在 ServiceConsume 模块的 src/mian/java 目录下新建 servicecon 目录，在 servicecon 目录下新建 config 目录，在 config 目录下新建配置类 RestTemplateConfig，在配置类中使用如下代码创建 RestTemplate Bean 对象，并添加 @LoadBalanced 注解，实现客户端负载均衡。

【RestTemplateConfig.java】

```java
package servicecon.config;
import org.springframework.boot.web.client.RestTemplateBuilder;
import org.springframework.cloud.client.loadbalancer.LoadBalanced;
import org.springframework.context.annotation.Bean;
import org.springframework.context.annotation.Configuration;
import org.springframework.web.client.RestTemplate;
@Configuration
public class RestTemplateConfig {
    @Bean
    public RestTemplateBuilder restTemplateBuilder(){
```

```
        return new RestTemplateBuilder();
    }
    @Bean
    @LoadBalanced //客户端负载均衡
    public RestTemplate restTemplate(RestTemplateBuilder restTemplateBuilder){
        RestTemplate restTemplate=restTemplateBuilder.build();
        return restTemplate;
    }
}
```

然后将RestTemplate对象注入客户端类中,即可调用RestTemplate对象的方法实现服务远程通信。

RestTemplate对各种Restful风格的请求方式做了进一步封装,针对不同的应用场景提供了不同的API方法给开发人员使用。RestTemplate常用的API方法如表4-1所示。

表4-1 RestTemplate常用的API方法

HTTP请求方式	RestTemplate提供的API方法
GET	getForObject()、getForEntity()
POST	postForLocation()、postForObject()、postForEntity()
PUT	put()
DELETE	delete()
HEADER	headForHeaders()
ALL	exchange()
ALL	execute()

其中,execute()和exchange()方法较为特殊。execute()方法是所有API的底层方法,所有API方法都是在调用execute()方法基础上进行进一步封装,一般不直接使用。exchange()方法支持所有请求方式,并允许用户自定义请求体对象,旨在为开发人员提供一种通用、灵活的API方法,一般在组装复杂的请求参数时使用。headForHeaders()方法用来发送请求并获取响应头。其余API分别应用于GET、POST、PUT、DELETE等Restful风格的请求。

在开发中,GET和POST是使用频率最多的请求方式,下面以GET请求和POST请求为例介绍相关API的用法。

1. GET请求

RestTemplate执行GET请求的主要方法有getForObject()和getForEntity()。其中,getForObject()方法返回值为响应体内容;getForEntity()方法返回值为ResponseEntity实体对象,内部封装了响应状态码、响应头和响应实体内容等详细的响应信息。使用时,当只需要返回响应体内容时,使用getForEntity()方法;当需要获得详细的响应信息时,使用getForEntity()方法。

(1) getForObject()方法。getForObject()方法有如下三种实现方式。

方式 1：

```
getForObject(String url, Class<T> responseType, Object... uriVariables);
```

方式 2：

```
getForObject(String url, Class<T> responseType, Map<String, ?> uriVariables);
```

方式 3：

```
getForObject(URI uri, Class<T> responseType);
```

其中，方式 1 以可变参数形式传递参数，方式 2 以 Map 键值对形式传递参数，方式 3 以 URI 对象传递参数。响应信息以 T 类型对象封装。

下面演示 getForObject()方法的具体使用。

在 ServiceProduct 模块的 src/mian/java 目录下新建 servicepro 目录，在 servicepro 目录下新建 controller 目录，在 controller 目录下新建服务提供者类 ServiceProController。在 ServiceProController 类中输入以下代码，定义一个服务接收 GET 请求，该服务返回收到的请求参数值。

【ServiceProController.java】

```
package servicepro.controller;
import org.springframework.stereotype.Controller;
import org.springframework.web.bind.annotation.*;
@Controller
public class ServiceProController {
    @GetMapping("/servicePro/{id}")
    @ResponseBody
    public String pro(@PathVariable Integer id){
        return "收到的请求参数为："+id;
    }
}
```

在 ServiceConsume 模块的 servicecon 目录下新建 controller 目录，在 controller 目录下新建服务调用者类 ServiceConController。在 ServiceConController 类中输入以下代码，分别使用 getForObject()方法的三种不同方式调用 ServiceProduct 模块中的服务。

【ServiceConController.java】

```
package servicecon.controller;
import org.springframework.beans.factory.annotation.Autowired;
import org.springframework.http.ResponseEntity;
import org.springframework.web.bind.annotation.GetMapping;
import org.springframework.web.bind.annotation.PathVariable;
import org.springframework.web.bind.annotation.RestController;
import org.springframework.web.client.RestTemplate;
import java.net.URI;
```

```java
import java.util.HashMap;
import java.util.Map;
@RestController
public class ServiceConController {
    //注入 RestTemplate 对象
    @Autowired
    private RestTemplate restTemplate;
    @GetMapping("/serviceCon1/{id}")
    public String con1(@PathVariable Integer id){
        //以可变参数形式传递参数
        String res= restTemplate.getForObject(
                "http://service-pro/servicePro/{1}",String.class,id);
        return res;
    }
    @GetMapping("/serviceCon2/{id}")
    public String con2(@PathVariable Integer id){
        //以 Map 键值对形式传递参数。URL 中必须为{id},与 Map 键值对的键保持一致
        Map<String, Integer> params = new HashMap<>();
        params.put("id", id);
        String res= restTemplate.getForObject(
                "http://service-pro/servicePro/{id}",String.class,params);
        return res;
    }
    @GetMapping("/serviceCon3/{id}")
    public String con3(@PathVariable Integer id) throws Exception{
        //以 URI 对象传递参数,参数直接拼接在 URL 中
        URI uri = new URI("http://service-pro/servicePro/"+id);
        String res= restTemplate.getForObject(
                uri,String.class);
        return res;
    }
}
```

在上述代码中,con1()方法演示了 getForObject()方法利用可变参数形式传递请求参数。其中,请求地址{}中的 1 可以被替换成任意字符。con2()方法演示了 getForObject()方法利用 Map 键值对形式传递请求参数。其中,请求地址{}中的 id 必须和 Map 键值对的键保持一致。Con3()方法演示了 getForObject()方法利用 URI 对象传递请求参数,参数直接拼接在 URL 中。

启动 Nacos 服务端,然后再分别启动 ServiceProduct 和 ServiceConsume 应用程序,在浏览器中输入地址 http://localhost:8087/serviceCon1/1,页面显示响应信息为"收到的请求参数为:1"。

继续输入地址 http://localhost:8087/serviceCon2/1 和 http://localhost:8087/serviceCon3/1,页面同样显示响应信息为"收到的请求参数为:1"。

(2) getForEntity()方法。与 getForObject()方法类似,getForEntity()方法也有如下三种实现方式,分别对应于以可变参数形式传递参数,以 Map 键值对形式传递参数,以 URI 对象传递参数,只不过响应信息以 ResponseEntity<T>对象封装。

方式1：

```
getForEntity(String url, Class<T> responseType, Object... uriVariables);
```

方式2：

```
getForEntity(String url, Class<T> responseType, Map<String, ?> uriVariables);
```

方式3：

```
getForEntity(URI uri, Class<T> responseType);
```

这里在 ServiceConsume 模块的 ServiceConController 类中添加 con4()、con5()和 con6()方法，演示 getForEntity()方法三种方式的使用。

```java
@GetMapping("/serviceCon4/{id}")
public String con4(@PathVariable Integer id) throws Exception{
    //以可变参数形式传递参数
    ResponseEntity<String> res= restTemplate.getForEntity(
            "http://service-pro/servicePro/{1}",String.class,id);
    String msg= "状态码："+res.getStatusCode()+"," +
            "<br>响应头："+res.getHeaders()+"," +
            "<br>响应内容："+res.getBody();
    return msg;
}
@GetMapping("/serviceCon5/{id}")
public String con5(@PathVariable Integer id) throws Exception{
    Map<String, Integer> params = new HashMap<>();
    params.put("id", id);
    //以 Map 键值对形式传递参数。URL 中必须为{id}，与 Map 键值对的键保持一致
    ResponseEntity<String> res= restTemplate.getForEntity(
            "http://service-pro/servicePro/{1}",String.class,params);
    String msg= "状态码："+res.getStatusCode()+"," +
            "<br>响应头："+res.getHeaders()+"," +
            "<br>响应内容："+res.getBody();
    return msg;
}
@GetMapping("/serviceCon6/{id}")
public String con6(@PathVariable Integer id) throws Exception{
    //以可变参数形式传递参数
    URI uri = new URI("http://service-pro/servicePro/"+id);
    ResponseEntity<String> res= restTemplate.getForEntity(url,String.class);
    String msg= "状态码："+res.getStatusCode()+"," +
            "<br>响应头："+res.getHeaders()+"," +
            "<br>响应内容："+res.getBody();
    return msg;
}
```

分别重启 ServiceProduct 和 ServiceConsume 应用程序,在浏览器中输入地址 http://localhost:8087/serviceCon4/1,页面显示如下响应信息,包括状态码、响应头和响应内容。输入 http://localhost:8087/serviceCon5/1 和 http://localhost:8087/serviceCon6/1,同样能正常获取响应信息。

```
状态码:200 OK,
响应头:[Content-Type:"text/plain;charset=UTF-8", Content-Length:"28", Date:
"Fri, 01 Dec 2023 12:10:34 GMT", Keep-Alive:"timeout=60", Connection:"keep-alive"]
响应内容:收到的请求参数为 1
```

2. POST 请求

RestTemplate 执行 POST 请求的主要方法有 postForObject()、postForEntity() 和 postForLocation()。其中,postForObject()方法返回值为响应体内容。postForEntity()方法返回值为 ResponseEntity 实体对象,内部封装了响应状态码、响应头和响应实体内容等详细的响应信息。使用时,当只需要返回响应体内容时,使用 getForEntity()方法;当需要获得详细的响应信息时,使用 getForEntity()方法。postForLocation()方法将响应头中的 Location 信息用 URI 对象封装返回,例如,获取服务端请求重定向的 URL。

(1) postForObject()方法。postForObject()方法有如下三种实现方式,使用方法与 getForObject()方法类似,只不过参数中多了一个请求体参数@Nullable Object request。如果不利用请求体传参,可以设置 request 参数值为 null。

方式 1:

```
postForObject(String url, @Nullable Object request, Class<T> responseType,
Object... uriVariables);
```

方式 2:

```
postForObject(String url, @Nullable Object request,Class<T> responseType, Map
<String, ?> uriVariables);
```

方式 3:

```
postForObject(URI uri, @Nullable Object request, Class<T> responseType);
```

下面演示 postForObject()方法的基本使用。

这里在 ServiceConsume 模块的 ServiceConController 类中添加 con7()、con8()和 con9()方法,演示 postForObject()方法三种方式的使用。在参数传递方面,同时使用 URL 和请求体参数 request 进行传参,request 值统一设置为字符串"aa"。

```
@GetMapping("/serviceCon7/{id}")
public String con7(@PathVariable Integer id) throws Exception{
    //以可变参数形式传递参数
```

```java
    String res= restTemplate.postForObject(
            "http://service-pro/serviceProPost/{1}","aa",String.class,id);
    return res;
}
@GetMapping("/serviceCon8/{id}")
public String con8(@PathVariable Integer id) throws Exception{
    Map<String, Integer> params = new HashMap<>();
    params.put("id", id);
    String res= restTemplate.postForObject(
            "http://service-pro/serviceProPost/{id}","aa",String.class,params);
    return res;
}
@GetMapping("/serviceCon9/{id}")
public String con9(@PathVariable Integer id) throws Exception{
    //以 Map 键值对形式传递参数。URL 中必须为{id},与 Map 键值对的键保持一致
    //以 URI 对象传递参数,参数直接拼接在 URL 中
    URI uri = new URI("http://service-pro/serviceProPost/"+id);
    String res= restTemplate.postForObject(uri,"aa",String.class);
    return res;
}
```

在 ServiceProduct 模块的 ServiceProController 类中添加 proPost()方法,处理 POST 请求,proPost()方法内部同时从 URL 和请求体接收参数并返回。

```java
@PostMapping("/serviceProPost/{id}")
@ResponseBody
public String proPost(@PathVariable Integer id,@RequestBody String str){
    return "收到的请求体参数为:"+id+";收到的路径拼接参数为:"+str;
}
```

分别重启 ServiceProduct 和 ServiceConsume 应用程序,在浏览器中输入地址 http://localhost:8087/serviceCon7/1,页面显示如下响应信息。

```
收到的请求体参数为:1;收到的路径拼接参数为:aa
```

继续输入 http://localhost:8087/serviceCon8/1 和 http://localhost:8087/serviceCon9/1,同样能正常获取上述响应信息。

(2) postForEntity()方法。与 postForObject()方法类似,postForEntity()方法也有三种实现方式,分别对应于以可变参数形式传递参数,以 Map 键值对形式传递参数,以 URI 对象传递参数。只不过响应信息以 ResponseEntity<T>对象封装。

方式1:

```java
postForEntity(String url, @Nullable Object request,Class<T> responseType,
Object... uriVariables);
```

方式 2：

```
postForEntity(String url, @Nullable Object request,Class<T> responseType, Map
<String, ?> uriVariables);
```

方式 3：

```
postForEntity(URI uri, @Nullable Object request, Class<T> responseType);
```

这里在 ServiceConsume 模块的 ServiceConController 类中添加 con10()、con11()和 con12()方法，演示 postForEntity()方法三种方式的使用。方法返回值通过 ResponseEntity 对象的 getBody()方法获取响应内容。

```
@GetMapping("/serviceCon10/{id}")
public String con10(@PathVariable Integer id) throws Exception{
    //以可变参数形式传递参数
    ResponseEntity<String> res= restTemplate.postForEntity(
            "http://service-pro/serviceProPost/{1}","aa",String.class,id);
    return res.getBody();
}
@GetMapping("/serviceCon11/{id}")
public String con11(@PathVariable Integer id) throws Exception{
    //以 Map 键值对形式传递参数。URL 中必须为{id}，与 Map 键值对的键保持一致
    Map<String, Integer> params = new HashMap<>();
    params.put("id", id);
    ResponseEntity<String> res= restTemplate.postForEntity(
            "http://service-pro/serviceProPost/{id}","aa",String.class,params);
    return res.getBody();
}
@GetMapping("/serviceCon12/{id}")
public String con12(@PathVariable Integer id) throws Exception{
    //以 URI 对象传递参数，参数直接拼接在 URL 中
    URI uri = new URI("http://service-pro/serviceProPost/"+id);
    ResponseEntity<String> res= restTemplate.postForEntity(uri,"aa",String.class);
    return res.getBody();
}
```

分别重启 ServiceProduct 和 ServiceConsume 应用程序，在浏览器中输入地址 http://localhost:8087/serviceCon10/1，页面显示如下响应信息。

收到的请求体参数为：1;收到的路径拼接参数为：aa

继续输入 http://localhost:8087/serviceCon11/1 和 http://localhost:8087/serviceCon12/1，同样能正常获取响应信息。

(3) postForLocation()方法。postForLocation()方法用于发送一个 POST 请求，并将响应头中的 Location 信息统一作为 URI 对象返回，因此不需要指定返回值类型。例如，服务端收到请求后需进行重定向操作，重定向的地址就会被放在响应头的 Location 中，客户端就可以通过 postForLocation()方法获取服务端重定向的 URI 地址。与 postForObject()方法

类似，postForLocation()方法也有三种实现方式，分别对应于以可变参数形式传递参数，以 Map 键值对形式传递参数，以 URI 对象传递参数。

方法 1：

```
postForLocation(String url, @Nullable Object request, Object... uriVariables);
```

方法 2：

```
postForLocation(String url, @Nullable Object request, Map<String, ?> uriVariables);
```

方法 3：

```
postForLocation(URI uri, @Nullable Object request);
```

这里在 ServiceConsume 模块的 ServiceConController 类中添加 con13()、con14() 和 con15() 方法，演示 postForLocation() 方法三种方式的使用。

```
@GetMapping("/serviceCon13/{id}")
public URI con13(@PathVariable Integer id) throws Exception{
    //以可变参数形式传递参数
    URI uri= restTemplate.postForLocation(
            "http://service-pro/serviceProPostWithHead/{1}","aa",id);
    return uri;
}
@GetMapping("/serviceCon14/{id}")
public URI con14(@PathVariable Integer id) throws Exception{
    //以 Map 键值对形式传递参数。URL 中必须为{id}，与 Map 键值对的键保持一致
    Map<String, Integer> params = new HashMap<>();
    params.put("id", id);
    URI uri= restTemplate.postForLocation(
            "http://service-pro/serviceProPostWithHead/{id}","aa",params);
    return uri;
}
@GetMapping("/serviceCon15/{id}")
public URI con15(@PathVariable Integer id) throws Exception{
    //以 URI 对象传递参数，参数直接拼接在 URL 中
    URI uri = new URI("http://service-pro/serviceProPostWithHead/"+id);
    URI uri= restTemplate.postForLocation(uri,"aa");
    return uri;
}
```

在 ServiceProduct 模块的 ServiceProController 类中添加 proPostWithHead() 方法，处理 POST 请求，proPostWithHead() 方法内部重定向到 index.html 页面，重定向的地址会被放入响应头的地址位置中。

```
@PostMapping("/serviceProPostWithHead/{id}")
public String proPostWithHead(@PathVariable Integer id, @RequestBody String str){
```

```
        return "redirect:index.html";
}
```

分别重启 ServiceProduct 和 ServiceConsume 应用程序,在浏览器中输入地址 http://localhost:8087/serviceCon13/1,页面显示如下 proPostWithHead()方法的重定向地址。

"http://192.168.153.1:8086/serviceProPostWithHead/index.html"

继续输入 http://localhost:8087/serviceCon14/1 和 http://localhost:8087/serviceCon15/1,同样能正常获取 proPostWithHead()方法的重定向地址。

4.2.3 RestTemplate 参数传递

在上述案例中传递的都是字符串、整形等简单数据类型的请求参数,除此之外,RestTemplate 也支持传递对象、集合等复杂数据类型的参数。在传递复杂数据类型时,一般使用 POST 请求方式,将参数放在请求体中传递。

1. 传递对象类型参数

如果要传递对象类型参数,可使用 RestTemplate 的 postForObject()或 postForEntity()方法来实现,在传递过程中,RestTemplate 会将对象转变成 JSON 字符串传递。下面以传递一个 User 对象参数为例,演示 RestTemplate 如何传递对象类型参数。

首先分别在 ServiceProduct 和 ServiceConsume 模块的 pom.xml 文件中引入 Lombok 依赖,以便后续操作 Java 对象。然后分别在 ServiceProduct 和 ServiceConsume 子模块下创建 domain 目录,内部创建 User 实体类。User 内部属性如下。

【User.java】

```
package servicecon.domain;
import lombok.AllArgsConstructor;
import lombok.Data;
import lombok.NoArgsConstructor;
@Data
@AllArgsConstructor
@NoArgsConstructor
public class User {
    private Integer userid;
    private String username;
    private String role;
}
```

在 ServiceProduct 模块的 ServiceProController1er 类中添加一个方法 getUser(),该方法接收一个 User 类型的参数,并将该参数值又返回给客户端。

```
@PostMapping("/getUser/")
@ResponseBody
```

```
public User getUser(@RequestBody User user){
    System.out.println("收到的请求体参数为："+user.toString());
    return user;
}
```

在 ServiceConsume 模块的 ServiceConController 类中添加 con16()方法,在该方法内部利用 postForObject 远程调用 ServiceProduct 模块的 getUser()方法。postForObject()方法传递的参数为 User 对象,返回值也为 User 对象。

```
@GetMapping("/serviceCon16")
public String con16() throws Exception{
    User user=new User(1,"user1","普通用户");
    User res=restTemplate.postForObject(
            "http://service-pro/getUser/",user,User.class);
    return user.toString();
}
```

启动 ServiceConsume 和 ServiceProduct 应用程序,在浏览器中输入地址 http://localhost:8087/serviceCon16,页面成功打印出如下 User 对象的内容。证明远程调用时 User 对象值被成功传递了。

```
User(userid=1, username=user1, role=普通用户)
```

2. 传递集合类型参数

如果要传递集合类型参数,也可以使用 RestTemplate 的 postForObject()或 postForEntity()方法来实现,在传递过程中 RestTemplate 会将集合转变成 JSON 字符串传递。下面以传递一个 User 对象集合为例,演示 RestTemplate 如何传递集合类型参数。

在 ServiceProduct 模块的 ServiceProController 类中添加一个方法 getUserList(),该方法接收一个 List<User>类型的参数,并将该参数值又返回给客户端。

```
@PostMapping("/getUserList/")
@ResponseBody
public List<User> getUserList(@RequestBody List<User> userList){
    System.out.println("收到的请求体参数为："+userList.toString());
    return userList;
}
```

在 ServiceConsume 模块的 ServiceConController 类中添加 con17()方法,在该方法内部利用 postForObject 远程调用 ServiceProduct 模块的 getUserList()方法。postForObject()方法传递的参数为 User 对象集合,返回值也为 User 对象集合。

```
@GetMapping("/serviceCon17")
public String con17() throws Exception{
    User user1=new User(1,"user1","普通用户");
```

```
        User user2=new User(2,"user2","超级用户");
        List<User> userList= Arrays.asList(user1,user2);
        List<User> userListRes=restTemplate.postForObject(
                "http://service-pro/getUserList/",userList,List.class);
        return userListRes.toString();
}
```

启动 ServiceConsume 和 ServiceProduct 应用程序，在浏览器输入地址 http://localhost:8087/serviceCon17，页面成功打印出如下 User 对象集合的内容，证明远程调用时 User 对象集合的值被成功传递了。

[{userid=1, username=user1, role=普通用户}, {userid=2, username=user2, role=超级用户}]

4.2.4 RestTemplate 超时配置

RestTemplate 默认的超时时间是无限的。在服务远程通信时，一般会设置超时时间，以避免某些服务响应时间过长或响应信息丢失而卡死整个业务流程的情况。如需设置 RestTemplate 对象的超时时间，可在创建 RestTemplate 对象时，使用 RestTemplateBuilder 对象的 setConnectTimeout()方法和 setReadTimeout()方法设置超时时间。

```
restTemplateBuilder.setConnectTimeout(Duration.ofMillis(毫秒数))
restTemplateBuilder.setReadTimeout(Duration.ofMillis(毫秒数))
```

这里设置了两种超时时间，其中 ConnectTimeout 是连接时间，指在客户端和服务端之间创建网络连接所用的时间。ReadTimeout 用于读时间，指客户端和服务端之间的请求响应超时时间，即请求发送后要求多少时间内收到响应信息。下面以 ReadTimeout 为例演示配置超时时间的作用。

假设客户端访问的是 ServiceProduct 子模块的/servicePro/{id} 服务。先修改 ServiceProduct 子模块的 ServiceProController 类中的 pro()方法，在方法中添加如下线程休眠代码，休眠时间为 10s，则该服务收到请求 10s 后才会发送响应信息。

```
@GetMapping("/servicePro/{id}")
@ResponseBody
public String pro(@PathVariable Integer id)throws Exception{
    Thread.sleep(10000);        //设置休眠 10s
    return "收到的请求参数为："+id;
}
```

如果不配置超时时间，启动 Nacos 服务端、ServiceProduct 和 ServiceConsume 应用程序时，在浏览器中访问地址 http://localhost:8087/serviceCon1/1 是能够正常收到响应信息的。

下面修改 RestTemplateConfig 类内部的 restTemplate()方法，在创建 RestTemplate

对象时设定超时间 ReadTimeout 为 3s。

```
public RestTemplate restTemplate(RestTemplateBuilder restTemplateBuilder){
    RestTemplate restTemplate=restTemplateBuilder
        .setReadTimeout(Duration.ofMillis(3000))
        .build();
    return restTemplate;
}
```

分别重启 ServiceProduct 和 ServiceConsume 应用程序，在浏览器中访问地址 http://localhost:8087/serviceCon1/1 就不能正常收到响应信息了。由于服务休眠了 10s，响应信息没有在 3s 内到达，ServiceConsume 应用程序会报超时错误 java.net.SocketTimeoutException：Read timed out。

4.3 基于接口的远程服务通信——OpenFeign

在 4.2 节学习了如何使用 RestTemplate 模板类实现 GET 和 POST 请求的远程服务通信。随着微服务数量的不断增多，RestTemplate 模板类也会暴露出一些缺点。例如，RestTemplate 通过服务名进行调用，服务名需要硬编码时在方法中写下固定的代码，这很不利于后期代码维护。如果同时有多个方法都要调用远程服务，那么服务名就会分散在各个方法中，一旦服务名发生改变，代码就很难维护了。因此，可以设想是否能够像本地服务调用那样实现远程服务通信，使用一个 Service 服务类统一管理某服务名下所有的远程资源，在远程服务通信时只需注入该 Service 服务类即可，即使后期服务名发生改变，也只需改变 Service 服务类中相应的服务名，而不是去代码中分散修改。OpenFeign 的出现正好就能够解决这个问题，帮助开发者更优雅地实现远程服务通信。

4.3.1 初识 OpenFeign

OpenFeign 是 Spring 团队推出的一款声明式、模板化的 HTTP 客户端工具。OpenFeign 的前身是 Feign，Feign 是 Spring Cloud NetFlix 框架提供的一个轻量级 RESTful 的 HTTP 客户端工具，内部内置了 Ribbon 组件，用于实现服务远程通信的客户端负载均衡。在早期的 Spring Cloud NetFlix 项目中，除了使用 RestTemplate 外，还可以使用 Feign 来进行服务远程通信。在实现服务远程通信时 Feign 有自己的一套注解，并不支持 SpringMVC 注解，这对开发 Web 应用很不友好。

随着 Spring Cloud NetFlix 框架停止维护，Feign 也不再更新。因此，Spring 团队基于 Feign 又推出了 OpenFeign 组件，添加了对 Nacos 的支持，并将其集成在 Spring Cloud Alibaba 框架中使用。OpenFeign 底层基于 Feign 实现，内部使用 LoadBalancer 组件替代了传统的 Ribbon 组件实现负载均衡，同时在 Feign 的基础上添加了对 SpringMVC 注解的支持，可以更友好地支持开发 Web 应用。OpenFeign 的声明式特性使开发人员在使用 HTTP 请求进行远程服务时，就像调用本地方法一样，在代码中完全感知不到是在调用远程方法,甚至感知不到这是一个 HTTP 请求。开发人员在调用远程接口时不需要再像使用 RestTemplate 一样先创建请求,再解析返回数据,进一步简化了远程服务通信的代码编程。

初识 OpenFeign

4.3.2 使用 OpenFeign

要使用 OpenFeign 进行服务远程通信,首先需要在项目中导入如下 OpenFeign 启动器依赖。

```
<dependency>
    <groupId>org.springframework.cloud</groupId>
    <artifactId>spring-cloud-starter-openfeign</artifactId>
</dependency>
```

然后在项目的启动类 Application 上添加@EnableFeignClients 注解,声明该项目为 OpenFeign 客户端。创建一个接口类,在接口类上添加@FeignClient 注解并设定服务名。与 RestTemplate 对象不同,OpenFeign 内部已经集成了 LoadBalancer 负载均衡组件,默认按照轮询策略实现负载均衡,不再需要显式添加@LoadBalanced 注解。

```
@FeignClient("my-service") //服务名为 my-service
public interface MyInterface {
}
```

像编写传统的 Spring MVC 控制器方法一样在接口类内部编写具体的远程调用方法。然后在每个远程调用方法上添加 Spring MVC 注解,设定服务的资源访问路径并传递请求参数。资源访问路径和请求参数必须与服务提供者端保持一致。

```
@FeignClient("my-service")
public interface MyInterface{
    @GetMapping("/proUser/{id}")
    String getUserById(@PathVariable("id") Integer id);
}
```

最后在客户端类中注入该接口类,像调用本地服务一样直接调用接口类的方法,就可以实现远程服务通信。当程序访问该控制器方法时,Spring 会利用动态代理机制生成该接口类的代理对象,执行远程服务通信。

注意:传参时要确保服务消费者和服务提供者的参数列表一致。

```
@RestController
public class MyController {
    //注入接口类 MyInterface
```

```
    @Autowired
    private MyInterface myInterface;
@GetMapping("/conUser/{id}")
public String conUser(@PathVariable("id") Integer id){
    //调用接口类 MyInterface 的 getUserById()方法
    myInterface.getUserById(id);
    }
}
```

下面在 SpringcloudDemo4 项目中演示 OpenFeign 的使用方法。在 ServiceConsume 子模块的 pom.xml 文件中引入 spring-cloud-starter-openfeign 依赖,同时在启动类 ServiceConsumeApplication 上添加@EnableFeignClients 注解。

```
package servicecon;
import org.springframework.boot.SpringApplication;
import org.springframework.boot.autoconfigure.SpringBootApplication;
import org.springframework.cloud.openfeign.EnableFeignClients;
@SpringBootApplication
@EnableFeignClients
public class ServiceConsumeApplication {
    public static void main(String[] args){
        SpringApplication.run(ServiceConsumeApplication.class,args);
    }
}
```

在 servicecon 目录下新建 service 目录,在 service 目录下新建远程服务 service-pro 的接口类 ProService。在接口类中定义远程调用方法 con1(),调用 service-pro 服务的 servicePro 资源。

【ProService.java】

```
package servicecon.service;
import org.springframework.cloud.openfeign.FeignClient;
import org.springframework.web.bind.annotation.GetMapping;
import org.springframework.web.bind.annotation.PathVariable;
@FeignClient("service-pro")
public interface ProService {
    //远程调用服务访问路径为 serviceCon1 的资源
    @GetMapping("/servicePro/{id}")
    String con1(@PathVariable("id") Integer id);
}
```

注意:此处@PathVariable("id") Integer id 不能缩写成@PathVariable Integer id,因为被@FeignClient 注解修饰的接口类中要求@PathVariable 注解中的属性值 value 不能为空,如果写成@PathVariable Integer id,value 属性值默认为 null,项目启动会报错,无法创建 ProService Bean 对象。

在 controller 目录下新建控制器类 OpenFeignController,在 OpenFeignController 类中注入 ProService 接口类,然后编写请求映射处理方法 con1()。在 con1()方法内部调用

proService 接口类的 con1()方法。

【OpenFeignController.java】

```java
package servicecon.controller;
import org.springframework.beans.factory.annotation.Autowired;
import org.springframework.web.bind.annotation.GetMapping;
import org.springframework.web.bind.annotation.PathVariable;
import org.springframework.web.bind.annotation.RestController;
import servicecon.service.ProService;
@RestController
public class OpenFeignController {
    @Autowired
    private ProService proService;          //注入 ProService 接口类
    @GetMapping("/openFeignServiceCon1/{id}")
    public String con1(@PathVariable Integer id){
        //本地调用 ProService 接口类的 con1()方法
        String res= proService.con1(id);
        return res;
    }
}
```

分别重启 ServiceProduct 和 ServiceConsume 应用程序，在浏览器中输入地址 http://localhost:8087/openFeignServiceCon1/1，页面显示响应信息为收到的请求参数为 1，OpenFeign 成功访问了 service-pro 服务的 servicePro 资源。

如需使用其他负载均衡策略或自定义的策略，实现步骤和 RestTemplate 对象完全一样。例如，要将负载均衡策略改成随机选择，可直接把 SpringCloudDemo3 中的随机选择策略配置类 MyRandomLoadBalancer.java 文件复制到 SpringCloudDemo4 的 config 目录下，然后在 OpenFeignController 类或服务接口类 ProService 上面添加注解即可。

```
@LoadBalancerClient(name = "service-pro", configuration = MyRandomLoadBalancer.class)
```

注意：项目中如果定义了其他负载均衡策略或自定义了负载均衡策略，并使用@Configuration 注解生成了 Bean 对象，即使不使用，也必须在 OpenFeign 的服务接口类或注入 OpenFeign 的服务接口类的 Controller 类上添加@LoadBalancerClient 注解，显式声明使用默认轮询策略进行远程服务通信，否则服务调用会报如下错误：

Cannot invoke "Object.hashCode()" because "key" is null

4.3.3　OpenFeign 参数传递

为简化远程服务调用，OpenFeign 支持直接使用 Spring MVC 中的注解如@PathVariable、@RequestParam、@Requestbody 等进行参数传递，使得处理远程服务请求就像处理本地服务请求一样。其中，@PathVariable 和@RequestParam 注解用来接收 GET 请求中通过 URL 传递的参数。所不同的是，@PathVariable 接收的参数作为 URL 的一部分存在，@RequestParam 接收的参数不包含在 URL 内，而是以问号拼接在 URL 后面。@PathVariable 和@RequestParam 一般用于传递 String、Int 等简单类型的数据。@Requestbody 一般用于接收 POST 请求方式传输的对象、集合等复杂数据类型参数,参数一般放在请求体中。使用 OpenFeign 传递参数需确保服务消费者和服务提供者所对应的方法格式保持一致,包括参数类型、个数、返回值等。

在 4.2.2 小节中已经演示了@PathVariable 的使用方法,这里主要演示@RequestParam 和@RequestBody 这两种传参方式的使用。

1. @RequestParam

一般地,@RequestParam 注解用于接收 GET 请求方式传输的 String、Int 等简单数据类型参数,可以同时接收传递的多个参数。下面介绍@RequestParam 注解的使用方法,演示使用@RequestParam 接收一个或多个简单的数据类型参数。

在 ServiceProduct 模块的 ServiceProController 类中添加两个方法 requestOneParam() 和 requestTwoParam()。

```
@GetMapping("/requestOneParam/")
@ResponseBody
public Integer requestOneParam(@RequestParam("id") Integer id){
    System.out.println("收到的参数为:"+id);
    return id;
}
@GetMapping("/requestTwoParam/")
@ResponseBody
public String requestTwoParam(@RequestParam("id") Integer id,
                              @RequestParam("name") String name){
    System.out.println("收到的参数为: id= "+id+",name= "+name);
    return id+","+name;
}
```

在 ServiceConsume 模块的服务接口类 ProService 中添加对应的两个服务访问方法 requestOneParam() 和 requestTwoParam()。

```
@GetMapping("/requestOneParam/")
Integer requestOneParam(@RequestParam("id") Integer id);
@GetMapping("/requestTwoParam/")
String requestTwoParam(@RequestParam("id") Integer id,
                       @RequestParam("name") String name);
```

在 ServiceConsume 模块的 OpenFeignController 类中添加请求处理方法 con2() 和 con3()。

```
@GetMapping("/openFeignRequestOneParam/{id}")
public Integer con2(@PathVariable Integer id){
    Integer res=proService.requestOneParam(id);
    return res;
}
@GetMapping("/openFeignRequestTwoParam/{id}/{name}")
```

```
public String con3(@PathVariable Integer id,@PathVariable String name){
    String res=proService.requestTwoParam(id,name);
    return res;
}
```

启动 ServiceConsume 和 ServiceProduct 应用程序,在浏览器中分别输入如下两个地址:

```
http://localhost:8087/openFeignRequestOneParam/1
http://localhost:8087/openFeignRequestTwoParam/1/aa
```

正常情况下页面分别显示"1"和"1,aa"。

2. @RequestBody

一般地,@RequestBody 注解用于接收 POST 请求方式传输的对象、集合等复杂数据类型参数,也可以配合 @RequestParam 注解一同使用来传递多个参数。下面介绍 @RequestBody 注解的使用方法,演示使用@RequestBody 接收 Java 对象、集合等复杂数据类型参数。

在 ServiceProduct 模块的 ServiceProController 类中添加三个方法 requestBodyObj()、requestBodyObjAndOneParam()和 requestBodyList()。其中,requestBodyObj()方法用于接收 Java 对象类型参数;requestBodyObjAndOneParam()方法用于同时接收一个 Java 对象类型参数和一个简单类型参数;requestBodyList()方法用于接收对象集合类型的参数。

```
@PostMapping("/requestBodyObj/")
@ResponseBody
public User requestBodyObj(@RequestBody User user){
    System.out.println("收到的请求体参数为:"+user.toString());
    return user;
}
@PostMapping("/requestBodyObjAndOneParam/")
@ResponseBody
public String requestBodyObjAndOneParam(@RequestBody User user,
                                        @RequestParam("name") String name){
    System.out.println("收到的请求体参数为:"+user.toString()+",name= "+name);
    return user.toString()+",name= "+name;
}
@PostMapping("/requestBodyList/")
@ResponseBody
public List<User> requestBodyList(@RequestBody List<User> userList){
    System.out.println("收到的请求体参数为:"+userList.toString());
    return userList;
}
```

在 ServiceConsume 模块的服务接口类 ProService 中添加对应的三个服务访问方法 requestBodyObj()、requestBodyObjAndOneParam()和 requestBodyList()。

```
@PostMapping("/requestBodyObj/")
User requestBodyObj(@RequestBody User user);
@PostMapping("/requestBodyObjAndOneParam/")
String requestBodyObjAndOneParam(@RequestBody User user,
                                 @RequestParam("name") String name);
@PostMapping("/requestBodyList/")
List<User> requestBodyList(@RequestBody List<User> userList);
```

在 ServiceConsume 模块的 OpenFeignController 类中添加 con4()、con5()和 con6()请求处理方法。其中，con4()方法用于调用服务接口类的 requestBodyObj()方法；con5()方法用于调用服务接口类的 requestBodyObjAndOneParam()方法；con6()方法用于调用服务接口类的 requestBodyList()方法。

```
@GetMapping("/openFeignRequestBodyObj")
public User con4(){
    User user1=new User(1,"user1","普通用户");
    User resuser=proService.requestBodyObj(user1);
    return resuser;
}
@GetMapping("/requestBodyObjAndOneParam")
public String con5(){
    User user1=new User(1,"user1","普通用户");
    String res=proService.requestBodyObjAndOneParam(user1,"aa");
    return res;
}
@GetMapping("/requestBodyList")
public List<User> con6(){
    User user1=new User(1,"user1","普通用户");
    User user2=new User(2,"user2","超级用户");
    List<User> userlist= Arrays.asList(user1,user2);
    List<User> reslist=proService.requestBodyList(userlist);
    return reslist;
}
```

启动 ServiceConsume 和 ServiceProduct 应用程序，在浏览器中分别输入如下三个地址：

```
http://localhost:8087/openFeignRequestBodyObj
http://localhost:8087/requestBodyObjAndOneParam
http://localhost:8087/requestBodyList
```

正常情况下页面分别显示如下内容：

```
{"userid":1,"username":"user1","role":"普通用户"}
User(userid=1, username=user1, role=普通用户),name=aa
[{"userid":1,"username":"user1","role":"普通用户"},
{"userid":2,"username":"user2","role":"超级用户"}]
```

4.3.4　OpenFeign 超时配置

与 RestTemplate 类似，OpenFeign 也支持配置超时时间 ConnectTimeout 和 ReadTimeout。默认情况下，OpenFeign 的超时时间基于 Feign 来设置。Feign 对象默认通过 Feign.Builder 类来创建，在 Feign.Builder 类的父类 BaseBuilder 中有一个 options 属性，就是 Feign 的超时时间。options 属性通过 this.options = new Options()调用 Options 对象的默认无参构造方法进行初始化。Options 对象的默认构造方法在 feign 包的 Request 类中，具体代码如下。

```
public Options() {
    this(10L, TimeUnit.SECONDS, 60L, TimeUnit.SECONDS, true);
}
```

上述构造方法中，第一个参数为 ConnectTimeout 时间值，第二个参数为 ConnectTimeout 时间单位，第三个参数为 ReadTimeout 时间值，第四个参数为 ReadTimeout 时间单位，第五个参数为是否支持重定向（默认为支持）。根据上述代码可知，Feign 默认超时时间 ConnectTimeout 为 10s，ReadTimeout 为 60s。也就是连接时间不超过 10s，响应时间不超过 60s。

这里还是假设客户端访问的是 ServiceProduct 子模块的/servicePro/{id}服务，并演示 ReadTimeout 为 60s 的效果。分别重启 ServiceProduct 和 ServiceConsume 应用程序，在浏览器中访问地址 http://localhost:8087/openFeignServiceCon1/1，能够正常收到响应信息，由于服务端休眠了 10s，响应信息可以在 60s 内到达。如果修改服务休眠时间为 61000ms。

```
@GetMapping("/servicePro/{id}")
@ResponseBody
public String pro(@PathVariable Integer id)throws Exception{
    Thread.sleep(61000);
    return "收到的请求参数为："+id;
}
```

ServiceConsume 应用程序会报超时错误"java.net.SocketTimeoutException：Read timed out"，无法正常收到响应信息。

如果要修改 ConnectTimeout 和 ReadTimeout 的默认值，有两种方法可以实现：一种是全局超时配置，另一种是局部超时配置。全局超时配置是访问所有服务时配置相同的超时时间，局部超时配置是访问不同的服务时要配置不同的超时时间。

1. 全局超时配置

全局超时配置是访问所有的服务配置相同的超时时间。全局超时配置可通过如下两种方式实现，分别是配置类方式和配置文件方式。

（1）配置类方式。此方式是基于 Feign 对象进行配置，实现时可创建一个配置类，在配置类中利用 Feign.builder()创建一个新的 Feign 的对象，并通过 options()方法统一设置新的超时时间。

下面演示此方式的实现效果。这里先在 SpringCloudDemo4 项目中新增一个子模块 ServieProductOther，模仿另一个服务提供者，服务名为 service-pro-other，端口为 8085，以便 ServiceConsume 子模块能够同时调用两个远程服务演示全局超时配置。ServiceProductOther 子模块结构及其内容与 ServieProduct 基本相同，内部存在 ServiceProOtherController.java 类，类中提供 URL 为/serviceProOther/{id}的服务资源，该服务内部设置休眠 3s。

【ServiceProOtherController.java】

```java
package serviceproother.controller;
import org.springframework.stereotype.Controller;
import org.springframework.web.bind.annotation.*;
@Controller
public class ServiceProOtherController {
    @GetMapping("/serviceProOther/{id}")
    @ResponseBody
    public String proOther(@PathVariable Integer id)throws Exception{
        Thread.sleep(3000);    //休眠 3s
        return "收到的请求参数为："+id;
    }
}
```

在 ServiceConsume 模块的 service 目录下定义 ServieProductOther 服务接口类，内部添加如下代码，调用 URL 为/serviceProOther/{id}的服务资源。

【ServieProductOther.java】

```java
package servicecon.service;
import org.springframework.cloud.openfeign.FeignClient;
import org.springframework.web.bind.annotation.GetMapping;
import org.springframework.web.bind.annotation.PathVariable;
@FeignClient(value = "service-pro-other")
public interface ProOtherService {
    @GetMapping("/serviceProOther/{id}")
    String conOther1(@PathVariable("id") Integer id);
}
```

在 ServiceConsume 子模块的 OpenFeignController 类中注入 ServieProductOther 服务接口类，在类内新建 con7()方法，在方法内部添加代码来调用 service-pro-other 服务。

```java
package servicecon.controller;
import org.springframework.beans.factory.annotation.Autowired;
import org.springframework.web.bind.annotation.GetMapping;
import org.springframework.web.bind.annotation.PathVariable;
import org.springframework.web.bind.annotation.RestController;
import servicecon.service.ProOtherService;
import servicecon.service.ProService;
@RestController
```

```java
public class OpenFeignController {
    @Autowired
    private ProService proService;                    //注入 ProService 接口类
    @Autowired
    private ProOtherService proOtherService;    //注入 ProOtherService 接口类
    @GetMapping("/openFeignServiceCon1/{id}")
    public String con1(@PathVariable Integer id){
        //本地调用 ProService 接口类的 con1()方法,con1()方法休眠 10s
        String res= proService.con1(id);
        return res;
    }
    //...省略中间代码
    @GetMapping("/openFeignServiceOtherCon1/{id}")
    public String con7(@PathVariable Integer id){
        //本地调用 ProOtherService 接口类的 conOther1()方法,conOther1()方法休眠 3s
        String res=proOtherService.conOther1(id);
        return res;
    }
}
```

下面在 ServiceConsume 模块的 config 目录下新建 OpenFeignTimeOutConfig 配置类,在 OpenFeignTimeOutConfig 配置类中添加如下的 createFeign()方法,统一设置访问所有服务的 ConnectTimeout 和 ReadTimeout 值为 5s。此处需添加@Configuration 进行全局配置。

【OpenFeignTimeOutConfig.java】

```java
package servicecon.config;
import feign.Feign;
import feign.Request;
import org.springframework.context.annotation.Bean;
import org.springframework.context.annotation.Configuration;
import java.util.concurrent.TimeUnit;
@Configuration
public class OpenFeignTimeOutConfig {
    @Bean
    public Feign.Builder createFeign(){
        Feign.Builder client= Feign.builder().options(new Request.Options(
                5, TimeUnit.SECONDS, 5, TimeUnit.SECONDS, true));
        return client;
    }
}
```

分别启动 ServiceProduct、ServiceProductOther 和 ServiceConsume 应用程序,浏览器访问地址 http://localhost:8087/openFeignServiceCon1/1,不能正常收到响应信息。而访问地址 http://localhost:8087/openFeignServiceOtherCon1/1,可以正常接收到响应信息。因为超时时间统一设置为 5s 后,由于服务 service-pro 休眠了 10s,响应信息无法按时到达,会报超时错误。服务 service-pro-other 休眠为 3s,没有超过超时时间,响应信息能够按时

到达。

(2) 配置文件方式。此方式基于 OpenFeign 对象配置,一般在项目的 application.yaml 配置文件中统一配置超时时间,底层代码是利用 openfeign 包中 FeignClientProperties 对象的 setConfig()方法进行配置。在 ServiceConsume 模块的 application.yaml 配置文件中添加如下黑体代码,配置调用所有服务的超时时间为 5s。

```yaml
spring:
  application:
    # 向 Nacos 注册的服务名。服务名不能包含下划线,否则找不到服务
    name: service-con
  cloud:
    nacos:
      discovery:
        # nacos 服务端地址,默认端口为 8848
        server-addr: localhost:8848
openfeign:
  client:
    config:
      default:
        connectTimeout: 5000  #全局设置连接时间为 5s
        readTimeout: 5000     #全局设置读时间为 5s
```

注释掉 OpenFeignTimeOutConfig 配置类上的@Configuration 注解,使配置类不生效。分别重启 ServiceProduct、ServiceProductOther 和 ServiceConsume 应用程序进行服务调用。由于超时时间统一设置为 5s,浏览器访问地址 http://localhost:8087/openFeignServiceCon1/1 时不能正常收到响应信息。而访问地址 http://localhost:8087/openFeignServiceOtherCon1/1 时可以正常接收到响应信息。

2. 局部超时配置

局部超时配置就是访问不同的服务并配置不同的超时时间。局部超时配置可以通过如下两种方式实现,分别是配置类方式和配置文件方式。

(1) 配置类方式。此方式和全局超时配置一样,基于 Feign 对象进行配置,都需要创建配置类 OpenFeignTimeOutConfig,只不过 OpenFeignTimeOutConfig 类上不添加@Configuration 注解,然后在 OpenFeign 接口类中使用@FeignClient 注解的 configuration 属性指定具体配置类,则只有该服务接口类被设置超时时间,其他服务接口类不受影响。可通过创建多个不同的配置类并指定到不同服务的接口类中使用,实现不同服务接口类配置不同的超时时间。

```
@FeignClient(value = "服务名",configuration = 超时配置类名.class)
```

例如,这里可以在 ProOtherService 服务接口类上添加如下@FeignClient 注解,利用 configuration 属性指定使用 OpenFeignTimeOutConfig 配置类设定远程服务通信的超时时间,同时注释掉 OpenFeignTimeOutConfig 配置类上的 @Configuration 注解,使得 ProService 服务接口类的远程服务通信还是用默认的超时时间。

```
@FeignClient(value = "service-pro-other", configuration = OpenFeignTimeOutConfig.
class)
public interface ProOtherService {
    @GetMapping("/serviceProOther/{id}")
    String conOther1(@PathVariable("id") Integer id);
}
```

分别启动 ServiceProduct、ServiceProductOther 和 ServiceConsume 应用程序，浏览器访问如下两个地址，都可以正常接收到响应信息。

```
http://localhost:8087/openFeignServiceCon1/1
http://localhost:8087/openFeignServiceOtherCon1/1
```

因为在 OpenFeignTimeOutConfig 配置类中配置了访问服务 service-pro-other 的读超时时间为 5s，服务休眠了 3s，响应信息可以按时到达。访问服务 service-pro 的读超时时间还是默认的 60s，服务休眠了 10s，响应信息也可以按时到达。

(2) 配置文件方式。此方式基于 OpenFeign 对象配置，一般在项目的 application.yaml 配置文件中配置超时时间，底层代码是利用 FeignClientProperties 对象的 setConfig() 方法进行配置。

下面在 ServiceConsume 模块的 application.yaml 配置文件中添加如下黑体代码，分别配置调用 service-pro 服务的 ConnectTimeout 和 ReadTimeout 时间值为 5s，配置调用 service-pro-other 服务的 ConnectTimeout 和 ReadTimeout 时间值为 6s。其中，service-pro 和 service-pro-other 为不同的服务，可对多个不同的服务配置不同的超时时间。

```
spring:
  application:
    #向 Nacos 注册的服务名。服务名不能包含下划线,否则找不到服务
    name: service-con
  cloud:
    nacos:
      discovery:
        # nacos 服务端地址,默认端口为 8848
        server-addr: localhost:8848
  openfeign:
    client:
      config:
        default:
          connectTimeout: 5000      #全局设置连接时间为 5s
          readTimeout: 5000         #全局设置读时间为 5s
        #service-pro 和 service-pro-other 为服务名。可添加多个服务名进行配置
        service-pro:
          connectTimeout: 5000
          readTimeout: 5000
        service-pro-other:
          connectTimeout: 6000
          readTimeout: 6000
```

注释掉服务接口类上的局部配置@FeignClient,重新添加@FeignClient(value = "service-pro-other")注解,使得调用 service-pro 和 service-pro-other 服务的超时时间都通过 application.yaml 配置文件配置。

```
@FeignClient(value = "service-pro-other")
//@FeignClient(value = "service-pro-other",configuration = OpenFeignTimeOutConfig.class)
public interface ProOtherService {
    @GetMapping("/serviceProOther/{id}")
    String conOther1(@PathVariable("id") Integer id);
}
```

分别启动 ServiceProduct、ServiceProductOther 和 ServiceConsume 应用程序,浏览器访问地址 http://localhost:8087/openFeignServiceCon1/1 时不能正常接收到响应信息。因为配置文件中配置了调用 service-pro 服务的超时时间为 5s,而服务休眠了 10s,因此不能及时收到响应信息,报超时错误。浏览器访问地址 http://localhost:8087/openFeignServiceOtherCon1/1 时可以正常接收到响应信息。因为配置文件中配置调用 service-pro-other 服务的超时时间为 6s,而服务休眠了 3s,响应信息能够按时到达。

4.3.5 OpenFeign 日志配置

Sping Boot 框架对 OpenFeign 进行了很多默认配置。在实际使用中,也可以根据情况对这些配置进行修改,以满足特定场景需求。在 4.2 节中通过 OpenFeign 调用远程服务是没有任何日志输出的,这很不利于代码调试。在代码调试过程中,如果服务调用失败,开发人员会有需求去了解服务调用的具体信息,包括 URL、请求头、响应状态等。此时就可以进行 OpenFeign 的日志配置,通过修改 OpenFeign 的默认日志级别,以便在控制台界面输出服务调用的日志信息,快速定位问题。

Feign 的日志级别有以下 4 种,不同日志级别输出的日志信息详细程度不同。

(1) None:Feign 默认的日志级别,不输出任何日志。该级别性能最好,一般用于生产环境中。

(2) BASIC:该级别输出日志信息仅包括请求方法、URL、响应状态码和执行时间等,一般用于生产环境中跟踪问题。

(3) HEADERS:该级别输出日志信息在 BASIC 基础上又添加了请求头和响应头等。

(4) FULL:该级别输出最详细的日志信息,包括 BASIC、HEADERS 以及具体的响应信息内容。一般用于开发环境或测试环境跟踪问题。

与超时配置类似,OpenFeign 日志配置也有两种实现方式:全局日志配置和局部日志配置。配置时可基于 Feign 对象进行配置,也可基于 OpenFeign 对象进行配置。

1. 全局日志配置

全局日志配置是基于 Feign 对象进行统一日志配置,配置完毕,访问所有服务日志级别是一样的,输出的日志详细程度也一样。全局日志配置可以通过如下两种方式实现,分别是配置类方式和配置文件方式。

（1）配置类方式。此方式基于底层 Feign 对象进行配置，实现时可创建一个配置类，通过在配置类中重新创建一个 Feign.Logger.Level 的日志级别 Bean 对象来设置。下面以设置 FULL 级别日志为例演示此方式的实现过程。

在 ServiceConsume 模块的 config 目录下新建日志配置类 OpenFeignLogConfig，在类中添加如下的 openFeignLogger()方法，创建一个新的 Logger.Level Bean 对象并设置日志级别为 FULL。注意这里导入的是 feign 包下的 Logger.Level 类，而不是传统的 Log4j、Slf4j、LogBack 等日志包。Logger.Level 是一个枚举类型，内部枚举了 None、BASIC、HEADERS 和 FULL 四个日志级别。

【OpenFeignLogConfig.java】

```java
package servicecon.config;
import feign.Logger;
import org.springframework.context.annotation.Bean;
import org.springframework.context.annotation.Configuration;
@Configuration
public class OpenFeignLogConfig {
    //统一配置 OpenFeign 的日志级别
    @Bean
    public Logger.Level openFeignLogger(){
        return Logger.Level.FULL;
    }
}
```

此时，分别重启 ServiceProduct、ServiceProductOther 和 ServiceConsume 应用程序进行服务调用，控制台并不会打印日志信息。这是由于 Spring Boot 项目默认的日志输出级别是 Info 级别，而 Feign 的日志是以 debug 级别输出的，Info 级别大于 Debug 级别，因此 Feign 的日志级别过低时不能进行控制台输出。要解决这个问题，还需在 ServiceConsume 模块的 application.yaml 配置文件中进行如下配置，显式设置 Feign 客户端所在的目录日志级别为 Debug 级别输出。

```yaml
#设置 servicecon.service 目录下的 Feign 客户端日志以 debug 级别输出
logging:
  level:
    servicecon.service: debug
```

为方便调试，先将 ServiceProduct 和 ServiceProductOther 子模块中的服务休眠代码都注释掉，然后分别重启 ServiceProduct、ServiceProductOther 和 ServiceConsume 应用程序。由于全局统一配置了访问 service-pro 和 service-pro-other 服务的日志级为 FULL，在浏览器中访问地址 http://localhost:8087/openFeignServiceCon1/1，控制台打印出如下 FULL 级别的日志；访问地址 http://localhost:8087/openFeignServiceOtherCon1/1，控制台也会打印出 FULL 级别的日志。

```
DEBUG 18012---[nio-8087-exec-1] servicecon.service.ProService:
[ProService#con1] ---> GET http://service-pro/servicePro/1 HTTP/1.1
DEBUG 18012---[nio-8087-exec-1] servicecon.service.ProService:
[ProService#con1] ---> END HTTP (0-byte body)
DEBUG 18012 --- [nio-8087-exec-1] servicecon.service.ProService:
[ProService#con1] <---HTTP/1.1 200 (115ms)
DEBUG 18012 --- [nio-8087-exec-1] servicecon.service.ProService:
[ProService#con1] connection: keep-alive
DEBUG 18012 --- [nio-8087-exec-1] servicecon.service.ProService:
[ProService#con1] content-length: 28
DEBUG 18012 --- [nio-8087-exec-1] servicecon.service.ProService:
[ProService#con1] content-type: text/plain;charset=UTF-8
DEBUG 18012 --- [nio-8087-exec-1] servicecon.service.ProService:
[ProService#con1] date: Sun, 10 Dec 2023 13:53:13 GMT
DEBUG 18012 --- [nio-8087-exec-1] servicecon.service.ProService:
[ProService#con1] keep-alive: timeout=60
DEBUG 18012 --- [nio-8087-exec-1] servicecon.service.ProService:
[ProService#con1]
DEBUG 18012 --- [nio-8087-exec-1] servicecon.service.ProService:
[ProService#con1] 收到的请求参数为：1
DEBUG 18012 --- [nio-8087-exec-1] servicecon.service.ProService:
[ProService#con1] <--- END HTTP (28-byte body)
```

以上 FULL 级别的日志信息包括请求方法、URL、响应状态码、执行时间、请求头、响应头、响应信息内容等。这里不再演示打印 BASIC 和 HEADERS 级别的日志信息，读者可自行将 OpenFeignTimeOutConfig 配置类中的 Logger. Level. FULL 修改成 Logger. Level. BASIC 和 Logger. Level. HEADERS 进行测试。如果改成 Logger. Level. BASIC，控制台将打印请求方法、URL、响应状态码、执行时间。

```
DEBUG 18012---[nio-8087-exec-1] servicecon.service.ProService:
[ProService#con1] ---> GET http://service-pro/servicePro/1 HTTP/1.1
DEBUG 18012 --- [nio-8087-exec-1] servicecon.service.ProService:
[ProService#con1] <---HTTP/1.1 200 (115ms)
```

如果改成 Logger. Level. HEADERS，控制台将打印除响应信息内容外的所有日志。

（2）配置文件方式。此方式基于 OpenFeign 对象配置，一般在项目的 application. yaml 配置文件中统一配置日志级别，底层代码是利用 openfeign 包中 FeignClientProperties 对象的 setConfig()方法进行配置。在 ServiceConsume 模块的 application. yaml 配置文件中添加如下黑体代码，配置调用所有服务的日志级别为 FULL。

```
spring:
  application:
    #向 Nacos 注册的服务名。服务名不能包含下划线，否则找不到服务
    name: service-con
  cloud:
    nacos:
      discovery:
```

```yaml
        # nacos 服务端地址,默认端口为 8848
        server-addr: localhost:8848
    openfeign:
      client:
        config:
          default:
            connectTimeout: 5000      #全局设置连接时间为 5s
            readTimeout: 5000         #全局设置读时间为 5s
            loggerLevel: FULL         #全局设置日志级别为 FULL
          #service-pro 和 service-pro-other 为服务名,可添加多个服务名进行配置
          service-pro:
            connectTimeout: 5000
            readTimeout: 5000
          service-proother:
            connectTimeout: 6000
            readTimeout: 6000
```

注释掉 OpenFeignLogConfig 配置类上的 @Configuration 注解,使配置类不生效。分别重启 ServiceProduct、ServiceProductOther 和 ServiceConsume 应用程序进行服务调用,在浏览器中访问地址 http://localhost:8087/openFeignServiceCon1/1,控制台打印 FULL 级别的日志信息；访问地址 http://localhost:8087/openFeignServiceOtherCon1/1,控制台也打印 FULL 级别的日志信息。

2. 局部日志配置

局部日志配置是访问不同的服务时配置不同的日志级别,以打印输出。与全局日志配置类似,局部日志配置也有如下两种方式实现,分别是配置类方式和配置文件方式。

(1) 配置类方式。此方式和全局日志配置一样,都是基于 Feign 对象进行配置,都需要创建配置类 OpenFeignLogConfig,只不过 OpenFeignLogConfig 类上不添加 @Configuration 注解。然后在具体的服务接口类中使用 @FeignClient 注解的 configuration 属性指定配置类,这样只设置访问该服务接口类时输出的日志级别,访问其他服务接口类输出的日志级别还是默认值。编程时可通过创建多个不同的配置类并指定到不同服务的接口类中使用,实现不同服务接口类配置不同的日志级别。

```
@FeignClient(value = "服务名",configuration = 日志配置类名.class)
```

下面将 OpenFeignLogConfig 类上的 @Configuration 注解注释掉,修改服务接口类 ProOtherService 上的 @FeignClient 注解如下,将 OpenFeignLogConfig 配置的日志级别 FULL 只应用在 ProOtherService 服务接口类上。ProService 仍然使用默认的日志级别 None,演示局部日志配置效果。

```
@FeignClient(value = "service-pro-other",configuration = OpenFeignLogConfig.class)
public interface ProOtherService {
    @GetMapping("/serviceProOther/{id}")
    String conOther1(@PathVariable("id") Integer id);
}
```

分别重启 ServiceProduct、ServiceProductOther 和 ServiceConsume 应用程序进行服务调用，在浏览器中访问地址 http://localhost:8087/openFeignServiceCon1/1，由于服务接口类 ProService 使用默认的日志级别 None，控制台不打印任何有关 Feign 的日志信息；访问地址 http://localhost:8087/openFeignServiceOtherCon1/1，由于局部配置了服务接口类 ProOtherService 的日志级别为 FULL，控制台打印 FULL 级别的日志。访问两个服务输出的日志级别是不同的。

（2）配置文件方式。此方式基于 OpenFeign 对象配置。与全局日志配置相比，此方式是在配置文件 application.yaml 中针对不同服务配置不同的日志级别。下面先将服务接口类上面的@FeignClient(value = "service-pro-other", configuration = OpenFeignLogConfig.class)注解改成@FeignClient(value = "service-pro-other")，使得调用 service-pro 和 service-pro-other 服务的日志级别都通过 application.yaml 配置文件配置。然后在 ServiceConsume 模块的 application.yaml 配置文件中添加如下黑体代码，局部配置访问 service-pro-other 服务的输出日志级别为 BASIC，访问 service-pro 服务的输出日志级别仍然为默认值 FULL。

```yaml
spring:
  application:
    #向 Nacos 注册的服务名。服务名不能包含下划线，否则找不到服务
    name: service-con
  cloud:
    nacos:
      discovery:
        # nacos 服务端地址，默认端口为 8848
        server-addr: localhost:8848
    openfeign:
      client:
        config:
          default:
            connectTimeout: 5000        #全局设置连接时间为 5s
            readTimeout: 5000           #全局设置读时间为 5s
            loggerLevel: FULL           #全局设置日志级别为 FULL
          #service-pro 和 service-pro-other 为服务名，可添加多个服务名进行配置
          service-pro:
            connectTimeout: 5000
            readTimeout: 5000
          service-pro-other:
            connectTimeout: 6000
            readTimeout: 6000
            loggerLevel: BASIC #仅设置访问 service-pro-other 服务日志级别为 BASIC
```

分别重启 ServiceProduct、ServiceProductOther 和 ServiceConsume 应用程序进行服务调用，在浏览器中访问地址 http://localhost:8087/openFeignServiceCon1/1，控制台打印 FULL 级别日志；访问地址 http://localhost:8087/openFeignServiceOtherCon1/1，局部日志配置生效，控制台打印 BASIC 级别日志。

4.3.6 OpenFeign 数据压缩

在生产环境中为了提高带宽利用率，增加数据传输速度，可以开启 OpenFeign 的 GZIP 数据压缩功能。默认情况下，OpenFeign 不会开启数据压缩功能，需要开发人员在 application.yaml 配置文件中进行配置后手动开启。以 ServiceConsume 模块为例，可在项目配置文件 application.yaml 中添加如下黑体代码来开启请求和响应的数据压缩功能。

```yaml
#向 Nacos 注册服务端口号 8087
server:
  port:8087
spring:
  application:
    #向 Nacos 注册的服务名。服务名不能包含下划线，否则找不到服务
    name: service-con
  cloud:
    nacos:
      discovery:
        # nacos 服务端地址，默认端口为 8848
        server-addr: localhost:8848
  openfeign:
    client:
      config:
        default:
          connectTimeout: 5000    #全局设置连接时间为 5s
          readTimeout: 5000       #全局设置读时间为 5s
          loggerLevel: FULL       #全局设置日志级别为 FULL
        #service-pro 和 service-pro-other 为服务名，可添加多个服务名进行配置
        service-pro:
          connectTimeout: 5000
          readTimeout: 5000
        service-pro-other:
          connectTimeout: 6000
          readTimeout: 6000
          loggerLevel: BASIC     #仅设置访问 service-pro-other 服务日志级别为 BASIC
    #开启 openfeign 数据压缩功能
    compression:
      request:
        enabled: true            #开启请求数据压缩功能
        mime-types: text/xml,application/xml, application/json  #压缩的数据格式
        min-request-size: 1024   #默认为 2048，当数据大于 2048 时才会进行压缩
      response:
        enabled: true            #开启响应数据压缩功能
#设置 servicecon.service 目录下的 Feign 日志以 debug 级别输出
logging:
  level:
    servicecon.service: debug
```

注意：在生产环境中，数据压缩功能是否开启也要根据实际情况而定。如果服务消费端的 CPU 资源比较紧张，建议不开启数据的压缩功能，因为数据压缩和解压都需要消耗 CPU 资源，反而会给 CPU 增加额外负担，导致系统性能降低。

4.3.7 OpenFeign 连接优化

OpenFeign 的底层客户端通信组件常见的实现方式有三种，分别是 JDK 自带的 HttpURLConnection、Apache HttpClient 和 OkHttp。默认情况下 OpenFeign 底层通信组件使用 JDK 自带的 HttpURLConnnection 对象进行 HTTP 请求。但是 HttpURLConnnection 没有使用连接池管理 HTTP 连接，对生产环境下高并发的支持不是很好，因此 OpenFeign 也支持开发人员使用 HttpClient 或 OkHttp 等性能更好的通信组件替换 HttpURLConnnection 对象。HttpClient 和 OKHttp 都支持连接池，能够更好地管理 HTTP 连接，提升 HTTP 请求效率。如果项目还配置了负载均衡组件 LoadBalancer，OpenFeign 会将以上三种 HTTP 客户端全部封装成 FeignBlockingLoadBalancerClient 对象进行 HTTP 请求，内部利用 LoadBalancer 实现负载均衡。

在 Feign 源码中，存在一个 SynchronousMethodHandler 类。SynchronousMethodHandler 类就是 Feign 内置的方法处理器实现类，该类内部存在一个 executeAndDecode() 方法。executeAndDecode() 方法内部通过 Feign 客户端实例对象 FeignBlockingLoadBalancerClient 对外发送服务远程通信请求并处理响应信息。

下面以 Debug 模式启动 ServiceProduct 和 ServiceConsume 应用程序，同时在 SynchronousMethodHandler 类的 executeAndDecode() 方法内部打断点，来监控 OpenFeign 底层客户端通信组件的情况。在浏览器中输入地址 http://localhost:8087/requestBodyList 访问 ServiceProduct 服务。程序进入断点处，可以看到客户端实例对象的 this.client 子对象的值，如图 4-2 所示。

从图 4-2 中可以看到，由于项目之前已经导入了 LoadBalancer 依赖，因此 this.client 对象的值为带有负载均衡功能的 FeignBlockingLoadBalancerClient 对象。在 FeignBlockingLoadBalancerClient 内部封装的 HTTP 客户端为 Client.Default 类型对象，该对象是 Feign 客户端默认的实现类，对象内部就是使用 HttpURLConnnection 完成 HTTP 请求的。

如果想优化 OpenFeign 的连接机制，采用 Apache HttpClient 或 OkHttp 作为底层客户端通信组件，可直接在项目的配置文件 application.yaml 中进行配置。下面以 ServiceConsume 模块为例，分别介绍二者的配置过程。

1. OpenFeign 配置 Apache HttpClient

HttpClient 是 Apache 旗下一款开源的高性能 HTTP 通信组件。HttpClient 支持使用 hc5 连接池管理 HTTP 连接。使用 Apache HttpClient 需先在 ServiceConsume 的 pom.xml 文件中显示导入如下 HttpClient 依赖。

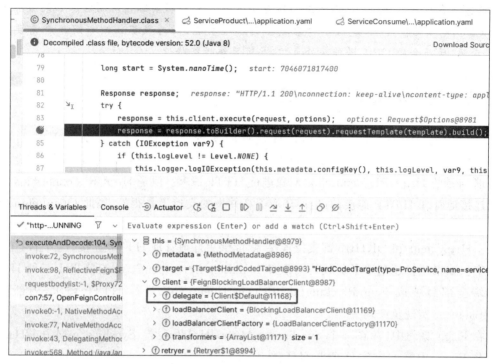

图 4-2　默认情况下 OpenFeign 客户端实例对象的 this.client 子对象的值

```
<!--HttpClient 的依赖,此处不能引入 feign-httpclient -->
<dependency>
    <groupId>io.github.openfeign</groupId>
    <artifactId>feign-hc5</artifactId>
</dependency>
```

注意这里导入的依赖必须是 feign-hc5,而不是 feign httpclient。如果导入 feign-httpclient 依赖,则底层通信组件还是 HttpURLConnnection,HttpClient 不生效。

然后在 ServiceConsume 模块的 application.yaml 中添加如下黑体代码,开启 HttpClient 功能并进行配置。HttpClient 默认使用 hc5 连接池,需要手动开启,还可以同步配置 hc5 连接池最大连接数、单个路径访问的最大连接数等配置项。

```
#向 Nacos 注册服务端口号 8087
server:
  port:8087
spring:
  application:
    #向 Nacos 注册的服务名。服务名不能包含下划线,否则找不到服务
    name: service-con
  cloud:
    nacos:
      discovery:
        # nacos 服务端地址,默认端口为 8848
        server-addr: localhost:8848
```

```yaml
openfeign:
  client:
    config:
      default:
        connectTimeout: 5000    #全局设置连接时间为 5s
        readTimeout: 5000       #全局设置读时间为 5s
        loggerLevel: FULL       #全局设置日志级别为 FULL
      #service-pro 和 service-pro-other 为服务名,可添加多个服务名进行配置
      service-pro:
        connectTimeout: 5000
        readTimeout: 5000
      service-pro-other:
        connectTimeout: 6000
        readTimeout: 6000
        loggerLevel: BASIC    #仅设置访问 service-pro-other 服务日志级别为 BASIC
  #开启 openfeign 数据压缩功能
  compression:
    request:
      enabled: true              #开启请求数据压缩功能
      mime-types: text/xml,application/xml, application/json #压缩的数据格式
      min-request-size: 1024 #默认为 2048。当数据大于 2048 才会进行压缩
    response:
      enabled: true              #开启响应数据压缩功能
  httpclient:
    enabled: true               #开启 httpClient 客户端
    hc5:
      enabled: true             #开启 hc5 连接池
      max-connections: 500 #设置连接池最大连接数,默认 200
      max-connections-per-route: 100 #设置单个路径访问的最大连接数,默认 50
#设置 servicecon.service 目录下的 Feign 日志以 debug 级别输出
logging:
  level:
    servicecon.service: debug
```

以 Debug 模式重新启动 ServiceProduct 和 ServiceConsume 应用程序,在浏览器中输入地址 http://localhost:8087/requestBodyList,访问 ServiceProduct 服务。程序进入断点处,从图 4-3 中可以看到客户端实例对象的 this.client 子对象的值为 FeignBlockingLoadBalancerClient 对象。FeignBlockingLoadBalancerClient 内部封装的 HTTP 客户端为 ApacheHttp5Client 对象,且连接池 Pool 属性显示单个路径访问的最大连接数 defaultMaxPerRoute 是 100,连接池默认最大连接数 maxTotal 是 500,与配置文件中的配置一致。

2. OpenFeign 配置 OkHttpClient

OkHttp 是一个高性能的 HTTP 通信组件,由 Square 公司设计研发并开源。OkHttp 支持使用连接池管理 HTTP 连接。使用 OkHttp 需先在项目的 pom.xml 文件中显示导入 OkHttp 依赖。

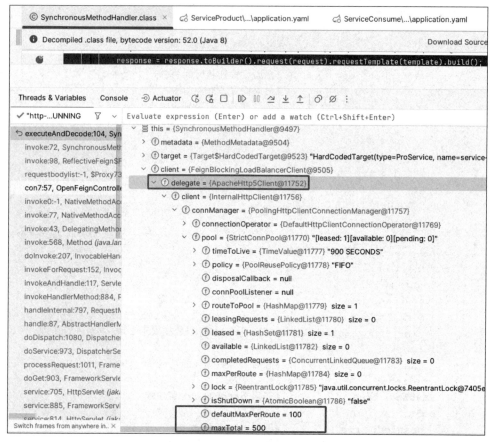

图 4-3 使用 Apache Http 与 Client 做通信组件时客户端实例对象的 this.client 子对象的值

```xml
<dependency>
    <groupId>io.github.openfeign</groupId>
    <artifactId>feign-okhttp</artifactId>
</dependency>
```

然后在 ServiceConsume 模块的 application.yaml 中添加如下黑体配置，开启 OkHttp 功能。同时也可以配置 OkHttp 的一些配置项，例如，连接池最大连接数、连接超时时间、读超时时间等。此处需要注意，OkHttp 的配置是在 httpclient 配置项下修改，与 httpclient 共用某些配置。

```yaml
#向 Nacos 注册服务端口号 8087
server:
  port:8087
spring:
  application:
    #向 Nacos 注册的服务名。服务名不能包含下划线,否则找不到服务
    name: service-con
  cloud:
    nacos:
```

```yaml
    discovery:
      # nacos 服务端地址,默认端口为 8848
      server-addr: localhost:8848
openfeign:
  client:
    config:
      default:
        connectTimeout: 5000    #全局设置连接时间为 5s
        readTimeout: 5000       #全局设置读时间为 5s
        loggerLevel: FULL       #全局设置日志级别为 FULL
      #service-pro 和 service-pro-other 为服务名,可添加多个服务名进行配置
      service-pro:
        connectTimeout: 5000
        readTimeout: 5000
      service-pro-other:
        connectTimeout: 6000
        readTimeout: 6000
        loggerLevel: BASIC      #仅设置访问 service-pro-other 服务日志级别为 BASIC
  #开启 openfeign 数据压缩功能
  compression:
    request:
      enabled: true             #开启请求数据压缩功能
      mime-types: text/xml,application/xml, application/json # 压缩的数据格式
      min-request-size: 1024    #默认为 2048,当数据大于 2048 才会进行压缩
    response:
      enabled: true             #开启响应数据压缩功能
  httpclient:
    enabled: false              #关闭 httpClient 客户端
    hc5:
      enabled: false            #关闭 hc5 连接池
    max-connections: 500        #设置连接池最大连接数,默认为 200
    max-connections-per-route: 100 #设置单个路径访问的最大连接数,默认为 50
    connection-timeout: 7000    #连接超时时间,默认为 2000ms
    ok-http:
      read-timeout: 4000        #读超时时间,默认为 6000ms
  okhttp:
    enabled: true               #开启 okhttp 功能
#设置 servicecon.service 目录下的 Feign 日志以 debug 级别输出
logging:
  level:
    servicecon.service: debug
```

以 Debug 模式重新启动 ServiceProduct 和 ServiceConsume 应用程序,在浏览器中输入地址 http://localhost:8087/requestBodyList,访问 ServiceProduct 服务。程序进入断点处,可以看到如图 4-4 所示内容。

以图 4-4 中可以看到客户端实例对象的 this.client 值为 FeignBlockingLoadBalancerClient 对象。FeignBlockingLoadBalancerClient 内部封装的 HTTP 客户端为 OkHttpClient

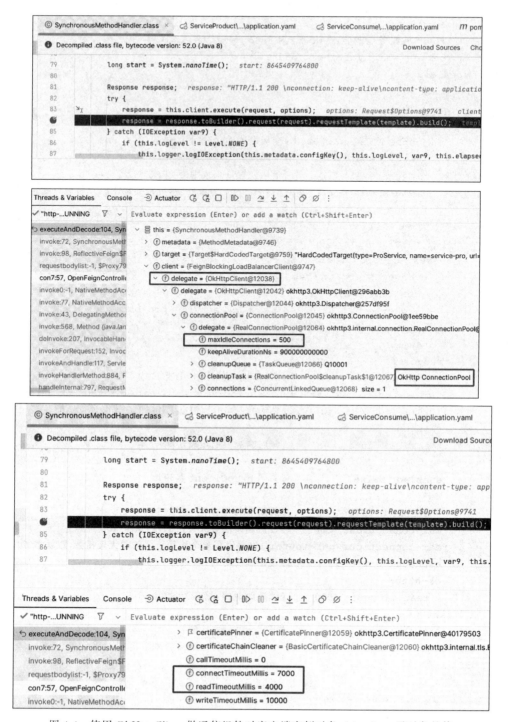

图 4-4 使用 OkHttpClient 做通信组件时客户端实例对象 this.client 子对象的值

对象,并且 connectionPool 属性内部显示使用了 OkHttp 连接池。连接池最大连接数 maxIdleConnections 是 500。连接超时时间 connectTimeoutMillis 是 7000ms,超时时间 readTimeoutMillis 是 4000ms,与配置文件中设置的一致。

4.4 基于消息队列的远程服务通信——RocketMQ

在 4.2 节和 4.3 节中,远程服务通信都是基于 HTTP 实现,除此之外远程服务通信也可以基于消息队列实现。常见的消息队列中间件有很多,如 RabbitMQ、RocketMQ、Kafka 等,其中 RocketMQ 和 Spring Cloud Alibaba 关系最紧密,是 Spring Cloud Alibaba 生态的核心组件之一。RocketMQ 性能优秀,使用简单。本节将介绍 RocketMQ 的具体使用。

4.4.1 什么是消息队列

消息队列是在消息的传输过程中保存消息的容器。在消息的通信过程中,除了传统的请求响应模式外,还有生产消费模式。消息队列实现基于生产消费模式,在生产消费模式中消息发送方为生产者,消息接收方为消费者。由于生产者和消费者各自采用异步模式处理消息,就需要一个中间件来对双方发送的消息进行顺序存储,其中每条消息通过唯一 ID 进行区分。生产者可以随时往中间件中发送消息,不必关注消费者什么时候接收处理。当消费者需要取出消息进行处理时,可以随时从中间件中取出消息,既不会丢失消息,又能最大限度提升消息处理速度,如图 4-5 所示。

图 4-5　消息队列

4.4.2 为什么需要消息队列

消息队列是开发大型分布式应用系统中必备的组件,使用消息队列能够进一步提升异步模式的消息处理速度、流量削峰,并降低系统耦合。下面结合具体应用场景进行介绍。假设需要用户注册账户,注册完毕,认证服务自动发送通知给短信服务和邮箱服务,发送短信和激活邮件给用户。

1. 进一步提升异步模式的消息处理速度

该应用场景的具体实现方式可采用同步和异步两种模式,如图 4-6 所示。

图 4-6(a)所采用的是同步模式。用户注册信息通过认证服务后,发送通知给短信服务模块和邮箱服务模块,发送短信和激活邮件给用户。等待以上三个任务全部完成后,返回确认信息给用户。响应总时长为 90ms。

图 4-6(b)所采用的是异步模式。用户注册信息通过认证服务后,发送激活邮件的同时也发送短信。等待以上三个任务全部完成后,返回确认信息给用户。由于邮件服务和短信服务模块同时处理消息,响应总时长减少为 60ms。

图 4-6(c)所采用的是异步模式+消息队列。用户注册信息通过认证服务后,将消息写

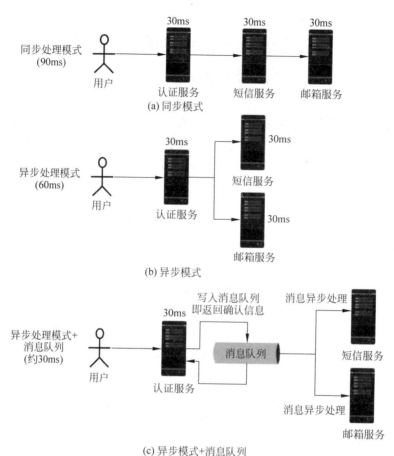

图 4-6 消息队列的同步和异步模式

入消息队列存储,同时由消息队列返回一个确认信息给用户。待短信服务和邮箱服务模块空闲时,再从消息队列中取出消息进行处理。由于写入消息队列的速度很快,基本可以忽略,整个流程的响应总时长就约为 30s。

2. 流量削峰

假设场景中认证服务能够处理的最大并发消息数量为 500 条,不采用消息队列和采用消息队列的对比如图 4-7 所示。

图 4-7 左边部分没有采用消息队列,大量并发消息会直接冲击服务器,导致服务崩溃。图 4-7 右边部分采用消息队列,大量并发消息会直接通过消息队列缓存,如消息队列缓存塞满,则拒绝接受新的消息入队,等待认证服务取出消息。认证服务可根据实际情况一次从消息队列中取出若干消息处理,可应对短时流量暴增,实现流量控制。消息队列在电商网站秒杀活动中广泛使用。

3. 降低耦合,方便系统扩展

如需对该应用场景进行扩展。不采用消息队列和采用消息队列的对比如图 4-8 所示。

图 4-8(a)没有采用消息队列,各服务之间高耦合。认证服务模块需在代码中直接调用

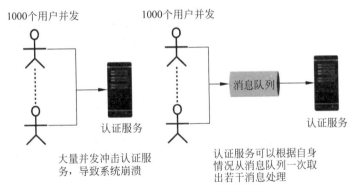

图 4-7 服务高并发场景下不采用和采用消息队列的对比

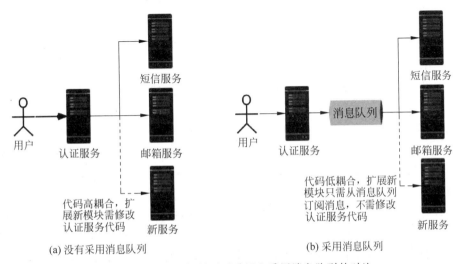

(a) 没有采用消息队列　　　　　　　　(b) 采用消息队列

图 4-8 服务扩展场景下不采用和采用消息队列的对比

短信服务模块和邮箱服务模块。如果未来需要扩展新模块,认证服务模块代码需重新修改,十分麻烦。

图 4-8(b)采用消息队列,各服务代码不直接关联,认证服务模块将消息写入消息队列,短信服务模块和邮箱服务模块从消息队列中取出消息,各服务之间低耦合。如果未来需要扩展新模块,新模块只需从消息队列中订阅认证服务模块的消息,认证服务模块代码不需修改。

4.4.3 RocketMQ 简介

RocketMQ 是一个基于消息队列的高性能、高可靠、实时的分布式消息中间件。RocketMQ 由阿里巴巴团队使用 Java 语言开发,在阿里内部广泛使用,在每年的"双十一"大促销活动当天,RocketMQ 承担着万亿级消息通信流量,性能得到实际检验。目前 RocketMQ 被广泛用于国内各大 IT 企业的微服务应用中。

RocketMQ 主要分为生产者(producer)、消费者(consumer)、名字服务器(name server)、代理服务器(broker)四部分,架构如图 4-9 所示。

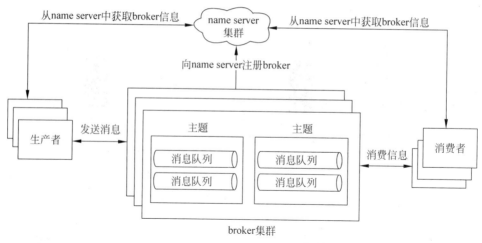

图 4-9 RocketMQ 架构

图 4-9 中的一些核心概念如下。

(1) 主题(topic)：主题表示一类消息的集合。一个主题可以包含若干条消息，一条消息只能属于一个主题。主题可以分为多个分区，每个分区是一个有序的消息队列。分区中的每条消息都会给分配一个有序的 ID，即消息偏移量，这样能够保证消息按顺序消费。

(2) 生产者：生产者负责生产消息，并将产生的消息发送到 broker。生产者通过 RocketMQ 的负载均衡模块选择相应的 broker 集群队列进行消息投递，将消息投递到特定主题的消息队列中。一个生产者可以同时发送多种主题的消息。

(3) 消费者：消费者通过主题匹配来消费 broker 投递的消息，一个消费者只可以订阅和消费一个主题的消息。RocketMQ 支持推(push)和拉(pull)两种消费模式。push 模式下 broker 收到数据后会主动推送给消费端，消费者端实时监听获取数据，多用于实时性较高的场景。pull 模式下由应用程序主动调用消费者端的拉取消息方法从 broker 拉取消息，主动权由应用程序控制，多用于实时性要求不高的场景。RocketMQ 要求消费者必须归属于某一个消费者组。一个消费者组可以包含一个或多个消费者。同一个消费者组的所有消费者可以采用集群和广播两种方式消费消息，集群方式下消息只能被同组某一个消费者消费，其他消费者不消费。广播模式下消息被同组内所有的消费者消费。

(4) 代理服务器：broker 负责存储和转发消息。代理服务器接收从生产者发送来的消息并存储，同时为消费者投递消息。代理服务器内部会存储消息元数据信息，包括消费者组、消费进度偏移和主题和队列消息等。实际应用中 broker 一般为集群部署。

(5) 名字服务器：名字服务器是一个主题路由注册中心，支持主题、broker 的动态注册与发现，用于控制消息路由。名字服务器接受 broker 集群的注册信息并且保存下来作为路由信息的基本数据，同时检查 broker 是否还存活。这样生产者和消费者通过名字服务器就可以知道整个 broker 集群的路由信息，从而进行消息的投递和消费。

实际应用中，名字服务器一般为集群部署，各名字服务器节点间相互不进行信息通信。broker 向每一台名字服务器都注册自己的路由信息，这样每一个名字服务器实例上面都保存一份完整的路由信息，当某个名字服务器因某种原因下线了，其他名字服务器上仍然有全部的路由信息。

4.4.4 安装 RocketMQ 服务端

RocketMQ 的安装涉及 RocketMQ 服务端、客户端两部分的安装。其中，RocketMQ 服务端需要独立安装部署，客户端集成在微服务应用中。这里先介绍 Windows 环境下 RocketMQ 服务端的安装部署。

1. 解压 RocketMQ 服务端

从 RocketMQ 官网下载 RocketMQ 安装包，版本选择 RocketMQ 4.9.4 版本，安装包名称为 rocketmq-all-4.9.4-bin-release.zip，解压即可直接使用。

2. 配置环境变量

（1）配置 ROCKETMQ_HOME 环境变量。在 Windows 系统中配置环境变量 ROCKETMQ_HOME，变量值为 RocketMQ 的安装路径，如图 4-10 所示。

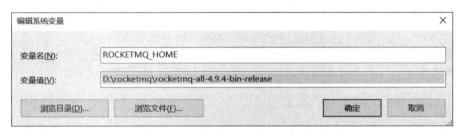

图 4-10　添加 ROCKETMQ_HOME 环境变量

（2）配置 NAMESRV_ADDR 环境变量。在 Windows 系统中配置环境变量 NAMESRV_ADDR，变量值为 localhost:9876，如图 4-11 所示。

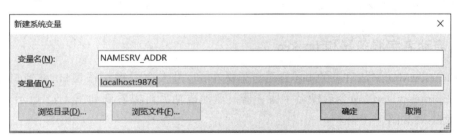

图 4-11　添加 NAMESRV_ADDR 环境变量

3. 修改名字服务器和 broker 配置

在启动 RocketMQ 之前，请先修改一下名字服务器和 broker 的相关配置。因为 RocketMQ 目前的 Java 版本还是使用 JDK 1.8，JDK 1.8 的垃圾回收参数在 JDK 17 中已经不适用了，需要修改 runserver.cmd 文件和 runbroker.cmd 文件的相关配置。

（1）修改 RocketMQ 安装目录的 bin 目录下 runserver.cmd 文件内的如下配置。

```
set "JAVA_OPT=%JAVA_OPT% -server -Xms2g -Xmx2g -Xmn1g -XX:MetaspaceSize=128m
-XX:MaxMetaspaceSize=320m"
set "JAVA_OPT=%JAVA_OPT% -XX:+UseConcMarkSweepGC
-XX:+UseCMSCompactAtFullCollection -XX:CMSInitiatingOccupancyFraction=70
-XX:+CMSParallelRemarkEnabled -XX:SoftRefLRUPolicyMSPerMB=0
-XX:+CMSClassUnloadingEnabled -XX:SurvivorRatio=8 -XX:-UseParNewGC"
```

将其修改成：

```
set "JAVA_OPT=%JAVA_OPT% -server -Xms256m -Xmx256m -Xmn128m
-XX:MetaspaceSize=128m -XX:MaxMetaspaceSize=320m"
set "JAVA_OPT=%JAVA_OPT% -XX:SoftRefLRUPolicyMSPerMB=0 -XX:SurvivorRatio=8
```

同时将名字服务器的内存占用改小一些，从 2GB 改成 256MB，即改小一些，以免机器内存不够而在启动时失败。

（2）修改 RocketMQ 安装目录的 bin 目录下 runbroker.cmd 文件内的如下配置。

```
set "JAVA_OPT=%JAVA_OPT% -verbose:gc -Xloggc:%USERPROFILE%\mq_gc.log
-XX:+PrintGCDetails -XX:+PrintGCDateStamps -XX:+PrintGCApplicationStoppedTime
-XX:+PrintAdaptiveSizePolicy"
```

将其修改成：

```
set "JAVA_OPT=%JAVA_OPT% -verbose:gc -Xloggc:%USERPROFILE%\mq_gc.log
-XX:+PrintGCDetails"
```

同时删除以下配置：

```
set "JAVA_OPT=%JAVA_OPT% -XX:+UseGCLogFileRotation -XX:NumberOfGCLogFiles=5
-XX:GCLogFileSize=30m"
```

4. 启动名字服务器和 broker

在 RocketMQ 安装目录的 bin 目录下输入 cmd，进入命令提示符窗口，在窗口中输入 start mqnamesrv.cmd 命令启动名字服务器。启动成功后可以看到如图 4-12 所示界面，注意此页面不要关闭。

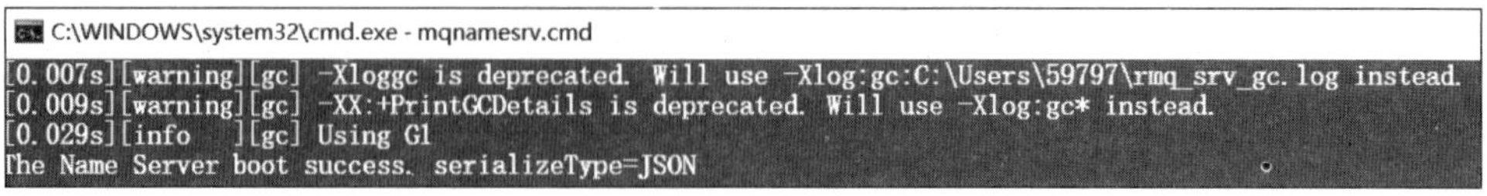

图 4-12 启动名字服务器后的界面

在 RocketMQ 安装目录的 bin 目录下输入 cmd，进入命令提示符窗口，在窗口中输入 start mqbroker.cmd -n localhost:9876 autoCreateTopicEnable=true 命令启动 broker，如图 4-13 所示。其中 autoCreateTopicEnable 配置项用于设置自动创建新主题，这样 broker 会以本机的 9876 端口启动。如果生产者以新主题发送消息 RocketMQ，会自动创建该主题。如果启动 broker 失败，请删除 C:\Users\用户名\store 目录，然后再启动。

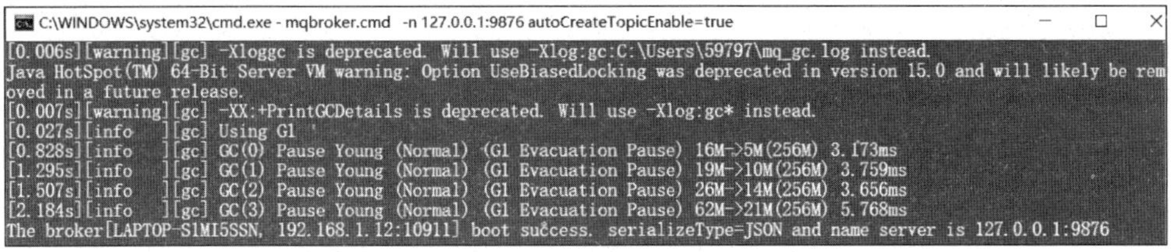

图 4-13 启动 broker

5. 测试功能

运行 RocketMQ 自带的测试案例，在 RocketMQ 安装目录的 bin 目录下输入 cmd，进入命令提示符窗口，在命令提示符窗口中继续输入如下命令来发送一条消息。

```
tools.cmd org.apache.rocketmq.example.quickstart.Producer
```

正常情况下可以看到窗口滚动发送如下格式的信息，向 TopicTest 主题发送了多条消息。

```
SendResult [sendStatus=SEND_OK, msgId=7F0000012EE43390975260EB1E6C0000, offsetMsgId=C0A8010C00002A9F0000000000000000, messageQueue=MessageQueue [topic=TopicTest, brokerName=LAPTOP-S1MI5SSN, queueId=0], queueOffset=0]
```

在命令提示符窗口中继续输入如下命令来接收消息。

```
tools.cmd org.apache.rocketmq.example.quickstart.Consumer
```

正常情况下可以看到窗口滚动接收 TopicTest 主题的所有消息，消息内容是一些随机数字。

```
ConsumeMessageThread_please_rename_unique_group_name_4_8 Receive New
Messages: [MessageExt [brokerName=LAPTOP-S1MI5SSN, queueId=2, storeSize=190,
queueOffset=1, sysFlag=0, bornTimestamp=1710848421558,
bornHost=/192.168.1.12:2218,
storeTimestamp=1710848421559, storeHost=/192.168.1.12:10911,
msgId=C0A8010C00002A9F0000000000000474, commitLogOffset=1140,
bodyCRC=1307562618, reconsumeTimes=0, preparedTransactionOffset=0,
toString()=Message{topic='TopicTest', flag=0, properties={MIN_OFFSET=0,
MAX_OFFSET=250, CONSUME_START_TIME=1710848705359,
UNIQ_KEY=7F0000012EE43390975260EB1EB60006, CLUSTER=DefaultCluster, TAGS=TagA},
body=[72, 101, 108, 108, 111, 32, 82, 111, 99, 107, 101, 116, 77, 81, 32, 54],
transactionId='null'}]]
```

6. 关闭名字服务器和 broker

关闭的顺序是先关闭 broker，再关闭名字服务器。broker 的关闭命令为 start

mqshutdown.cmd broker；名字服务器的关闭命令是 start mqshutdown.cmd namesrv。

4.4.5 安装 RocketMQ 客户端

RocketMQ 客户端是集成在微服务应用中的，为此 Spring 官方定义了 Spring Cloud Stream 模板项目，以方便在 SpringCloud 项目中引入和使用消息中间件。Spring Cloud Stream 在 Spring Integration 的基础上进行了封装，定义绑定器作为应用程序和消息中间件中间层。在应用程序中，开发人员只需使用 Spring Cloud Stream 提供的供应者和消费者的生产消费数据即可，而不必关注底层使用什么消息中间件。即使应用程序底层需要切换使用其他中间件，开发人员只需修改配置文件，代码层面是无感知的。

Spring Cloud Stream 内部提供了统一的 inputs（对应于消费者）和 outputs（对应于生产者）通道，不同的绑定器能够创建不同中间件的消费者和生产者对象并将其接入通道中。目前 Spring Cloud Stream 支持使用 RabbitMQ、Kafka 和 RocketMQ 三种绑定器。其中，RabbitMQ 和 Kafka 由 Spring Cloud 原生支持，RocketMQ 由 Spring Cloud Alibaba 自身支持。

这里借助如下 Spring Cloud Stream 依赖引入 RocketMQ 客户端。

```xml
<dependency>
    <groupId>com.alibaba.cloud</groupId>
    <artifactId>spring-cloud-starter-stream-rocketmq</artifactId>
</dependency>
```

引入完毕，可以看到在 Spring Cloud Alibaba 2022.0.0.0-RC2 版本中对应的 Spring Cloud Stream 版本为 4.0.0，RocketMQ 版本为 4.9.4。

4.4.6 使用 RocketMQ

这里在 SpringCloudDemo4 项目中创建消费者 RocketMqReceiver 和生产者 RocketMqSender 两个模块，演示 RocketMQ 的具体使用，如图 4-14 所示。

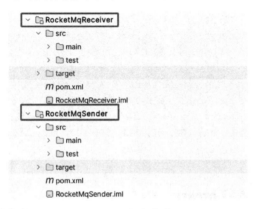

图 4-14 消费者 RocketMqReceiver 和生产者 RocketMqSender 项目结构

1. 构建 RocketMQ 生产者

在 RocketMqSender 模块的 pom.xml 文件中添加如下依赖,包括 Naocs 注册中心客户端依赖、spring-cloud-starter-stream-rocketmq 依赖、Lombok 依赖。引入 Nacos 是因为在消息通信过程中,RocketMQ 生产者和消费者需向 Nacos 注册服务。

```xml
<!--引入Nacos服务注册发现启动器-->
<dependency>
    <groupId>com.alibaba.cloud</groupId>
    <artifactId>spring-cloud-starter-alibaba-nacos-discovery</artifactId>
</dependency>
<!--引入stream-rocketmq启动器-->
<dependency>
    <groupId>com.alibaba.cloud</groupId>
    <artifactId>spring-cloud-starter-stream-rocketmq</artifactId>
</dependency>
<!--引入Lombok-->
<dependency>
    <groupId>org.projectlombok</groupId>
    <artifactId>lombok</artifactId>
</dependency>
```

在 RocketMqSender 模块的 resources 目录下创建 application.yaml 配置文件,在配置文件中输入以下内容。

【application.yaml】

```yaml
#向Nacos注册服务端口号7072
server:
  port: 7072
spring:
  application:
    #向Nacos注册的服务名。服务名不能包含下划线,否则找不到服务
    name: rocketmq-sender
  cloud:
    nacos:
      discovery:
        # nacos服务端地址,默认端口为8848
        server-addr: localhost:8848
    stream:
      rocketmq:
        #配置中间件的连接信息
        binder:
          name-server: localhost:9876      #RocketMQ名字服务器地址
        bindings:
          #通道的索引编号,固定格式为xxx-out/in-索引,生产者为out,消费者为in
          producer-out-0:
            producer:                      #生产者类型通道
              group: producer_1            #生产者分组名
```

```yaml
        sync: false                      #确定是否同步发送消息,默认为false,即异步
      bindings:
        #绑定通道和主题的对应关系
        producer-out-0:                  #必须保持与上面的通道编号一致
          destination: topic_1 # 设置 producer-out-0 通道发送主题为 topic_1 的消息
          content-type: application/json #传递消息的格式
```

上述配置创建了一个编号为 producer-out-0 的生产者类型通道,该通道发送消息的目的地 destination(主题)是 topic_1,发送消息的格式是 application/json。注意在创建通道时,通道的编号必须采用 xxx-out/in-索引的格式,这是 Spring Boot 约定大于配置思想的体现。

在 RocketMqSender 模块下新建 domain 目录,在 domain 目录下新建一个 User 实体类。后续将使用 RocketMQ 发送 User 实体类的消息。

【User.java】

```java
package rocketmqsender.domain;
import lombok.AllArgsConstructor;
import lombok.Data;
import lombok.NoArgsConstructor;
@Data
@AllArgsConstructor
@NoArgsConstructor
public class User {
    private String username;
    private String createTime;
}
```

在 RocketMqSender 模块下新建 service 目录,在 service 目录下新建 SenderService 类,在 SenderService 类中输入如下代码。

【SenderService.java】

```java
package rocketmqsender.service;
import org.springframework.beans.factory.annotation.Autowired;
import org.springframework.cloud.stream.function.StreamBridge;
import org.springframework.scheduling.annotation.Scheduled;
import org.springframework.stereotype.Component;
import rocketmqsender.domain.User;
import java.time.LocalDateTime;
import java.util.ArrayList;
import java.util.List;
@Component
public class SenderService {
    @Autowired(required = false)
    private StreamBridge streamBridge; //注入 StreamBridge 对象
    //创建一个定时任务,每隔 15s 发送一次消息
    @Scheduled(cron = "0/15 * * * * ?")
    public void sendData(){
```

```java
        List<User> userList=new ArrayList<>();
        for(int i=0;i<2;i++) {
            User user =new User();
            user.setUsername("aaaa");
            user.setCreateTime(LocalDateTime.now().toString());
            userList.add(user);
        }
        System.out.println("send msg:"+userList);
        //调用 StreamBridge 对象的 send()方法发送消息
        streamBridge.send("producer-out-0",userList);
    }
}
```

上述代码注入了一个 StreamBridge 对象，该对象由 Spring Cloud Stream 提供，可调用对象内部的 send()方法发送消息，可以看到整个代码中没有出现 RocketMQ 的任何元素，实现了应用程序代码和中间件的隔离。

2. 构建 RocketMQ 消费者

在 RocketMqReceiver 模块的 pom.xml 文件中添加 Naocs 注册中心客户端依赖、spring-cloud-starter-stream-rocketmq 依赖。

在 RocketMqReceiver 模块的 resources 目录下创建 application.yaml 配置文件，在配置文件中输入以下内容。

【application.yaml】

```yaml
#向 Nacos 注册服务端口号 7073
server:
  port: 7073
spring:
  application:
    #向 Nacos 注册的服务名。服务名不能包含下划线,否则找不到服务
    name: rocketmq-receiver
  cloud:
    nacos:
      discovery:
        # nacos 服务端地址,默认端口为 8848
        server-addr: localhost:8848
    stream:
      function:
        definition: consumer       #对应消费消息的方法名,多个方法之间可以使用"|"间隔
      rocketmq:
        binder:
          name-server: localhost:9876      #RocketMQ 名字服务器地址
        bindings:
          #通道的索引编号,固定格式为 xxx-out/in-索引,生产者为 out,消费者为 in
          consumer-in-0:
            consumer: #消费者类型通道
```

```yaml
        broadcasting: false  #确定是否以广播模式接收消息,默认为false.即采用
                             集群模式
      bindings:
        #绑定通道和主题的对应关系
        consumer-in-0:
          destination: topic_1      # 设置consumer-in-0通道接收主题为topic_1的消息
          group: topic1_group       #消费者组名
          content-type: application/json       #消息格式
```

上述配置创建了一个编号为 consumer-in-0 的消费者类型通道,该通道消费的目的地 destination(主题)是 topic_1 的消息,消费者组是 topic1_group,消息的格式是 application/json,创建通道时通道的编号也必须采用 xxx-out/in-索引的格式。需要注意的是,stream.function.definition 为 consumer,意味着应用程序中采用 consumer()方法消费消息,同时 consumer 还必须与消费者通道索引前缀 consumer 保持一致,这样就指定了应用程序的方法具体消费哪个通道的哪个主题的消息。这也体现了 Spring Boot 约定大于配置的思想。

在 RocketMqReceiver 模块下新建 MessageReceiver 类,在 MessageReceiver 类中输入如下代码。

【MessageReceiver.java】

```java
package rocketmqreceiver;
import org.springframework.context.annotation.Bean;
import org.springframework.stereotype.Component;
import java.util.List;
import java.util.function.Consumer;
@Component
public class MessageReceiver {
    //方法名要与stream.function.definition中指定的一致
    @Bean
    public Consumer<List> consumer() {
        return message -> {
            System.out.println("receive msg:"+message);
        };
    }
}
```

上述代码中定义了一个 consumer()方法用于消费消息,consumer()方法名需和配置文件中的 stream.function.definition 指定的方法名保持一致。数据使用 List 接收,因为生产者发送的是 List<User>类型的消息。consumer()方法内部采用函数式编程方法获取消息,消息内容就是 message 变量的值。

3. 测试 RocketMQ 生产和消费消息

启动 Nacos 服务端、RocketMQ 的名字服务器和 broker,然后启动 RocketMqSender 和 RocketMqReceiver 应用程序,就可以看到 RocketMqSender 控制台显示如下内容,每隔 15s 发送一条消息。

```
send msg:[User(username=aaaa, createTime=2024-03-20T16:57:30.000960700),
User(username=aaaa, createTime=2024-03-20T16:57:30.000960700)]
send msg:[User(username=aaaa, createTime=2024-03-20T16:57:45.000997200),
User(username=aaaa, createTime=2024-03-20T16:57:45.000997200)]
...
```

同时在 RocketMqReceiver 控制台实时显示收到 RocketMqSender 发送的消息。

```
receive msg:[{"createTime":"2024-03-20T16:57:30.000960700","username":"aaaa"},
{"createTime":"2024-03-20T16:57:30.000960700","username":"aaaa"}]
receive msg:[{"createTime":"2024-03-20T16:57:45.000997200","username":"aaaa"},
{"createTime":"2024-03-20T16:57:45.000997200","username":"aaaa"}]
...
```

至此,一个基本的 RocketMQ 生产和消费案例就完成了。

在一些特定的场合,往往需要消费者收到消息后进行处理,再发送处理结果给生产者,这时候可以对代码做如下几处修改。

(1) 修改 RocketMqSender 模块的 application.yaml 配置文件,在其中添加一个新的消费者通道 receiveConsumeSend-in-0,用于接收 RocketMqReceiver 模块发送的消息处理结果。修改以下黑体代码所示。

```yaml
#向 Nacos 注册服务端口号 7072
server:
  port: 7072
spring:
  application:
    #向 Nacos 注册的服务名。服务名不能包含下划线,否则找不到服务
    name: rocketmq-sender
  cloud:
    nacos:
      discovery:
        # nacos 服务端地址,默认端口为 8848
        server-addr: localhost:8848
    stream:
      function:
        definition: receiveConsumeSend    #对应消费消息的方法名
      rocketmq:
        #配置中间件的连接信息
        binder:
          name-server: localhost:9876     #RocketMQ 名字服务器地址
        bindings:
          #通道的索引编号,固定格式为 xxx-out/in-索引,生产者为 out,消费者为 in
          producer-out-0:
            producer:                     #生产者类型通道
              group: producer_1           #生产者分组名
              sync: false                 #是否同步发送消息,默认为 false,即异步发
                                          送消息
          #消费者通道索引前缀必须和消费消息的方法名保持一致
```

```yaml
            #使某个方法消费对应通道的消息
        receiveConsumeSend-in-0:
          consumer:                              #消费者类似通道
            broadcasting: false                  #广播模式接收消息
      bindings:
        #绑定producer-out-0通道和主题对应关系
        producer-out-0:                          #必须保持和上面的通道编号一致
          destination: topic_1 # 设置producer-out-0通道发送主题为topic_1的消息
          content-type: application/json         #传递消息的格式
        #绑定receiveConsumeSend-in-0通道和主题对应关系
        receiveConsumeSend-in-0:
          destination: topic_2                   # 设置receiveConsumeSend-in-0通道接收主题
                                                 #  为topic_2的消息
          group: topic2_group                    #消费者组名
          content-type: application/json         #消息格式
```

上述配置创建了一个通道编号为 receiveConsumeSend-in-0 的消费者通道。指定 receiveConsumeSend-in-0 的消费者通道接收主题为 topic_2 的消息,消费者组为 topic2_group;指定 RocketMqSender 模块内部使用 receiveConsumeSend() 方法消费 RocketMqReceiver 模块发送的消息处理结果。

(2) 在 RocketMqSender 模块的 service 目录下新建一个 ReceiverService 类,用于接收数据。

【ReceiverService.java】

```java
package rocketmqsender.service;
import org.springframework.context.annotation.Bean;
import org.springframework.stereotype.Component;
import java.util.function.Consumer;
@Component
public class ReceiverService {
    @Bean
    public Consumer<String> receiveConsumeSend() {
        return message -> {
            System.out.println("receive consumer msg:"+message);
        };
    }
}
```

(3) 修改 RocketMqReceiver 模块的 application.yaml 配置文件,在其中添加一个新的生产者通道 consumer-out-0,用于向 RocketMqSender 模块发送消息处理结果。

```yaml
#向Nacos注册服务端口号7073
server:
  port: 7073
spring:
  application:
    #向Nacos注册的服务名。服务名不能包含下划线,否则找不到服务
    name: rocketmq-receiver
```

```yaml
cloud:
  nacos:
    discovery:
      # nacos 服务端地址,默认端口为 8848
      server-addr: localhost:8848
  stream:
    function:
      definition: consumer;  #对应消费消息的方法名,多个方法之间可以使用"|"间隔
    rocketmq:
      binder:
        name-server: localhost:9876  #RocketMQ 名字服务器地址
      bindings:
        #通道的索引编号,固定格式为 xxx-out/in-索引,生产者为 out,消费者为 in
        consumer-in-0:
          consumer:                  #消费者类型通道
            broadcasting: false      #确定是否以广播模式接收消息,默认为 false,即采用集
                                     群模式
        consumer-out-0:
          producer:
            group: producer_2        #生产者分组名
            sync: false              #确定是否同步发送消息,默认为 false,即异步发送消息
    bindings:
      #绑定通道和主题的对应关系
      consumer-in-0:                 #必须保持和上面的通道编号一致
        destination: topic_1         # 设置 consumer-in-0 通道接收主题为 topic_1 的消息
        group: topic1_group          #消费者组名
        content-type: application/json  #消息格式
      #绑定通道和主题的对应关系
      consumer-out-0:
        destination: topic_2         # 设置 consumer-out-0 通道发送主题为 topic_2 的消息
        content-type: application/json  #传递消息的格式
```

上述配置创建了一个通道编号为 consumer-in-0 的生产者通道。指定 consumer-in-0 通道的消息发送主题为 topic_2。

（4）修改 RocketMqReceiver 模块的 MessageReceiver 类,在类中用 consumer()方法添加 streamBridge 对象的 send()方法发送消息处理结果。

```java
package rocketmqreceiver;
import org.springframework.beans.factory.annotation.Autowired;
import org.springframework.cloud.stream.function.StreamBridge;
import org.springframework.context.annotation.Bean;
import org.springframework.stereotype.Component;
import java.util.List;
import java.util.function.Consumer;
@Component
public class MessageReceiver {
    @Autowired(required = false)
    private StreamBridge streamBridge;
```

```
        //方法名要与stream.function.definition中指定的一致
        @Bean
        public Consumer<List> consumer() {
            return message -> {
                System.out.println("receive msg:"+message);
                streamBridge.send("consumer-out-0","receive success");
            };
        }
```

（5）再次启动RocketMqSender和RocketMqReceiver应用程序，可以看到RocketMqSender控制台显示如下内容，每次发送消息都能收到回复的消息receive consumer msg: receive success。

```
send msg:[User(username=aaaa, createtime=2024-03-20T16:58:00.001991400),
User(username=aaaa, createtime=2024-03-20T16:58:00.001991400)]
receive consumer msg:receive success
send msg:[User(username=aaaa, createtime=2024-03-20T16:58:15.001883900),
User(username=aaaa, createtime=2024-03-20T16:58:15.001883900)]
receive consumer msg:receive success
...
```

4.5 综合案例：利用OpenFeign实现简单的电商下单功能

经过前面的学习，读者已经对远程服务调用组件RestTemplate和OpenFeign的配置和使用有了初步了解。在本任务中，将引入数据库操作构建两个微服务——订单服务和商品库存服务，模拟用户购买商品，同时扣减库存的功能。

4.5.1 案例任务

任务内容：在MySQL数据库中存在订单表和库存表。在SpringCloudDemo4项目下创建两个微服务子模块商品库存服务StockService和订单服务OrderService，使用OpenFeign实现用户购买商品，同时扣减库存的业务流程。要求用户提交订单后，OrderService模块内部要先向StockService发送请求，查询该商品是否存在以及商品库存是否满足。如果库存不足或商品不存在，则返回错误提示；如果库存充足，则OrderService内部在订单表中插入一条订单记录，同时StockService内部扣减对应商品的库存。本任务中OpenFeign底层使用OkHttp实现，数据库操作使用MyBatis框架实现，数据库连接池使用Druid。

4.5.2 任务分析

此任务模拟一个简单的业务流程——用户购买商品，同时扣减库存。任务中需要用到 OpenFeign 实现远程服务通信以及 MyBatis 框架的使用，是一个综合性的案例任务。任务实施的步骤如下。

（1）在 SpringCloudDemo4 项目下新建子模块商品库存服务 StockService 和订单服务 OrderService。

（2）在 OrderService 模块中引入 OpenFeign、OkHttp、MySQL、Druid 和 Myabtis 等相关依赖，并进行配置。

（3）实现 StockService 模块的库存服务功能。

（4）在 OrderService 模块创建 OpenFeign 远程服务接口类和控制器类，实现服务远程通信 StockService 内的库存服务，并根据业务逻辑进行响应信息的处理。

4.5.3 任务实施

1. 数据准备

一般在微服务架构中，各微服只访问自己的数据库，因此这里新建两个数据库 spring_cloud_demo4_stock 和 spring_cloud_demo4_order，数据库采用 MySQL 8.0 以上版本。其中，库存服务 StockService 访问 spring_cloud_demo4_stock 数据库，订单服务 OrderService 访问 spring_cloud_demo4_order 数据库。

输入如下建表语句，在 spring_cloud_demo4_stock 数据库中创建 stock_info 表，并添加 3 条商品库存记录。

```sql
CREATE TABLE stock_info (
    stock_id int(10) NOT NULL AUTO_INCREMENT ,
    product_id int(10) NOT NULL ,
    stock_num int(10) NOT NULL ,
    PRIMARY KEY (stock_id)
);
insert into stock_info (product_id,stock_num) values(1,5);
insert into stock_info (product_id,stock_num) values(2,10);
insert into stock_info (product_id,stock_num) values(3,15);
```

输入如下建表语句，在 spring_cloud_demo4_order 数据库中创建 order_info 表。

```sql
CREATE TABLE order_info (
    order_id int(10) NOT NULL AUTO_INCREMENT ,
    product_id int(10) NOT NULL ,
    num int(10) NOT NULL ,
    create_time datetime NOT NULL ,
    PRIMARY KEY (order_id)
);
```

2. 编码实现商品库存服务模块 StockService

在 SpringCloudDemo4 中,新增商品库存服务 StockService 子模块。在 StockService 模块的 pom.xml 文件中导入如下依赖。

```xml
<dependencies>
    <!--引入 Nacos 服务注册发现启动器-->
    <dependency>
        <groupId>com.alibaba.cloud</groupId>
        <artifactId>spring-cloud-starter-alibaba-nacos-discovery</artifactId>
    </dependency>
    <!--引入 Web 启动器-->
    <dependency>
        <groupId>org.springframework.boot</groupId>
        <artifactId>spring-boot-starter-web</artifactId>
    </dependency>
    <!--引入 Lombok-->
    <dependency>
        <groupId>org.projectlombok</groupId>
        <artifactId>lombok</artifactId>
    </dependency>
</dependencies>
```

在 StockService 模块的 application.yaml 中进行如下配置,配置端口号、服务名、数据库访问地址等。

```yaml
#向 Nacos 注册服务端口号 7071
server:
  port: 7071
spring:
  application:
    #向 Nacos 注册的服务名。服务名不能包含下划线,否则找不到服务
    name: stock-service
  datasource:
    url: jdbc:mysql://localhost:3306/spring_cloud_demo4_stock?&useUnicode=true&characterEncoding=utf8&serverTimezone=UTC
    username: root
    password: 123456
    driver-class-name: com.mysql.cj.jdbc.Driver
    #配置使用 Druid 连接池
    type: com.alibaba.druid.pool.DruidDataSource
cloud:
  nacos:
    discovery:
      # nacos 服务端地址,默认端口为 8848
      server-addr: localhost:8848
```

在 StockService 模块的 src/main/java 目录下新建 stockservice 目录,在 stockservice 目录下创建服务启动类 StockServiceApplication。

【StockServiceApplication.java】

```
package stockservice;
import org.springframework.boot.SpringApplication;
import org.springframework.boot.autoconfigure.SpringBootApplication;
@SpringBootApplication
public class StockServiceApplication {
    public static void main(String[] args){
        SpringApplication.run(StockServiceApplication.class,args);
    }
}
```

在stockservice目录下新建domain目录,在domain目录下创建实体类Stock,内部定义如下属性。

【Stock.java】

```
package stockservice.domain;
import lombok.AllArgsConstructor;
import lombok.Data;
import lombok.NoArgsConstructor;
@Data
@AllArgsConstructor
@NoArgsConstructor
public class Stock {
    private Integer stock_id;
    private Integer product_id;
    private Integer stock_num;
}
```

在stockservice目录下新建mapper目录,在mapper目录下创建接口类StockMapper,内部定义findStockByPid()方法查询商品库存,updateStockById()方法扣减库存。

【StockMapper.java】

```
package stockservice.mapper;
import org.apache.ibatis.annotations.Mapper;
import org.apache.ibatis.annotations.Select;
import org.apache.ibatis.annotations.Update;
import org.springframework.stereotype.Repository;
import stockservice.domain.Stock;
@Mapper
@Repository
public interface StockMapper {
    @Select("select *from stock_info where product_id=#{pid}")
    Stock findStockByPid(Integer pid);
    @Update("update stock_info set stock_num=#{stock_num} " +
        "where product_id=#{product_id}")
    int updateStockById(Stock stock);
}
```

在stockservice目录下新建service目录，在service目录下创建StockService类，内部分别调用StockMapper接口类的findStockByPid()方法和updateStockById()方法。

【StockService.java】

```java
package stockservice.service;
import org.springframework.beans.factory.annotation.Autowired;
import org.springframework.stereotype.Service;
import org.springframework.transaction.annotation.Transactional;
import stockservice.domain.Stock;
import stockservice.mapper.StockMapper;
@Transactional
@Service
public class StockService {
    @Autowired
    private StockMapper stockMapper;
    public Stock findStockByPid(Integer id){
        return stockMapper.findStockByPid(id);
    }
    public int updateStockById(Stock stock){
        return stockMapper.updateStockById(stock);
    }
}
```

在stockservice目录下新建controller目录，在该目录下创建StockController，内部调用StockService类的findStockByPid()方法查询商品库存，然后根据查询结果返回不同的提示信息。

```java
package stockservice.controller;
import org.springframework.beans.factory.annotation.Autowired;
import org.springframework.web.bind.annotation.PathVariable;
import org.springframework.web.bind.annotation.PostMapping;
import org.springframework.web.bind.annotation.RestController;
import stockservice.domain.Stock;
import stockservice.service.StockService;
@RestController
public class StockController {
    @Autowired
    private StockService stockService;
    @PostMapping("/reduceStock/{pid}/{num}")
    public String reduceStock(@PathVariable("pid") Integer pid,
                              @PathVariable("num") Integer num){
        Stock stock=stockService.findStockByPid(pid);
        if(null==stock){
            return "该商品不存在";
        }else{
            if(stock.getStock_num()<num){
                return "编号为："+pid+"的商品下单购买数量为："+num+",
                       库存数量为："+stock.getStock_num()+",库存不足,下单失败";
            }else{
```

```
                stock.setStock_num(stock.getStock_num()-num);
                int res= stockService.updateStockById(stock);
                if(res>0){
                    return "扣减库存成功";
                }else{
                    return "扣减库存失败";
                }
            }
        }
    }
}
```

3. 编码实现订单服务模块 OrderService

在 SpringCloudDemo4 中新增订单服务 OrderService 子模块。在 OrderService 模块的 pom.xml 文件中导入如下依赖。

```xml
<dependencies>
    <!--引入 Nacos 服务注册发现启动器-->
    <dependency>
        <groupId>com.alibaba.cloud</groupId>
        <artifactId>spring-cloud-starter-alibaba-nacos-discovery</artifactId>
    </dependency>
    <!--引入 Web 启动器-->
    <dependency>
        <groupId>org.springframework.boot</groupId>
        <artifactId>spring-boot-starter-web</artifactId>
    </dependency>
    <!--引入 loadbalancer 启动器-->
    <dependency>
        <groupId>org.springframework.cloud</groupId>
        <artifactId>spring-cloud-starter-loadbalancer</artifactId>
    </dependency>
    <!--引入 openfeign 启动器-->
    <dependency>
        <groupId>org.springframework.cloud</groupId>
        <artifactId>spring-cloud-starter-openfeign</artifactId>
    </dependency>
    <!--引入 lombok-->
    <dependency>
        <groupId>org.projectlombok</groupId>
        <artifactId>lombok</artifactId>
    </dependency>
    <!--引入 OkHttp 的依赖 -->
    <dependency>
        <groupId>io.github.openfeign</groupId>
        <artifactId>feign-okhttp</artifactId>
    </dependency>
    <!--引入 mysql 驱动的依赖 -->
```

```xml
<dependency>
    <groupId>com.mysql</groupId>
    <artifactId>mysql-connector-j</artifactId>
    <scope>runtime</scope>
</dependency>
<!--引入druid连接池依赖 -->
<dependency>
    <groupId>com.alibaba</groupId>
    <artifactId>druid-spring-boot-starter</artifactId>
    <version>1.2.16</version>
</dependency>
<!--引入mybatis依赖 -->
<dependency>
    <groupId>org.mybatis.spring.boot</groupId>
    <artifactId>mybatis-spring-boot-starter</artifactId>
    <version>3.0.1</version>
</dependency>
</dependencies>
```

在OrderService模块的application.yaml中进行如下配置,配置端口号、服务名、数据库访问地址等。

```yaml
#向Nacos注册服务端口号7070
server:
  port:7070
spring:
  application:
    #向Nacos注册的服务名。服务名不能包含下划线,否则找不到服务
    name: order-service
  datasource:
    url: jdbc:mysql://localhost:3306/spring_cloud_demo4_order?&useUnicode=true&characterEncoding=utf8&serverTimezone=UTC
    username: root
    password: 123456
    driver-class-name: com.mysql.cj.jdbc.Driver
    #配置使用Druid连接池
    type: com.alibaba.druid.pool.DruidDataSource
  cloud:
    nacos:
      discovery:
        # nacos服务端地址,默认端口为8848
        server-addr: localhost:8848
  openfeign:
    client:
      config:
        default:
          loggerLevel: FULL #全局设置日志级别为FULL
    okhttp:
      enabled: true #开启okhttp功能
```

```yaml
#设置 orderservice.service 目录下的 Feign 日志并以 debug 级别输出
logging:
  level:
    orderservice.service: debug
```

在 OrderService 模块的 src/main/java 目录下新建 orderservice 目录，在 orderservice 目录下创建服务启动类 OrderServiceApplication，并添加@EnableFeignClients 注解。

【OrderServiceApplication.java】

```java
package orderservice;
import org.springframework.boot.SpringApplication;
import org.springframework.boot.autoconfigure.SpringBootApplication;
import org.springframework.cloud.openfeign.EnableFeignClients;
@SpringBootApplication
@EnableFeignClients
public class OrderServiceApplication {
    public static void main(String[] args){
        SpringApplication.run(OrderServiceApplication.class,args);
    }
}
```

在 orderservice 目录下新建 domain 目录，在 domain 目录下新建实体类 Order，在内部定义如下属性。

【Order.java】

```java
package orderservice.domain;
import lombok.AllArgsConstructor;
import lombok.Data;
import lombok.NoArgsConstructor;
@Data
@AllArgsConstructor
@NoArgsConstructor
public class Order {
    private Integer order_id;
    private Integer product_id;
    private Integer num;
    private String create_time;
}
```

在 orderservice 目录下新建 mapper 目录，在 mapper 目录下创建接口类 OrderMapper，内部定义数据库插入方法 insertOrderInfo()来新增订单。

【OrderMapper.java】

```java
package orderservice.mapper;
import orderservice.domain.Order;
import org.apache.ibatis.annotations.Insert;
import org.apache.ibatis.annotations.Mapper;
import org.apache.ibatis.annotations.Options;
```

```java
import org.springframework.stereotype.Repository;
@Mapper
@Repository
public interface OrderMapper {
    @Insert("insert into order_info (product_id,num,create_time)" +
            " values (#{product_id},#{num},#{create_time})")
    @Options(useGeneratedKeys = true,keyProperty = "order_id")//返回主键
    int insertOrderInfo(Order order);
}
```

在 orderservice 目录下新建 service 目录，在 service 目录下创建 OrderService 类，内部调用 OrderMapper 接口类的 insertOrderInfo() 方法新增订单。

【OrderService.java】

```java
package orderservice.service;
import orderservice.domain.Order;
import orderservice.mapper.OrderMapper;
import org.springframework.beans.factory.annotation.Autowired;
import org.springframework.stereotype.Service;
import org.springframework.transaction.annotation.Transactional;
@Service
@Transactional
public class OrderService {
    @Autowired
    private OrderMapper orderMapper;
    public int insertOrderInfo(Order order){
        return orderMapper.insertOrderInfo(order);
    }
}
```

创建 OpenFeign 远程服务通信接口类 StockFeignService，调用 StockService 服务的 reduceStock() 方法扣减商品库存。

【StockFeignService.java】

```java
package orderservice.service;
import org.springframework.cloud.openfeign.FeignClient;
import org.springframework.web.bind.annotation.PathVariable;
import org.springframework.web.bind.annotation.PostMapping;
@FeignClient(value = "stock-service")
public interface StockFeignService {
    @PostMapping("/reduceStock/{pid}/{num}")
    String reduceStock(@PathVariable("pid") Integer pid,
                       @PathVariable("num") Integer num);
}
```

在 orderservice 目录下新建 controller 目录，在该目录下创建 OrderController，内部调用 StockFeignService 类的 reduceStock() 方法扣减商品库存。

【OrderController.java】

```java
package orderservice.controller;
import orderservice.domain.Order;
import orderservice.service.OrderService;
import orderservice.service.StockFeignService;
import org.springframework.beans.factory.annotation.Autowired;
import org.springframework.web.bind.annotation.GetMapping;
import org.springframework.web.bind.annotation.PathVariable;
import org.springframework.web.bind.annotation.RestController;
import java.time.LocalDateTime;
import java.time.format.DateTimeFormatter;
@RestController
public class OrderController {
    @Autowired
    private OrderService orderService;
    @Autowired
    private StockFeignService stockFeignService;
    @GetMapping("/submitOrder/{pid}/{num}")
    public String orderProduct(@PathVariable("pid") Integer pid,
                               @PathVariable("num") Integer num){
        Order order=new Order();
        order.setOrder_product_id(pid);
        order.setNum(num);
        order.setCreate_time(LocalDateTime.now().format(
            DateTimeFormatter.ofPattern ("yyyy-MM-dd HH:mm:ss")));
        String res=stockFeignService.reduceStock(pid,num);
        if(res.equals("扣减库存成功")){
            int result= orderService.insertOrderInfo(order);
            if(result>0){
                return "下单成功";
            }else{
                return "订单服务异常,下单失败";
            }
        }else{
            return res;
        }
    }
}
```

4. 执行远程服务通信

分别启动 Naocs 服务端、OrderService 和 StockService 应用程序,在浏览器中输入地址 http://localhost:7070/submitOrder/1/2,模拟购买 2 件 1 号商品。页面收到响应信息"下单成功",表示下单成功。在 Idea 中查看数据库 spring_cloud_demo4_stock,发现 1 号商品 stock_num 被成功扣减了 2,如图 4-15 所示。

同时,查看数据库 spring_cloud_demo4_order,发现新增了一条订单信息,如图 4-16 所示。

WHERE		ORDER BY	
stock_id	product_id	stock_num	
1	1	1	3
2	2	2	10
3	3	3	15

图 4-15　spring_cloud_demo4_stock 表中 1 号商品成功扣减库存

WHERE		ORDER BY	
order_id	product_id	num	create_time
1	2	1	2 2023-12-26 12:01:10

图 4-16　spring_cloud_demo4_order 表中成功新增 1 条订单记录

此时,如果在浏览器中输入地址 http://localhost:7070/submitOrder/1/10,模拟购买 10 件 1 号商品。由于 1 号商品库存只有 3 件,库存不足,页面会出现提示信息"编号为 1 的商品下单购买数量为 10,库存数量为 3,库存不足,下单失败"。如果在浏览器中输入地址 http://localhost:7070/submitOrder/4/1,模拟购买 1 件 4 号商品,由于库存中没有该商品,页面会出现提示信息"该商品不存在"。

4.6　小　　结

远程服务通信是微服务系统开发中的核心功能,本章重点介绍如何使用 RestTemplate、OpenFeign 和 RocketMQ 三种方式实现服务远程通信,包括 RestTemplate 和 OpenFeign 的使用方法、参数传递及相关配置、消息队列的概念、RocketMQ 的安装和使用等内容。在本章最后通过一个综合案例——利用 OpenFeign 实现简单的电商下单功能,将数据库访问和 OpenFeign 的远程服务通信结合起来,实现了一个功能比较完整的业务流程,使读者能够从控制器层、服务层、持久层这三个层次系统地掌握 OpenFeign 服务远程通信的业务逻辑和代码编写。

4.7　课后练习:利用 RestTemplate 实现简单的电商下单功能

利用 RestTemplate 进行远程服务通信,实现在综合案例中让用户购买商品,同时扣减库存功能。

第 5 章 Spring Cloud Alibaba 之流量控制

面对当今互联网的高并发过载流量,为了保证系统的稳定性,一般都会对系统访问流量进行控制,以保障系统的可用性和稳定性。尤其是在微服务系统架构中,各服务之间进行远程调用。随着系统功能的演进,服务间的调用链路会变得越来越长,服务与服务之间的可用性和稳定性显得更加重要。Sentinel 是阿里巴巴推出的一款开源的流量控制组件,用于在分布式系统中实现实时流量控制,防止因并发流量过大而导致的系统崩溃现象。本章将介绍如何在 Spring Cloud Alibaba 框架中使用 Sentinel 进行流量控制,主要包括基于 Sentinel 的使用方法、常用规则设置、注解和数据持久化等内容。

5.1 初识 Sentinel

Sentinel 是一款面向分布式服务架构的轻量级流量控制组件,通常应用于流量高的并发场景中,保障核心服务的可用性和稳定性。在每年的阿里巴巴的"双十一"大促销场景中,Sentinel 是必不可少的组件,它通过流量控制、熔断降级、系统负载保护等多个方面有效地保障了各服务的可靠性。

5.1.1 Sentinel 的由来

在微服务系统中,随着业务逻辑功能增多,各服务间调用关系越来越复杂,每个服务节点既是服务调用者,也是服务提供者。实现一个完整的业务流程,往往涉及多个微服务之间的相互调用,如图 5-1 所示。

例如,图 5-1 中服务 A 调用服务 B,服务 B 调用服务 C,服务 C 调用服务 D,组成一个完整的业务逻辑功能。假设服务 D 发生故障了,如图 5-1(a)所示,将导致服务 C 无法收到响应,线程资源得不到释放。随着时间的推移,越来越多的用户请求都会被阻塞在服务 C 处,导致服务 C 资源占用急剧增加,最终服务 C 会发生故障。服务 C 的故障会直接导致服务 A 和服务 B 不可用,从而阻塞整个业务逻辑功能,如图 5-1(b)所示。同理,服务 C 的故障也会导致服务 F 和服务 J 的故障,最终服务故障的现象会扩散至整个微服务系统,导致整个系统不可用。这种服务级联故障扩散的现象称为服务雪崩。服务雪崩是开发一个分布式系统必须要考虑的问题。

目前应对服务雪崩的解决方案有以下 3 种。

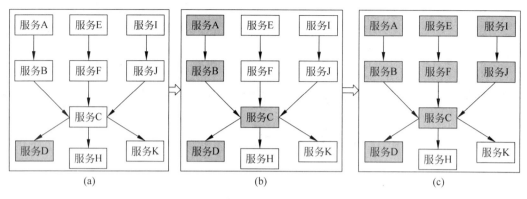

图 5-1 微服务之间相互调用示例图

1. 设置超时

例如,设定服务 C 访问服务 D 的超时时间为 3s,那么服务 C 发送请求超过 3s 没有响应,就向服务 C 返回请求超时信息,这样服务 C 就不会无休止等待,线程资源也能够得到释放,一定程度上保护了服务 C。但是这种方式只能缓解雪崩问题,假设 1s 到来 10 个请求,资源释放的速度就赶不上新增的速度,最终资源也会被耗尽。

2. 资源隔离

资源隔离是为每个服务调用分配特定的资源,各服务调用之间互不干扰。当服务调用发生故障时,只会导致当前服务调用资源爆满,从而将故障控制在一定范围内,避免故障扩散,造成整个系统服务雪崩。线程池隔离和信号量隔离是最常见的两种资源隔离方式。

(1) 线程池隔离。线程池资源隔离通过为各资源访问任务分配独立的线程,实现任务之间的完全隔离。每个任务在自己的线程中执行,彼此之间不会相互影响。

例如,限定服务 C 访问服务 D 的最大线程数是 10。如果服务 D 故障,那么服务 C 占用线程的数量最多到达 10 就不会再增加了,后续所有访问服务 D 的请求会被拒绝,或者执行服务降级处理,返回一个备选响应信息 FallBack,这样把服务 C 的资源占用控制在一定范围内,保护了服务 C,避免因故障扩散而耗尽整个系统的资源。但是这种方式也有一定的弊端,对于资源来说是有一定浪费的,因为即使服务 D 产生故障了,服务 C 还是会去一直访问服务 D,线程池内部 10 个线程资源就浪费了。

(2) 信号量隔离。信号量隔离是限制各服务的总访问数量,即限制了同时访问该服务的总线程数量。不同的线程可以同时访问服务资源,但是同时访问该服务资源的总线程数量受到信号量的限制。

信号量隔离的常用指标就是 QPS(queries per second)。QPS 称为每秒查询率,是对一个特定的查询服务器在规定时间内所处理流量多少的衡量标准。例如,可以对服务 C 进行服务限流保护,设置 QPS 为 100。如果服务 D 发生故障,则服务 C 并发流量将会不断增加直到 QPS 为 100 为止,后续的访问会被拒绝,或者执行服务降级处理,返回一个备选响应信息 FallBack。

3. 服务熔断

服务熔断是由一个专门的断路器来统计访问各服务的请求异常比例,如果超出阈值,则会熔断该服务,拦截访问该服务的一切请求。例如,服务 D 发生故障时,断路器就会发现访问服务 D 的请求异常比例过高,认为服务 D 有可能导致服务雪崩,从而拦截访问服务 D 的一切请求,触发熔断机制,执行服务降级处理,直接返回一个备选响应信息,从而保护了服务 C。熔断期间断路器每间隔一定时间会允许一次请求尝试访问服务 D,如果成功收到响应,则解除熔断;如果仍然没有收到响应,则继续熔断。可对服务 C 访问服务 D 执行服务降级处理,返回一个错误提示,从而保护了服务 C。

在实际应用中,通常将超时设置、资源隔离、服务熔断结合起来使用,先设置一个超时时间,如果在超时时间内有大量请求收不到响应,则断路器就触发服务熔断或启动资源隔离。如果上述这些功能需要开发人员自己去实现,会带来很多额外的工作量。为了解决这个问题,阿里巴巴公司推出了一款流量控制组件 Sentinel。Sentinel 内部已经实现了上述所有应对服务雪崩的解决方案,同时还支持用户自定义一些个性化的流量控制机制。

Sentinel 的由来

5.1.2 Sentinel 简介

Sentinel 是阿里巴巴开源的一款面向分布式、多语言异构化服务架构的轻量级、高可用流量控制组件,是第二代微服务框架 Spring Cloud Alibaba 中的限流熔断组件,用于在分布式系统中实现实时的流量控制。在访问服务资源时,并发流量是随机不可控的,而系统的处理能力是有限的。为保障系统的稳定性,需要根据系统的处理能力对流量进行控制。Sentinel 作为一个调配器,可以根据需要把随机的请求调整成合适的形状。

Sentinel 主要以流量为切入点,从流量路由、流量控制、流量整形、熔断降级、系统自适应过载保护、热点流量防护等多个维度来帮助开发者保障微服务的稳定性。在使用方面,Sentinel 支持所有的 Java 应用,拥有广泛的开源生态,支持基于 Spring Cloud、Dubbo、gRPC 等服务框架的应用,以及部署到 Tomcat、Jetty 等 Web 容器的应用中。在扩展性方面,Sentinel 提供完善的 SPI 扩展接口,使得开发人员可以方便快捷地定制规则管理、适配动态数据源等。

总体上,Sentinel 功能主要可以归纳为以下 3 个方面。

(1) 服务限流:Sentinel 支持用户通过配置不同的规则,在系统资源短时访问并发量过高时,对请求流量进行限制,避免系统资源耗尽。

(2) 熔断降级:Sentinel 支持用户配置不同的熔断规则,在系统资源访问异常时,暂时停止对系统资源的访问,并使用特定的策略直接返回响应结果。

(3) 实时监控:Sentinel 提供了 Web 端的控制台 UI 界面,用户可以在控制台 UI 界面中实时监控各服务的请求通过数量、请求拒绝数量、响应时间、错误率等指标。

其中,服务限流主要对核心业务功能使用,从事先预防的角度保证核心业务的正常运行,多用于服务提供端。熔断降级主要对非核心业务功能使用,当业务功能出现异常问题后,暂时性停止业务功能的访问,待业务功能恢复后自动恢复访问,多用于服务消费端。

Sentinel 实现流量控制和熔断降级的原理是通过拦截器拦截服务请求,然后根据预定义的规则判断该服务请求是否被允许或者进行降级处理。拦截器内部建立一个链式的拦截机制,在拦截过程中对 Request、Response、Exception 等参数进行逐一统计,最后根据统计信息来判断是否要放行或对请求进行熔断、限流等操作。

Sentinel 主要通过 QPS、RT、ER、并发流量等指标来评估服务的健康状况,当指标达到某个阈值时,Sentinel 会自动触发相应的流量控制和熔断降级操作。

QPS(queries per second):QPS 是服务每秒能够响应的查询次数,即最大吞吐能力。这是衡量系统处理能力的重要指标之一。

RT(response time):RT 表示响应时间,即客户端从发送请求到接收到响应的总时间。这是衡量一个系统重要的指标之一,它的数值大小直接反映了系统的快慢。

ER(error rate):ER 表示错误率,即错误请求数量占总请求数量的比例。

5.1.3 Sentinel 对比 Hystrix

Hystrix 是第一代微服务框架 Spring Cloud Netflix 中的限流熔断组件,目前已停止维护了。Hystrix 底层默认通过线程池隔离方式进行流量控制,同时也支持信号量隔离。线程池隔离方式的缺点是增加了线程切换的成本,同时还需要事先配置访问各资源的线程池大小。

Sentinel 底层默认使用信号量隔离方式进行流量控制。通过限制资源并发线程数量,来减少该资源故障时对其他资源的影响。信号量隔离方式的优点是避免了线程切换的损耗,同时也不需要预先分配线程池大小。当某个资源出现故障,线程数在与之关联资源上增加到一定的数量之后,对该关联资源的新请求就会被拒绝。

Sentinel 与 Hystrix 相比,在功能和性能方面都有很大提升。为了能更直观地展示出 Sentinel 的优势,下面将二者做一下对比,如表 5-1 所示。

表 5-1 Sentinel 和 Hystrix 组件的对比

组　　件	Sentinel	Hystrix
隔离策略	线程池和信号量隔离	信号量隔离
熔断降级策略	基于响应时间和异常比例	基于异常比例
实时统计实现	滑动窗口(基于 LeapArray 算法)	滑动窗口(基于 RxJava 算法)
动态规则配置	支持多种数据源	支持多种数据源
扩展性	多个 SPI 扩展点	插件形式
基于注解的支持	支持	支持
单机限流	基于 QPS,支持调用关系的限流	有限支持
集群限流	支持	不支持
流量整形	支持慢启动、匀速排队模式	不支持

续表

组　件	Sentinel	Hystrix
系统自适应保护	支持	不支持
控制台	开箱即用,可配置规则、查看秒级监控、机器发现等	不完善
适配框架	Servlet、Spring Cloud、Dubbo、gRPC 等	Servlet、Spring Cloud Netflix
多语言支持	Java/Go/C++	Java

5.1.4　Sentinel 的基本使用

Sentinel 主要分为 Sentinel 客户端和控制台两部分,其中,Sentinel 客户端不依赖任何框架/库运行,只需要 Java 8 及以上版本环境即可,同时也可以与 Dubbo、Spring Cloud 等框架集成使用。Sentinel 客户端会定时通过心跳方式发送各资源状态信息给控制台。Sentinel 控制台是基于 Spring Boot 框架开发,内部集成了 Tomcat,主要负责管理推送规则、接收客户端定时发送的状态数据来监控、管理服务资源,控制台目前仅支持单机部署。

在 Spring Cloud Alibaba 框架中使用 Sentinel 非常简单,Spring Boot 会对 Sentinel 自动进行默认配置,实现开箱即用。在 Spring Cloud Alibaba 框架中使用 Sentinel 主要分为 2 个步骤,分别是部署 Sentinel 控制台和集成 Sentinel 客户端。

1. 部署 Sentinel 控制台

可以直接在 Sentinel 官网上下载 Sentinel 控制台 Jar 包,Jar 包版本需和当前 Spring Cloud Alibaba 对应,2022.0.0-RC2 版本的 Spring Cloud Alibaba 对应的 Sentinel 版本为 1.8.6。因此,下载的 Sentinel 控制台 Jar 包为 sentinel-dashboard-1.8.6.jar。在 Jar 包所在目录输入 cmd 命令,进入命令提示符窗口,在命令提示符窗口中输入如下命令,以 8010 端口启动 Sentinel 控制台 Jar 包。

```
java -jar -Dserver.port=8010 sentinel-dashboard-1.8.6.jar
```

Sentinel 控制台默认以 8080 端口启动,但是 8080 端口一般都会被占用,因此设定 8010 端口启动 Sentinel 控制台。

除了配置控制台启动端口号外,还可以在启动时添加如下配置项配置启动参数。

-Dserver.port:指定启动的端口,默认为 8080。

-Dproject.name:指定控制台服务的名称。

-Dcsp.sentinel.dashboard.server:指定 sentinel 控制台的地址,实现控制台自己监控自己。

-Dsentinel.dashboard.auth.username:指定控制台的登录用户名,默认为 sentinel。

-Dsentinel.dashboard.auth.password:指定控制台的登录密码,默认为 sentinel。

例如,可以使用如下命令在启动时同时设置控制台服务的名称和端口号。

```
java -jar -Dproject.name=sentinel1 -Dserver.port=8010 sentinel-dashboard-1.8.6.jar
```

启动 Sentinel 控制台后,在浏览器中输入地址 http://localhost:8010,页面跳转到 Sentinel 控制台登录页面,如图 5-2 所示。

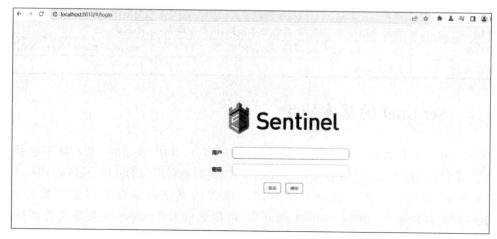

图 5-2　Sentinel 控制台登录页面

在页面中输入默认的用户名和密码 sentinel,进入控制台首页,如图 5-3 所示。此时由于没有执行任务服务访问,控制台主页没有任何服务信息。

图 5-3　Sentinel 控制台首页

2. 集成 Sentinel 客户端

为方便直接复制 SpringCloudDemo4 项目,对其重命名为 SpringCloudDemo5,然后在 SpringCloudDemo5 项目内部新建一个子模块 ServiceWithSentinel,在 ServiceWithSentinel 模块的 pom.xml 文件中引入 Sentinel 启动器依赖和 Web 启动器依赖。

```xml
<dependencies>
    <dependency>
        <groupId>org.springframework.boot</groupId>
        <artifactId>spring-boot-starter-web</artifactId>
    </dependency>
```

```xml
<!--引入Sentinel启动器-->
<dependency>
    <groupId>com.alibaba.cloud</groupId>
    <artifactId>spring-cloud-starter-alibaba-sentinel</artifactId>
</dependency>
</dependencies>
```

在 ServiceWithSentinel 模块的 application.yaml 配置文件中添加如下配置,设置服务名、端口号和 Sentinel 控制台地址。

```yaml
server:
  port:8001                          #设置服务端口号
spring:
  application:
    name: sentinel-server            #设置服务名
  cloud:
    sentinel:
      transport:
        port: 8719                   # 与Sentinel控制台通信端口
        dashboard: localhost:8010    #设置Sentinel控制台地址
```

这里的 spring.cloud.sentinel.transport.port 端口配置会在应用对应的机器上启动一个 HTTP 服务与 Sentinel 控制台做交互。例如,用户在 Sentinel 控制台添加了一个限流规则,控制台会把规则数据推送给 HTTP 服务接收,HTTP 服务再将规则注册到 Sentinel 中。

在 ServiceWithSentinel 模块的 src/main/java 目录下新建 servicewithsentinel 目录,在 servicewithsentinel 目录下新建启动类 ServiceWithSentinelApplication。

【ServiceWithSentinelApplication.java】

```java
package servicewithsentinel;
import org.springframework.boot.SpringApplication;
import org.springframework.boot.autoconfigure.SpringBootApplication;
@SpringBootApplication
public class ServiceWithSentinelApplication {
    public static void main(String[] args) {
        SpringApplication.run(ServiceWithSentinelApplication.class,args);
    }
}
```

在 servicewithsentinel 目录下新建 controller 目录,在该目录下新建 ControllerTest 类,在 ControllerTest 类内部设定一个控制器方法 sentinelRequest()。

【ControllerTest.java】

```java
package servicewithsentinel;
import org.springframework.web.bind.annotation.GetMapping;
import org.springframework.web.bind.annotation.RestController;
@RestController
public class ControllerTest {
```

```
@GetMapping("/sentinelRequest")
public String sentinelRequest(){
    return "访问 sentinelRequest 服务";
}
}
```

运行 ServiceWithSentinelApplication 类，启动 ServiceWithSentinel 应用，在浏览器中输入地址 http://localhost:8001/sentinelRequest，连续访问 10 次服务，然后刷新 Sentinel 控制台页面，即可看到页面左侧的一列菜单。单击页面左边的实时监控菜单，即可在页面中看到实时访问服务 sentinel-server 的监控信息，包括服务通过 QPS、拒绝 QPS 和响应时间等，如图 5-4 所示。

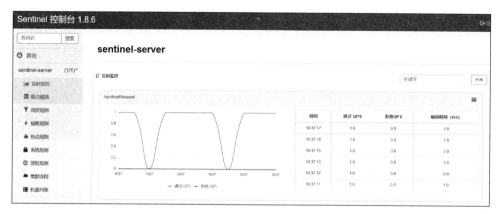

图 5-4　服务 sentinel-server 的监控信息

除了实时监控菜单外，簇点链路菜单也是 Sentinel 控制台中的常用菜单。簇点链路的含义是当请求进入微服务系统时，会依次访问 Spring MVC 的 DispatcherServlet、Controller 层、Service 层、Mapper 层来完成一个业务流程，这样的访问链就称为簇点链路。簇点链路可以看作一个基于服务资源设置规则的综合页面，用户可在簇点链路列表中针对各服务资源设置流控、熔断、热点和授权 4 类规则，如图 5-5 所示。

图 5-5　簇点链路界面

在簇点链路中，所有的限流熔断规则都是针对簇点链路中的资源来设置的。Sentinel 默认将 Controller 层的每个控制器方法当作资源允许用户设置规则。如果要对 Service 层、Mapper 层的其他方法设置规则，需先使用@SentinelResource 注解定义该方法为一个资源，才能在资源列表中看到方法并设置规则。如下代码就使用@SentinelResource 注解定义了一个名为 resource 的资源。

```
@SentinelResource(value = "resource")
public String method(){
    Return "访问 resource 资源";
}
```

其中，value 属性是必选属性，除此之外，@SentinelResource 还提供了其他可选属性，如 blockHandler 和 blockHandlerClass 属性用于服务限流降级，fallback 属性用于自定义异常处理等。@SentinelResource 注解的详细使用将在后续内容中介绍。

在簇点链路菜单下面有流控规则、熔断规则、热点规则、系统规则、授权规则等菜单用于配置不同的规则。最后是集群流控和机器列表菜单，其中集群流控用于 Sentinel 集群的流控，机器列表菜单用于展现 Sentinel 客户端所在的机器信息和健康状态。

5.1.5　JMeter 压力测试工具

JMeter 是 Apache 旗下的一款开源压力测试工具，本书后续 Sentinel 规则的 HTTP 请求并发测试需要用到该工具，这里有必要简单介绍一下 JMeter 的安装和使用。

本书使用的 JMeter 版本是 5.6.2 版本，读者可从 JMeter 官网下载 JMeter 压缩包文件并解压，即可直接运行。下面介绍如何使用 JMeter 创建一个并发 HTTP 请求来访问 sentinelRequest 接口资源。

双击 JMeter 安装路径 bin 目录下的 jmeter.bat 文件，就可以打开 JMeter 主页面，如图 5-6 所示。

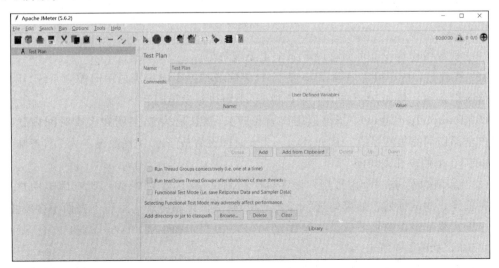

图 5-6　JMeter 主页面

JMeter 主页面的默认语言是英文，可以选择 Options→Choose Language→Chinese (Simplified)命令，将英文改成中文简体，如图 5-7 所示。

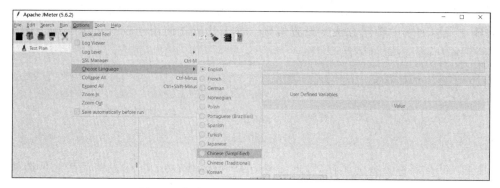

图 5-7 修改 JMeter 主页面语言为中文简体

右击"测试计划"并选择"添加"→"线程（用户）"→"线程组"命令，创建一个线程组，如图 5-8 所示。JMeter 使用一个 Java 线程来模拟一个用户，使用线程组来模拟一组虚拟用户，这些虚拟用户将被用来模拟访问被测系统。

图 5-8 创建线程组

在线程数线程组设置页面有以下 4 个主要配置项。

（1）线程数：指虚拟用户数，默认值为 1，表明模拟一个虚拟用户访问被测系统，用户可自行修改默认值。例如，改为 50，就是模拟 50 个用户并发访问。

（2）Ramp-Up 时间(s)：指虚拟用户增长时长，默认值为 1，表明在多少时间内让模拟的用户全部访问完被测系统。例如，Ramp-Up 时间设置成 10s，线程数设置为 50，意味着在 10s 内有 50 个用户并发访问。

（3）循环次数：指一个虚拟用户做多少次的测试，默认值为 1，表示所有虚拟用户一次访问完就停止测试计划。如果勾选"永远"选项，则测试计划将永远运行下去而不会终止。

这里在线程组设置页面设置线程数为 50，Ramp-Up 时间为 10s，模拟 10s 内有 50 个并发用户访问，如图 5-9 所示。

（4）HTTP 并发请求：右击"线程组"并选择"添加"→"取样器"→"HTTP 请求"命令，

打开 HTTP 请求设置页面，如图 5-10 所示。

图 5-9　设置线程数和 Ramp-Up 时间

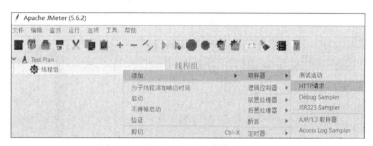

图 5-10　打开 HTTP 请求设置界面

在 HTTP 请求设置界面设置"协议"为 http，"服务器名称或 IP"为 localhost，"端口号"为 8001，"路径"为"/sentinelRequest"，"HTTP 请求"默认为 GET 方式，如图 5-11 所示。

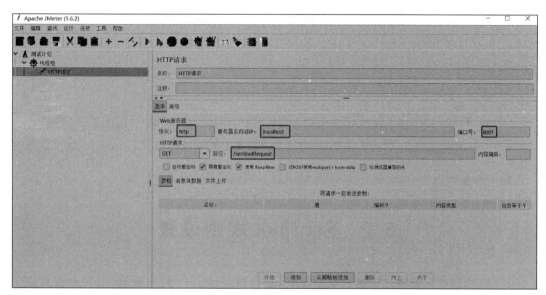

图 5-11　设置 HTTP 请求

接下来为 HTTP 请求添加一个监听器，以便更好地观察资源访问结果。右击"HTTP 请求"并选择"添加"→"监听器"→"查看结果树"命令，如图 5-12 所示。

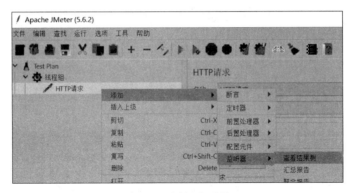

图 5-12　添加监听器

提前开启 ServiceWithSentinelApplication 应用程序，然后单击 JMeter 上方绿色小三角启动按钮，启动测试计划，就可以在查看结果树界面看到发起了 50 个 HTTP 请求，如图 5-13 所示。其中，图标为绿色时表示请求正常，图标为红色时表示请求异常。

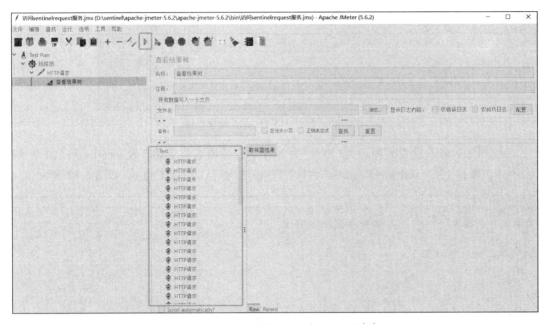

图 5-13　JMeter 发起了 50 个 HTTP 请求

以上就是使用 JMeter 进行 HTTP 请求压力测试的基本流程。

5.2　Sentinel 规则设置

Sentinel 规则可以通过控制台页面配置，也可以通过 Java 代码配置，而控制台页面配置简单直观，更为常用。本节将介绍如何利用 Sentinel 控制台配置流控规则、熔断规则、热点规则、系统规则、授权规则。其中,流控规则、熔断规则、热点规则、授权规则是针对各服务资源配置,可以在簇点链路页面设置,也可以在各自的规则页面配置,而系统规则是针对整个机器节点,只能在系统规则页面设置。

目前在控制台设置的所有规则都是非持久化的,即服务停止后,服务和服务规则都会自动删除,控制台中不可见。因此在控制台设置规则时需注意:如果服务有代码改动或新增了服务,需先重新启动服务,再调用一次服务,才能在 Sentinel 控制台页面中看到该服务并设置规则。关于规则持久化的知识将在后续任务中介绍。

5.2.1 流控规则

Sentinel 流控规则的原理是通过监控服务提供端的 QPS 或并发线程数等指标设置阈值。当瞬时指标超过阈值时,使用相应的流量控制策略可以避免系统被流量高峰冲垮,保障系统的可用性。同一个资源可以创建多条流控规则,定义一条流控规则需设置资源名、流控针对的来源、限流阈值类型、限流阈值、流控模式和流控效果这些属性。其中,资源名、针对来源、限流阈值类型、限流阈值为基础属性,流控模式和流控效果为高级属性。

(1) 资源名:流控规则的作用对象,默认为请求路径。

(2) 针对来源:可填写微服务名称,指定限流该微服务访问当前资源,默认值为 default。不区分来源,限制所有微服务访问当前资源。

(3) 限流阈值类型:分 QPS 和并发线程数两种,默认为 QPS。

(4) 限流阈值:设置流控规则的阈值。

(5) 流控模式:流控模式分为直接拒绝、关联和链路三种模式,默认模式为直接拒绝。

① 直接拒绝模式:该模式是当资源访问量超过阈值上限时,直接对当前资源实施限流。

② 关联模式:该模式是统计与当前资源相关的另一个资源。当另一个资源访问量超过阈值上限时,对当前资源限流。例如,有 A 和 B 两个资源,假设当前资源为 A,资源 B 的访问量超过了阈值,则限流资源 A。

③ 链路模式:该模式是统计从指定链路访问当前资源的访问量。如果访问量超过阈值上限,则对该链路进行限流,实现不同来源的访问限流。链路模式的功能类似于针对来源属性,它们的区别在于流控的粒度不同。针对来源配置的是微服务名称,是限流不同微服务访问同一个 API 接口,是对 API 接口访问的限流。而链路模式配置的是 API 接口访问上层资源的路径,是限流不同 API 接口访问同一个上层资源,是对 API 接口内部资源访问更细粒度的限流。例如,有 A、B 两个 API 接口方法同时调用 Service 层业务方法 C,此时就可以根据实际情况选择限流 A→C 链路或者 B→C 链路。

(6) 流控效果:流控效果分为快速失败、Warm Up 和排队等待三种效果。默认效果为快速失败。

① 快速失败:快速失败是当 QPS 超过阈值上限后,新的资源访问就会被立即拒绝,拒绝方式为抛出异常 FlowException。

② Warm Up:Warm Up 是让资源访问通过的流量缓慢增加,在一定时间内逐渐增加到阈值上限,给系统一个预热缓冲的时间,避免系统被短时激增流量压垮。

③ 排队等待：排队等待是通过控制资源访问通过的时间间隔，让资源访问以均匀的速度通过。

Sentinel 流控规则主要分为 QPS 流控和并发线程数流控两类。

1. QPS 流控

QPS 流控是统计每秒对资源的访问次数是否超出阈值，如果超过阈值，就对超出的资源访问进行流量控制。如需要对 sentinelRequest 资源添加 QPS 流控，可以在簇点链路界面对 sentinelRequest 资源添加流控设置。如看不见 sentinelRequest 资源，可先在浏览器中访问一次 sentinelRequest 资源。单击"/sentinelRequest"资源对应的流控按钮，弹出"新增流控规则"对话框，在该对话框中可以看到"资源名"被设置为"/sentinelRequest"，"针对来源"为默认值 default，"阈值类型"默认选择 QPS 选项。单击"高级选项"按钮（图 5-14 界面中没显示），看到"流控模式"默认为"直接"，"流控效果"默认为"快速失败"。只需设置"单机阈值"为 2，单击"新增"按钮，即可完成 QPS 流控设置，如图 5-14 所示。

图 5-14 "新增流控规则"对话框

设置完毕，QPS 流控规则会呈现在流控规则页面中，如图 5-15 所示。如果在 1s 内超过 2 次并发访问 sentinelRequest 资源，sentinel 就会进行流量控制，实现访问快速失败。如需对 sentinelRequest 资源添加多条流控规则，可以单击"新增并继续添加"按钮，保存当前流控规则后，继续新增流控规则。

图 5-15 流控规则页面中呈现 QPS 流控规则

此时连续访问多次 http://localhost:8001/sentinelRequest 服务,就会发现有一些请求不能正常响应,页面显示 Blocked by Sentinel(flow limiting)信息,此信息是 Sentinel 执行了流控规则快速失败后返回的默认消息,同时在实时监控模块也看到一些拒绝 QPS 值不为 0 的记录,证明有访问被拒绝,如图 5-16 所示。

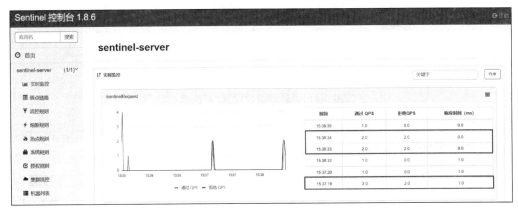

图 5-16　有访问被拒绝

2. 并发线程数流控

并发线程数是统计当前访问资源的线程数量是否超出阈值,如果超出阈值,就对超出的线程访问进行流量控制。下面在 ControllerTest 类中创建一个新的控制器方法 sentinelRequest1(),演示并发线程数的流量控制。sentinelRequest1 内部休眠 2s,以模拟线程阻塞的情况。

```
@GetMapping("/sentinelRequest1")
public String sentinelRequest1()throws Exception{
    Thread.sleep(2000);
    return "访问 sentinelRequest1 服务";
}
```

启动 ServiceWithSentinel 服务,然后在簇点链路界面对 sentinelRequest1 资源添加流控设置。如看不见 sentinelRequest1 资源,可先在浏览器中访问一次 sentinelRequest1 资源。单击 sentinelRequest1 资源对应的流控按钮,弹出"新增流控规则"对话框,如图 5-17 所示,选择"阈值类型"为"并发线程数"选项,"单机阈值"设置为 1,即如果当前时间访问资源的线程数量超过 1,则进行流量控制。

单击"新增"按钮,即可完成并发线程数流控设置。设置完毕,并发线程数流控规则会呈现在流控规则页面中,如图 5-18 所示。

此时连续访问多次 http://localhost:8001/sentinelRequest1 服务,由于 sentinelRequest1 服务有 2s 的线程休眠,导致线程阻塞,线程并发数量超过 1,有一些请求不能正常响应,页面显示 Blocked by Sentinel(flow limiting)的信息,此信息是 Sentinel 执行了流控规则快速失败而返回的默认消息。同时在实时监控模块也看到拒绝 QPS 的记录,证明有访问被拒绝,如图 5-19 所示。

图 5-17 "新增流控规则"对话框

图 5-18 流控规则页面中 sentinelRequest1 服务并发线程数的设置

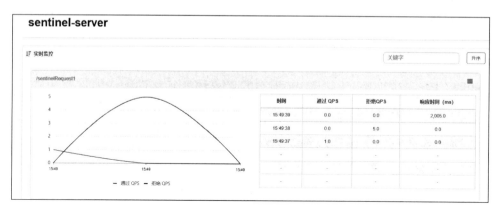

图 5-19 sentinelRequest1 服务 QPS 拒绝

上述内容介绍是基于 QPS 和并发线程数来设置简单的流量规则。除此之外,还可以根据应用场景设定流控规则的流控模式和流控效果。下面以 QPS 为例介绍流控规则中流控模式和流控效果这两个高级属性的用法。

3. 流控模式

流控模式分为直接拒绝、关联和链路三种模式。直接拒绝模式是默认模式,在前面配置的规则都是使用该模式。这里主要介绍另外两种流控模式——关联模式和链路模式。

(1) 关联模式。关联模式是统计与当前资源相关的另一个资源,当另一个资源访问量超过阈值上限时,对当前资源限流。关联模式一般用于多个请求争抢资源的场景下,需要对各请求访问资源进行优先级排行。例如,商品库存服务在同一时刻既要执行查询功能,又要执行更新功能,对数据库的读写操作就会发生争抢资源。为了保证更新功能的稳定性,就可以对查询功能设置关联模式,当更新功能访问量超过阈值上限时,就限流查询功能。下面演示关联模式的限流效果。

在 ServiceWithSentinel 模块的 ControllerTest 类中添加 updateSentinelRequest()方法,模拟实现更新功能。

```
@GetMapping("/updateSentinelRequest")
public String updateSentinelRequest(){
    return "更新 sentinelRequest 服务";
}
```

启动 ServiceWithSentinel 服务,在 Sentinel 控制台页面簇点链路下的"/sentinelRequest"资源设置 QPS 关联模式,设置 QPS 为 2,关联资源为"/updateSentinelRequest",如图 5-20 所示。这样当更新功能"/updateSentinelRequest"资源的 QPS 超过 2,就会触发对查询功能"/sentinelRequest"资源的限流,使查询功能暂时不可用,保障了更新功能的可用性和稳定性。

图 5-20 设置 QPS 关联模式

利用 JMeter 测试工具进行压力测试,新建一个线程组,设置线程数为 50,Rame-Up 时间为 10s。新建一个 HTTP 请求访问"/updateSentinelRequest"接口并添加监听器,如图 5-21 所示。

启动 JMeter 测试计划,可以看到当 JMeter 测试工具正在访问接口"/updateSentinel-Request"时,在浏览器中同时访问地址 http://localhost:8001/sentinelRequest,页面显示 Blocked by Sentinel(flow limiting)的信息,访问"/sentinelRequest"资源被限流了。当停止访问"/updateSentinelRequest"接口时,"/sentinelRequest"接口又恢复正常了。

(2) 链路模式。该模式是统计指定链路上访问当前资源的流量,如果访问量超过阈值

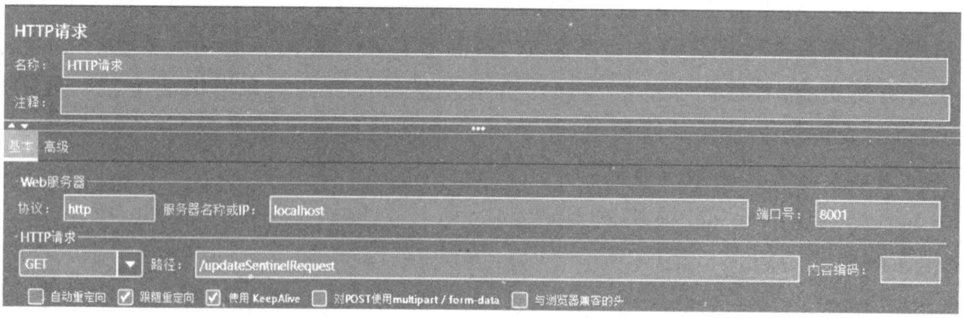

图 5-21 设置 HTTP 请求访问"/updateSentinelRequest"接口

上限,则对指定链路限流。链路模式一般用于 API 级别的限流控制,对不同 API 访问上层同一资源进行限流。例如,完成秒杀功能的业务链为:秒杀接口→查询库存→创建订单。完成积分兑换功能业务链为:积分兑换接口→查询库存→创建订单。二者流程相同但业务优先级不同,秒杀功能优先级更高,需要优先确保秒杀接口访问查询库存方法,此时就可以通过链路模式对积分兑换业务链进行限流。下面演示链路模式的限流效果。

在 ServiceWithSentinel 模块的 servicewithsentinel 目录下中新建 service 目录,在 service 目录下新建业务类 ServiceTest。在 ServiceTest 中定义业务方法 createStock(),在 createStock()方法上添加注解@SentinelResource(value = "createStock"),定义该方法为一个资源。

【ServiceTest.java】

```java
package servicewithsentinel.service;
import com.alibaba.csp.sentinel.annotation.SentinelResource;
import org.springframework.stereotype.Service;
@Service
public class ServiceTest {
    @SentinelResource(value = "createStock" )
    public String createStock(){
        return "创建订单";
    }
}
```

在 ServiceWithSentinel 模块的 ControllerTest 类中添加 secKill()方法和 scoreExchange()方法,模拟实现秒杀和积分兑换功能。

```java
@Autowired
private ServiceTest serviceTest;
@GetMapping("/secKill")
public String secKill(){
    String res=serviceTest.createStock();
    return res;
}
@GetMapping("/scoreExchange")
public String scoreExchange(){
```

```
        String res=serviceTest.createStock();
        return res;
}
```

Sentinel 默认会将 SpringMVC 的所有控制器方法做 context 整合,认为这些控制器方法是同一个 root 资源的子链路,导致链路模式失效。因此还需要修改 application.yaml 配置文件,设置如下 web-context-unify 配置项值为 false,关闭 context 整合功能。

```
server:
  port:8001 #设置服务端口号
spring:
  application:
    name: sentinel-server #设置服务名
  cloud:
    sentinel:
      transport:
        dashboard: localhost:8010 #设置sentinel控制台地址
      web-context-unify: false #关闭context整合
```

启动 ServiceWithSentinel 服务,在 Sentinel 控制台页面簇点链路下可以看到如图 5-22 所示"/secKill"→createStock 的链路资源。

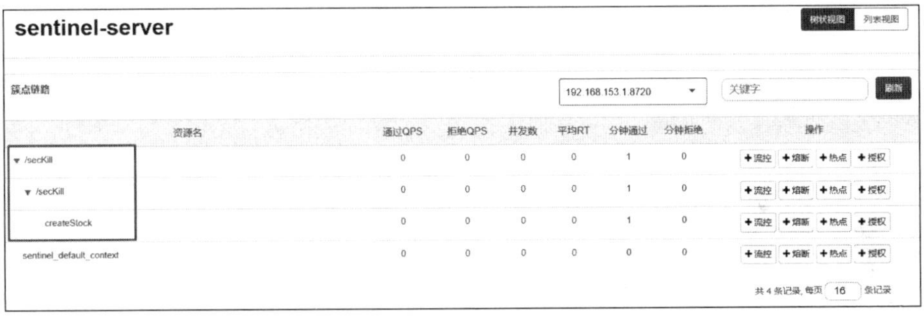

图 5-22 "/secKill"→createStock 的链路资源

对 createStock 资源设置 QPS 链路模式,设置 QPS 为 2,入口资源为"/scoreExchange",如图 5-23 所示。这样当积分兑换功能访问 createStock 资源的 QPS 超过 2,就会触发资源限流,使积分兑换功能暂时不可用,保障了秒杀功能的可用性和稳定性。

在浏览器中快速多次访问地址 http://localhost:8001/scoreExchange,会有可能出现如下所示的 500 错误。

```
Whitelabel Error Page
This application has no explicit mapping for /error, so you are seeing this as a
fallback.
Thu Jan 04 20:38:56 CST 2024
There was an unexpected error (type=Internal Server Error, status=500).
```

此时再访问控制台实时监控页面,可以看到如图 5-24 所示结果,同一时刻访问 scoreExchange 的请求全部通过,但是访问 createStock 的请求有拒绝 QPS 记录,证明链路流控生效了,在 scoreExchange 方法内部访问 createStock 接口时的部分请求被拒绝。

图 5-23　设置 createStock 资源的链路流控

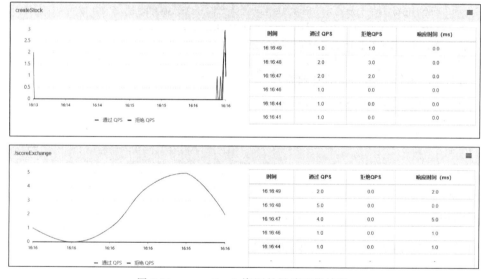

图 5-24　createStock 资源的链路流控结果

4. 流控效果

流控效果分为快速失败、Warm Up 和排队等待三种效果。快速失败效果是默认效果，在前面配置的规则都是使用该效果。下面主要介绍另外两种流控效果——Warm Up 和排队等待。

（1）Warm Up。Warm Up 也称为预热流控效果，通常用于服务资源长期处于低访问流量状态下的流量激增场景。当服务资源长期处于低水平访问量，访问流量突然激增，即使设置了服务保护阈值，服务资源也需要有一个逐步适应的过程。这时就可以使用 Warm Up 预热流控效果，Warm Up 会让服务资源访问流量缓慢增加，在一定时间内最终达到阈值上限，超出阈值的请求才会被拒绝并抛出异常。这样给服务资源一个预热缓冲的时间，避免服务资源被短时激增流量压垮。Warm Up 内部定义了冷因子变量 coldFactor，coldFactor 默认值为 3，指定初始阈值为用户设定阈值除以 codeFacotor。阈值经过用户设定的预热时长缓慢增加，最终达到用户设定阈值。假设设置 QPS 值为 100，预热时长为

10s，那么初始阈值就是100/3＝33，然后在10s后逐渐增长到100。下面演示Warm Up流控效果的使用。

假设对服务资源"/sentinelRequest"进行Warm Up效果流控。对服务资源"/sentinelRequest"新增流控规则，在新增流控规则页面设置QPS阈值为10，流控效果选择Warm Up，预热时长设置5s，如图5-25所示。意味着流量激增时服务资源"/sentinelRequest"的QPS阈值，会从初始阈值10/3＝3开始，在5s之内逐渐增加到10。

图5-25 设置Warm Up预热流控

利用JMeter测试工具进行压力测试，新建一个线程组，设置线程数为300，Rame-Up时间为10s。新建一个HTTP请求，访问"/sentinelRequest"接口并添加监听器。启动JMeter测试计划，待测试计划执行完毕，访问控制台实时监控页面查看"/sentinelRequest"接口的访问状态，如图5-26所示。

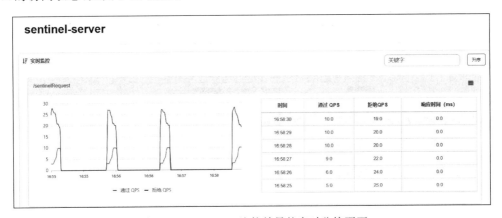

图5-26 Warm Up流控效果的实时监控页面

图5-26中可以看出"/sentinelRequest"接口的初始请求通过QPS值为5，拒绝请求数为25。随后请求通过数也随之增加最终达到设定的阈值10，QPS请求通过请求数为10，拒绝请求数为20。实现了既定的预热流控效果。

（2）排队等待。当请求流量超过阈值时，快速失败和Warm Up会拒绝新的请求并抛出异常。排队等待则是让所有请求进入一个队列中，然后按照一定的时间间隔依次让这些请求以均匀的速度通过。后来的请求必须等待前面执行完成，如果请求排队等待时间超出最大时长,则会被拒绝。排队等待通常用于服务资源被间隔性突发流量访问的场景。例如,在某一秒有大量的瞬时流量到来,而接下来的几秒则处于流量空闲状态。有时用户不希望直接拒绝多余的请求,而希望在后续的空闲时间逐渐处理这些请求,实现流量的削峰填谷。图 5-27 就是一个典型的间隔性突发流量访问场景,每隔一段时间请求流量会有一个峰值,然后会有一段时间几乎没有请求流量。

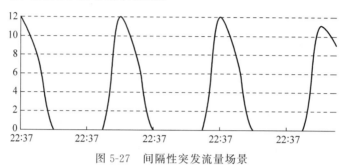

图 5-27　间隔性突发流量场景

在上述场景中,排队等待能够使超出阈值的请求依次排队,并利用流量空闲时间来处理这些请求,从时间上错开了流量峰值,最大限度地保证了请求的通过率。

在配置流控规则时,排队等待只支持配置 QPS 流控,不支持配置并发线程数。下面演示排队等待的流控效果。假设对服务资源"/sentinelRequest"进行排队等待效果流控。对服务资源"/sentinelRequest"新增流控规则,在新增流控规则页面设置 QPS 阈值为 10,流控效果选择排队等待,超时时间设置 5000ms,如图 5-28 所示。

图 5-28　设置排队等待流控

下面利用 JMeter 模拟间隔性突发流量访问场景发送请求。右击"测试计划"并选择"添加"→"线程(用户)"→"线程组"命令,创建一个新的线程组。设置线程组的"线程数"线程数为 20,"Ramp-Up 时间"为 1,"循环次数"为 4,如图 5-29 所示。这样会在 1s 有 20 个并发线程发送请求,循环发送 4 次。

给每次的请求发送添加固定时间间隔。右击"线程组"并选择"添加"→"定时器"→"固定定时器"命令,添加一个定时器。设置定时器线程延迟为 5000ms,以便每隔 5s 发送一次请求,如图 5-30 所示。

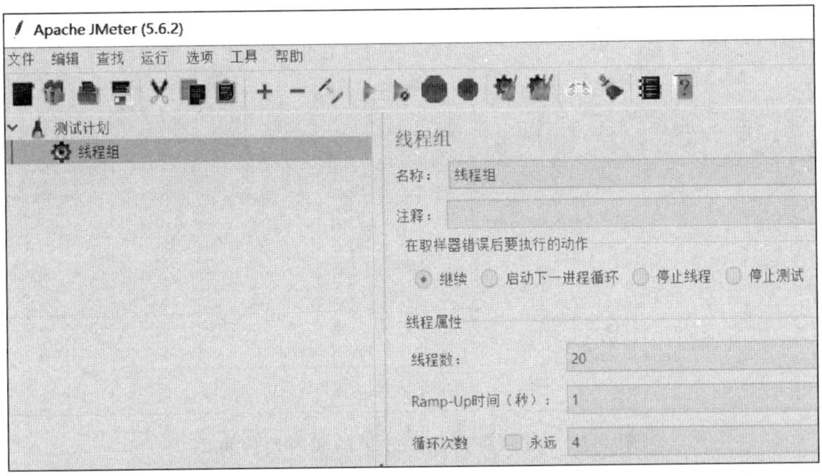

图 5-29 设置线程数、Ramp-Up 时间和循环次数

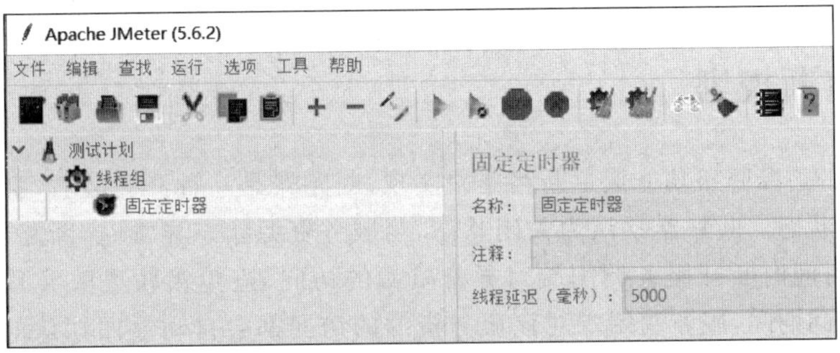

图 5-30 设置定时器线程延迟

新建一个 HTTP 请求,访问"/sentinelRequest"接口并添加监听器,如图 5-31 所示。

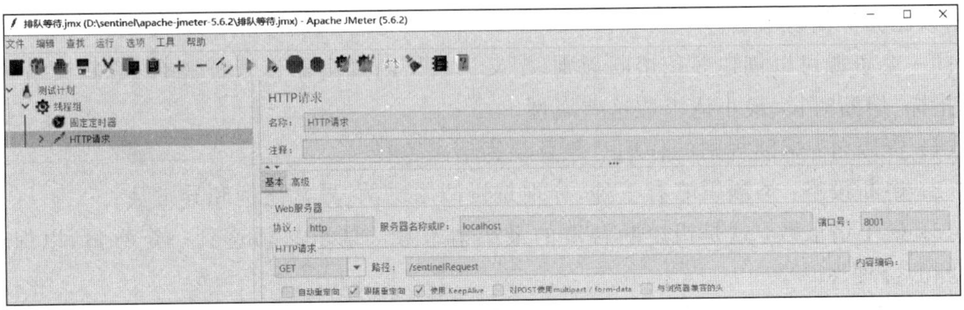

图 5-31 新建 HTTP 请求

启动 JMeter 测试计划,并发访问"/sentinelRequest"接口。待测试计划执行完毕,在 Sentinel 控制台的实时监控页面可以看到如图 5-32 所示结果。

从图 5-32 中可以看出,在 4 次流量峰值处,虽然并发量 QPS 达到 20,超过了阈值 QPS 的值 10,但是没有任何一个请求被拒绝了。通过查看表格中的数据,可以发现在 17:26:35 时达到了 20 个并发请求,有 10 个通过了,还有 10 个没有被直接拒绝,而是排队等待。在 17:26:36 通过了 8 个请求,随后又在 17:26:39 通过了 2 个请求。所有 10 个排队等待请求

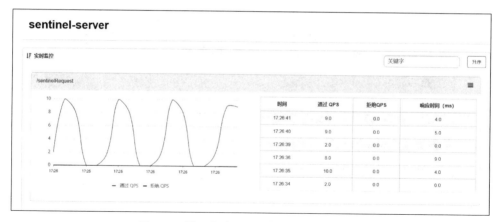

图 5-32 排队等待流控效果的实时监控页面

最终都在超时时间 5s 内通过了。证明排队等待效果能够有效地应对间隔性突发流量访问场景,最大化保证了并发请求的通过率。

5.2.2 熔断规则

Sentinel 的熔断降级功能通过断路器来实现,断路器是一种开关装置,拥有开启、半开启和关闭三个状态。断路器默认为关闭状态,当服务资源状态异常时,断路器变为开启状态,会在一段时间内断开服务调用端对异常资源的访问,避免级联失败导致的雪崩效应。在服务断开访问期间,服务调用端对该服务资源的访问都会自动返回默认的降级信息,抛出 DegradeException 异常。在服务断开访问期满,断路器变为半开启状态,允许客户端尝试进行一次服务调用,如果调用结果正常,则恢复访问该服务资源,断路器变为关闭状态;如果调用结果异常,则断路器保持开启状态,继续断开服务资源访问直到下次半开状态的到来,以此循环执行下去。

同一个资源可以创建多条熔断规则,定义一条熔断规则需设置资源名、熔断策略、熔断监控指标、熔断时长、最小请求数这些属性。

(1) 资源名:熔断规则的作用对象默认为请求路径。

(2) 熔断策略:熔断策略有三种,分别是慢调用比例、异常比例和异常数。

(3) 最小请求数:这是指熔断触发的最小请求数。请求必须达到一定数量,以保证触发熔断的合理性。

(4) 熔断时长:每次服务资源熔断的时间超过该时间,断路器自动进入半开启状态。

(5) 统计时长:统计的单位时长,默认为 1000ms,即每次统计 1s 时长的监控指标值。

(6) 熔断监控指标:不同的熔断规则有不同的熔断监控指标。

① 慢调用比例:熔断监控指标为最大 RT 和慢调用比例阈值,最大 RT 是客户端请求服务资源的最长响应时间。如果服务资源响应时间超过最大 RT,则认为这次服务调用是慢调用。慢调用比例阈值是单位统计时长内慢调用请求数占总请求数的比例,阈值范围是[0.0,1.0]。

② 异常比例:熔断监控指标为异常比例阈值,即单位统计时长内异常请求数占总请求数的比例,阈值范围是[0.0,1.0]。

③ 异常数：熔断监控指标为每秒异常请求数。

注意：当最小请求数达标且熔断监控指标异常，才会触发服务熔断，两个条件缺一不可。

下面介绍慢调用比例、异常比例和异常数三类熔断策略的使用。

1. 慢调用比例

慢调用比例基于最大 RT 和慢调用比例阈值来制定熔断策略。如果当单位统计时长内总请求数大于最小请求数，且慢调用的比例大于或等于阈值，则熔断该服务资源。

在 ControllerTest 类中添加 slowRequestRatio() 方法来演示慢调用比例策略的熔断效果。slowRequestRatio() 方法内部休眠 3s，以模拟线程阻塞的情况。

```
@GetMapping("/slowRequestRatio")
public String slowRequestRatio() throws Exception{
    Thread.sleep(3000);
    return "访问 slowRequestRatio 服务";
}
```

对服务资源"/slowRequestRatio"新增熔断规则，在新增熔断规则页面设置熔断策略为慢调用比例，最大 RT 为 1000ms，意味着每次访问 slowRequestRatio 都是慢调用。然后设置比例阈值为 1，熔断时长为 10s，最小请求数为 5，统计时长为 1000ms，如图 5-33 所示。这样在 1s 内当总请求数大于 5，且慢调用数占总请求数比例为 100%，触发熔断 10s。

图 5-33 设置慢调用比例熔断规则

利用 JMeter 测试工具可以进行压力测试。新建一个线程组，设置线程数为 150，Rame-Up 时间为 15s。新建一个 HTTP 请求访问"/slowRequestRatio"接口并添加监听器。启动 JMeter 测试计划，待测试计划执行完毕，访问控制台实时监控页面查看"/slowRequestRatio"接口的访问状态，如图 5-34 所示。从图中可以看出，在 17:50:51 开启断路器触发熔断，熔断 10s。这段时间内所有请求被拒绝。

在 17:51:01 后断路器进入半开启状态。在 17:51:03 通过浏览器再访问一次 slowRequestRatio 接口。访问通过，证明 slowRequestRatio 接口恢复正常访问，断路器进入关闭状态。由于下一次还是慢调用，断路器再次进入开启状态。

2. 异常比例

异常比例基于异常请求数和总请求数的比例阈值来制定熔断策略。如果当单位统计

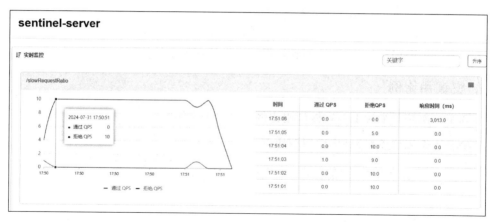

图 5-34 慢调用比例策略熔断实时监控页面

时长内总请求数大于最小请求数,且异常请求数和总请求数的比例大于阈值,则熔断该服务资源。

这里在 ControllerTest 类中添加 errorRatio()方法来演示异常比例策略的熔断效果。errorRatio()方法内部人为制造一个除数为 0 的异常抛出,使得每次请求都是异常请求。

```
@GetMapping("/errorRatio")
public String errorRatio(){
    int i=1/0;
    return "访问 errorRatio 服务";
}
```

对服务资源"/errorRatio"新增熔断规则,在新增熔断规则页面设置熔断策略为异常比例,比例阈值为 0.1,熔断时长为 10s,最小请求数为 5,统计时长为 1000ms,如图 5-35 所示。这样在 1s 内当总请求数大于 5 且异常请求数占总请求数比例为 10%时,触发熔断 10s。

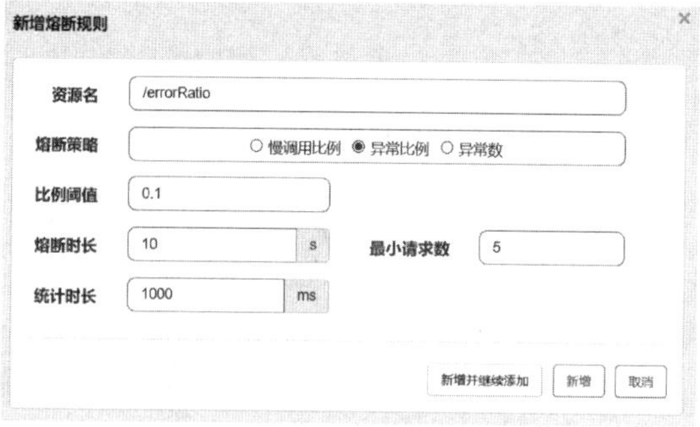

图 5-35 设置异常比例熔断规则

利用 JMeter 测试工具进行压力测试。新建一个线程组,设置线程数为 150,Rame-Up 时间为 15s。新建一个 HTTP 请求,访问"/errorRatio"接口并添加监听器。启动 JMeter 测试计划,待测试计划执行完毕,访问控制台实时监控页面,查看"/errorRatio"接口的访问状态,如图 5-36 所示。从图中可以看出,在 19:01:42 开启断路器触发熔断。熔断 10s,这段时间内所有请求被拒绝。

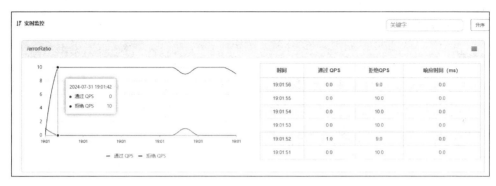

图 5-36 异常比例策略熔断实时监控页面

在 19:01:52 断路器进入半开启状态,浏览器再访问一次 errorRatio 接口。访问被通过了,证明 errorRatio 接口恢复正常访问,断路器进入关闭状态,由于下一秒异常请求比例还是超过阈值,断路器再次进入开启状态。

3. 异常数

异常数基于异常请求数阈值来制定熔断策略。如果当单位统计时长内总请求数大于最小请求数,且异常请求数大于阈值,则熔断该服务资源。

这里还是访问 ControllerTest 类中的 errorRatio() 方法来演示异常数策略的熔断效果。对服务资源"/errorRatio"新增熔断规则,在新增熔断规则页面设置熔断策略为异常数,异常数为 5,熔断时长为 10s,最小请求数为 5,统计时长为 1000ms,如图 5-37 所示。这样在 1s 内当总请求数大于 5,且异常请求数大于 5 时,触发熔断 10s。

图 5-37 设置异常数熔断规则

利用 JMeter 测试工具进行压力测试。新建一个线程组,设置线程数为 100,Rame-Up 时间为 5s。新建一个 HTTP 请求,访问"/errorRatio"接口并添加监听器。启动 JMeter 测试计划,待测试计划执行完毕,访问控制台实时监控页面,查看"/errorRatio"接口的访问状态,如图 5-38 所示。从图中可以看出,在 19:10:46 通过 6 个异常请求后(大于阈值 5)开启断路器触发熔断。熔断 10s,这段时间内所有请求被拒绝。

在 19:10:56 断路器进入半开启状态,浏览器再访问一次 errorRatio 接口。访问通过了,证明 errorRatio 接口恢复正常访问,断路器进入关闭状态。由于下一秒异常请求数还是超过阈值,断路器再次进入开启状态。

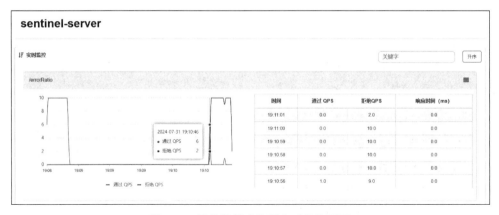

图 5-38 异常数策略熔断实时监控页面

5.2.3 热点规则

热点就是访问频率较高的服务资源。对于这些热点资源，如果和普通资源都配置一样的限流阈值，这显然是不科学的。热点资源访问量通常较大，应该配置更高的限流阈值。Sentinel 提供了热点规则，允许用户对热点资源进行更细粒度的流量控制。例如，在电商网站中统计出当前用户购买频率最高的那些商品 ID，就可以对商品服务中这些 ID 单独设置限流阈值，其他低频访问的商品 ID 使用公共的限流阈值，实现更细粒度的资源限流。

热点规则只支持 QPS 限流模式，使用时接口方法上必须添加@@SentinelResource 注解，否则热点规则不生效。定义一条热点规则需设置资源名、参数索引、单机阈值、统计窗口时长和参数例外项等这些属性。

(1) 资源名：热点规则的作用对象，默认为请求路径。

(2) 参数索引：被限流热点参数在接口方法中的位置索引，默认值为 0，表示接口方法中第一个参数。

(3) 单机阈值：被限流热点参数为任意值时的公共限流阈值。

(4) 统计窗口时长：统计的单位时长，默认为 1s，即每次统计 1s 时长的 QPS 值。

(5) 参数例外项：参数例外项是针对被限流热点参数出现的高频值设置个性化的限流阈值，属于热点规则中的高级配置。参数例外项可针对被限流热点参数不同的高频值设置多个限流阈值。设置时需指定被限流热点参数值、被限流热点参数类型和限流阈值。例如，针对整型参数 id 设置 2 个参数例外项，当值为 1 时，限流阈值为 100；值为 2 时，限流阈值为 200。

下面介绍热点规则的配置使用。这里在 ControllerTest 类中新建一个带请求参数 id 的控制器方法 hotPoint() 来演示热点规则。

```
@SentinelResource(value = "hotPoint")
@GetMapping("/hotPoint/{id}")
public String hotPoint(@PathVariable("id") int id){
    return "访问 hotPoint 服务";
}
```

对服务资源 hotPoint 新增热点规则,在新增热点规则页面设置参数索引为 0,单机阈值为 1,统计窗口时长为 1s,如图 5-39 所示。这样 ID 为任意值的情况下,1s 内服务资源 hotPoint 的 QPS 大于 1 时,触发 QPS 限流。

"新增热点规则"对话框不显示参数例外项配置,需先保存新增该热点规则,然后对该热点规则进行编辑操作,展开高级选项即可看见参数例外项配置。在"参数类型"中选择 int,"参数值"输入 1,"限流阈值"输入 10,单击"添加"按钮,即可添加一条配置到下面的参数例外项列表中,如图 5-40 所示。参数例外项列表中可添加多个不同参数值的限流阈值。这样当 ID 为 1 时,访问服务资源 hotPoint 的限流阈值就为 10;当 ID 为其他值时,访问服务资源 hotPoint 的限流阈值就为单机阈值 1。这样就实现了访问同一资源参数为热点值和非热点值时使用不同的限流阈值进行流控。

图 5-39 设置热点规则

图 5-40 设置参数例外项

在浏览器中输入 http://localhost:8001/hotPoint/2,1s 内手动刷新多次访问 hotPoint 服务资源。ID 参数值为 2,使用默认限流阈值 1,服务被限流返回 Whitelabel Error Page 信息。然后将 ID 的参数值换成 1,在浏览器中输入 http://localhost:8001/hotPoint/1,1s 内手动刷新多次访问 hotPoint 服务资源,此时 ID 值为 1,使用参数例外项限流阈值 10,服务不会被限流。

5.2.4 授权规则

当需要根据调用方的来源判断请求是否允许通过时,就可以对服务资源配置授权规则控制访问。授权规则有黑名单和白名单两种配置方法。其中,白名单用于配置允许通过的请求来源,黑名单用于配置禁止通过的请求来源。

定义一条授权规则需设置资源名、授权类型、流控应用 3 个属性。

(1)资源名:授权规则的作用对象,默认为请求路径。

(2)授权类型:包含白名单和黑名单两类。

(3) 流控应用：对应的黑/白名单的调用方来源。如果有多个调用方，可以通过逗号拼接，例如，app1、app2。

下面介绍授权规则的配置使用。在 ControllerTest 类中新建一个控制器方法 authority()来演示授权规则。

```
@GetMapping("/authority")
public String authority(){
    return "访问 authority 服务";
}
```

Sentinel 为用户提供了现成的请求来源解析接口类 RequestOriginParser，RequestOriginParser 接口内部利用 parseOrigin()方法来解析访问各服务资源的请求来源。RequestOriginParser 只是一个接口，如果用户自定义了流控应用内容，需自定义一个 Java 类并继承 RequestOriginParser 接口，内部覆写 parseOrigin()方法解析请求来源，并将解析的结果作为 parseOrigin 的返回值。Sentinel 会将返回值和各服务资源配置的流控应用内容进行匹配。如果配置到黑名单内容，则禁止此来源请求；如果配置到白名单内容，则放行此来源请求。

一般会将请求来源信息封装在请求头中，这里在 ServiceWithSentinel 模块的 servicewithsentinel 目录下新建 config 目录，在 config 目录下新建 RequestOriginParserDefinition 类。在 RequestOriginParserDefinition 类内部覆写 parseOrigin()方法，从请求头中获取请求来源信息，假设请求来源信息封装在键值对中，键为 header。

【RequestOriginParserDefinition.java】

```
package servicewithsentinel.config;
import com.alibaba.csp.sentinel.adapter.spring.webmvc.callback.RequestOriginParser;
import jakarta.servlet.http.HttpServletRequest;
import org.springframework.context.annotation.Configuration;
@Configuration
public class RequestOriginParserDefinition implements RequestOriginParser {
    @Override
    public String parseOrigin(HttpServletRequest request) {
        //从请求头中获取请求来源
        return request.getHeader("header");
    }
}
```

对服务资源"/authority"新增授权规则，在新增授权规则页面设置流控应用为 my，授权类型为黑名单，如图 5-41 所示。这样请求来源为 my 的请求访问资源"/authority"都会被禁止通过。

利用 JMeter 测试工具进行测试。新建一个线程组，设置线程数为 20，Rame-Up 时间为 5s。新建一个 HTTP 请求，访问"/authority"接口并添加监听器。然后右击"HTTP 请求"并选择"添加"→"配置元件"→"HTTP 信息头管理器"命令，为当前 HTTP 请求添加请求头，如图 5-42 所示。

在请求头中添加请求来源数据，键为 header，值为 my，如图 5-43 所示。

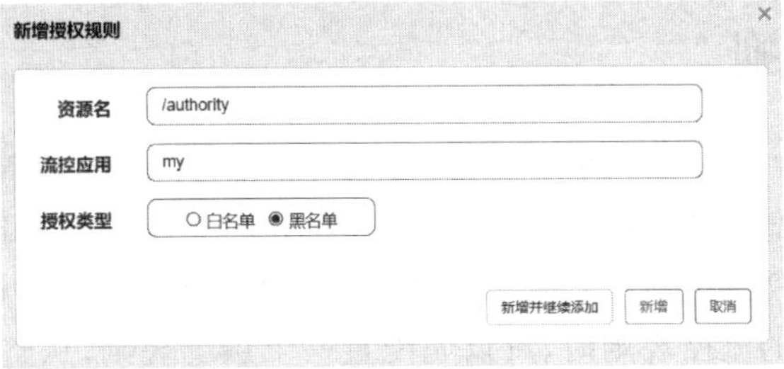

图 5-41 设置授权规则

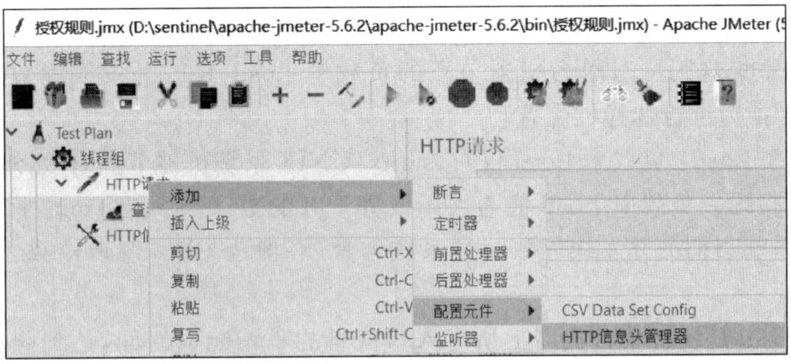

图 5-42 为 HTTP 请求设置请求头

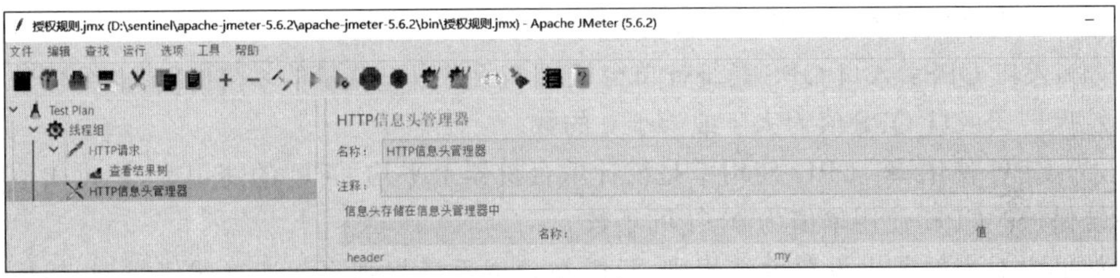

图 5-43 请求头中添加请求来源数据

启动 JMeter 测试计划,待测试计划执行完毕,访问控制台实时监控页面查看"/authority"接口的访问状态,如图 5-44 所示。从图中可以看到,由于在 JMeter 中配置的所有请求来源都是 my,匹配上了授权规则的黑名单,因此所有请求都被拒绝了。

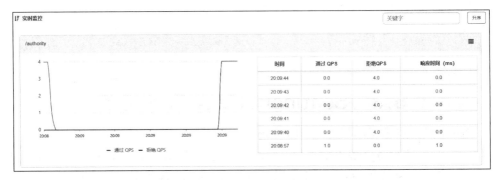

图 5-44 授权规则的实时监控页面

5.2.5 系统规则

系统规则允许用户从单台机器节点的负载率 Load、RT、并发线程数、入口 QPS 和 CPU 使用率等指标设置限流阈值，保证机器节点的可用性。系统规则不针对具体的服务资源，而是从机器节点的角度进行整体限流，是一种粗粒度的限流规则。当系统上线暂时不知道如何配置各服务资源的流控规则时，可以先配置一个系统规则，从整体上保证各服务资源所在机器节点的可用性，后续再根据各服务资源的使用情况详细配置具体的流控规则。由于系统规则的粒度太粗了，只要满足系统规则的任一情况，该机器节点下所有的服务都不能访问，所以实际场景中很少使用，可以稍作了解。

定义一条系统规则可对单台机器节点的负载率 Load、RT、并发线程数、入口 QPS 和 CPU 使用率等指标进行选择性配置。

(1) 负载率 Load：负载率 Load 仅对 Linux/UNIX 系统机器节点有效，统计机器节点 1 分钟平均负载指标。负载率 Load 值为大于或等于 0 的数。当系统 1min 平均负载超过设置的阈值，且系统当前的并发线程数超过系统容量（一般为 CPU 逻辑核数×2.5），会触发系统保护。

(2) RT：RT 是统计单台机器上所有入口流量的平均响应时间，达到阈值即触发系统保护。RT 值为大于或等于 0 的数，默认单位是 ms。

(3) 并发线程数：并发线程数是统计单台机器上所有入口流量的平均并发线程数，达到阈值即触发系统保护。并发线程数值为大于或等于 0 的数。

(4) 入口 QPS：入口 QPS 是统计单台机器上所有入口流量的平均 QPS，达到阈值即触发系统保护。入口 QPS 值为大于或等于 0 的数。

(5) CPU 使用率：CPU 使用率是统计单台机器上平均 CPU 的使用率，超过阈值即触发系统保护。CPU 使用率值为 0~1 的小数。

如果要对当前节点设置系统规则，只需在新增系统规则页面选择阈值类型，然后设置阈值即可。例如，选择阈值类型为 CPU 使用率，设置阈值为 0.1，如图 5-45 所示。这样当机器的 CPU 使用率大于 10% 时，访问该机器节点上任意服务资源都是被系统保护的。

其他系统规则的配置步骤非常简单，这里不再详细介绍了，有兴趣的读者可自行设置规则验证。

图 5-45　设置系统规则

5.3　Sentinel 自定义异常处理

在 5.2 节中，当服务资源内部运行异常时，页面直接抛出默认的 Whitelabel Error Page 异常；当触发服务资源限流时，页面直接抛出 Sentinel 默认的限流异常信息 Blocked by Sentinel (flow limiting)。这些做法在实际开发中是不合适的。实际开发中一般会根据自己的需求自定义对应的异常处理逻辑,不同的异常采用不同的方法去处理,这就需要用到 @SentinelResource 注解。在前面的内容中,已经介绍了 @SentinelResource 注解可以通过设置 value 属性将非控制器方法标记为一个资源,实施限流措施。除此之外,@SentinelResource 注解还提供了一些其他属性支持用户自定义异常处理逻辑。本节将详细介绍用 Sentinel 实现自定义异常处理。

5.3.1 初识 @SentinelResource 注解

@SentinelResource 注解是 Sentinel 组件中最重要的注解之一,可用于定义资源和配置自定义限流处理逻辑。注解内部除了 value 属性外,还提供了多个其他常用属性。下面详细介绍 @SentinelResource 注解中的常用属性及使用规则。

1. value 属性

value 属性为必选属性,用于指定一个非控制器方法为限流资源,并设置资源名称。

2. entryType 属性

entryType 属性为可选属性,用于指定该资源为入口资源还是出口资源。entryType 属性值为枚举类型 EntryType.IN 和 EntryType.OUT,默认值为 EntryType.OUT。

3. blockHandler 属性

blockHandler 属性为可选属性,用于定义异常处理方法来处理资源限流抛出的 BlockException 类型异常。BlockException 是一个抽象类,已实现的子类包括流控异常 FlowException、熔断降级异常 DegradeException、热点异常 ParamFlowException 和授权异常 AuthorityException 等。使用 blockHandler 属性需注意以下规则。

(1) blockHandler 属性指定的异常处理方法必须是 public() 方法,且方法返回类型与原资源方法相同。

(2) blockHandler 属性指定的异常处理方法参数类型需要和原方法相同,且在最后必须添加一个类型为 BlockException 的参数,用于接收限流异常。

(3) blockHandler 属性指定的异常处理方法可与当前资源定义在同一个类中,也可定义在专门的限流异常处理类中。如定义在专门的限流异常处理类,需结合 blockHandlerClass 属性指定异常处理类名,异常处理方法必须为静态方法。

4. blockHandlerClass 属性

blockHandlerClass 属性为可选属性,不能单独使用,一般结合 blockHandler 属性使用。如果 blockHandler 指定的异常处理方法与原资源方法不在同一个类中,则需要使用该属性指定异常处理方法所在的类。

5. fallback 属性

fallback 属性为可选属性,也是用于定义资源访问的异常处理方法。与 blockHandler

属性的区别在于：fallback 属性处理的是资源内部抛出的业务异常，而 blockHandler 处理的是资源限流后的 BlockException 异常。fallback 指定的异常处理方法可以处理所有类型（exceptionsToIgnore 属性排除异常除外）的异常。使用 fallback 属性需注意以下几点事项。

（1）fallback 属性指定的异常处理方法返回值类型必须与原资源返回值类型一致。

（2）fallback 属性指定的异常处理方法参数列表要和原函数一致，可选择添加一个 Throwable 类型的参数用于接收对应的异常。

（3）fallback 属性指定的异常处理方法可与当前资源定义在同一个类中，也可定义在专门的异常处理类中。如定义在专门的异常处理类，需结合 fallbackClass 属性指定异常处理类名，异常处理方法必须为静态方法。

6. fallbackClass 属性

fallbackClass 属性为可选属性，不能单独使用，一般结合 fallback 属性使用。如果 fallback 指定的异常处理方法与原资源方法不在同一个类中，则需要使用该属性指定异常处理方法所在的类。

7. defaultFallback 属性

defaultFallback 属性为可选属性，通常用于公共的 fallback 异常处理逻辑。用法和 fallback 属性类似。使用 defaultFallback 属性需注意以下规则。

（1）defaultFallback 属性指定的异常处理方法返回值类型必须与原函数返回值类型一致。

（2）defaultFallback 属性指定的异常处理方法参数列表为空，可选择添加一个 Throwable 类型的参数用于接收对应的异常。

（3）defaultFallback 属性指定的异常处理方法可与当前资源定义在同一个类中，也可定义在专门的异常处理类中。如定义在专门的异常处理类，需结合 fallbackClass 属性指定异常处理类名，异常处理方法必须为静态方法。

8. exceptionsToIgnore 属性

exceptionsToIgnore 属性为可选属性，用于指定一些异常不进入 fallback 指定的异常处理方法逻辑中而直接抛出。

5.3.2　使用@SentinelResource 注解

在@SentinelResource 注解的属性中，blockHandler、blockHandlerClass、fallback 和 fallbackClass 这几个属性最常用，下面演示这些属性的用法。

在 ServiceWithSentinel 模块的 ControllerTest 类中添加控制器方法 customer()，在 customer() 方法内部人为制造一个除数为 0 的异常。customer() 方法上添加 @SentinelResource 注解并设置 blockHandler 属性和 fallback 属性。blockHandler 属性指定限流异常处理方法为 customerBlockHandler()，fallback 属性指定资源内部异常处理方法为 customerFallBack()。

```
@GetMapping("/customer/{id}")
@SentinelResource(value = "customer",blockHandler = "customerBlockHandler",
        fallback = "customerfallback")
public String customer(@PathVariable("id") int id){
    int i=1/0;
    return "访问 customer 服务";
}
public String customerBlockHandler(int id,BlockException ex){
    return "限流访问 customer 资源,限流异常类型为 " + ex.getClass().getSimpleName();
}
public String customerFallBack(int id,Throwable throwable){
    return "customer 资源异常: "+throwable.getMessage();
}
```

启动 ServiceWithSentinel 应用程序,在浏览器中输入地址 http://localhost:8001/customer/1 访问 customer 资源。页面会显示异常信息"customer 资源异常: / by zero"。因为 customerFallBack()方法捕获处理了 customer 接口内部业务异常。

然后在 Sentinel 控制台中对 customer 资源配置一条流控规则,设置 QPS 流控阈值为 1,在浏览器中快速访问 customer 资源,页面会显示限流异常信息"限流访问 customer 资源,限流异常类型为 FlowException"。因为 customerBlockHandler()方法捕获处理了 customer 资源的限流异常。

如果不想在控制器类中编写异常处理方法,可以分别使用 blockHandlerClass、和 fallbackClass 指定具体异常处理类,在类中添加异常处理方法。例如,这里把 customer()方法上的 @SentinelResource 注解内容修改如下,指定 blockHandlerClass 属性为 CustomerBlockHandler 类,指定 fallbackClass 属性为 CustomerFallBack 类,并设置 blockHandler 属性和 fallback 属性相应的异常处理方法。

```
@GetMapping("/customer/{id}")
@SentinelResource(value = "customer",blockHandlerClass = CustomerBlockHandler.class,
        blockHandler = "handlerMethod",fallbackClass = CustomerFallBack.class,
        fallback = "fallBackMethod")
public String customer(@PathVariable("id") int id){
    int i=1/0;
    return "访问 customer 服务";
}
```

在 ServiceWithSentinel 模块的 config 目录下新建 CustomerBlockHandler 和 CustomerFallBack 两个异常处理类,内部添加相应的静态异常处理方法。

【CustomerBlockHandler. java】

```
package servicewithsentinel.config;
import com.alibaba.csp.sentinel.slots.block.BlockException;
import org.springframework.stereotype.Component;
@Component
public class CustomerBlockHandler {
    public static String handlerMethod(int id,BlockException ex){
        return "限流 customer 资源,限流异常类型为 " + ex.getClass().getSimpleName();
```

```
    }
}
```

【CustomerFallBack.java】

```
package servicewithsentinel.config;
import org.springframework.stereotype.Component;
@Component
public class CustomerFallBack {
    public static String fallBackMethod(int id,Throwable throwable){
        return "customer 资源异常："+throwable.getMessage();
    }
}
```

启动 ServiceWithSentinel 应用程序，测试效果和之前一样，自定义的异常处理方法都正常执行了。

实际使用中，一般定义一个 CustomerBlockHandler 类，内部放置各接口的限流异常处理方法。同时定义一个 CustomerFallBack 类，内部放置各接口的内部业务异常处理方法，实现限流异常和业务异常的分开处理。

5.3.3 Sentinel 统一处理限流异常

有时为了方便，不想对每个控制器方法都单独使用@SentinelResource 的 blockHandler 属性配置限流异常处理方法，这时就可以使用一个全局异常处理类来统一处理所有控制器方法的限流异常。

全局的异常处理类必须继承 BlockExceptionHandler 接口，并覆写内部的 handle()方法实现限流异常处理逻辑。这里在 ServiceWithSentinel 模块的 config 目录下新建全局异常处理类 GlobalBlockExceptionHandler，内部编写限流异常处理逻辑，根据限流异常的类型向页面返回不同的提示信息。

【GlobalBlockExceptionHandler.java】

```
package servicewithsentinel.config;
import com.alibaba.csp.sentinel.adapter.spring.webmvc.callback.BlockExceptionHandler;
import com.alibaba.csp.sentinel.slots.block.BlockException;
import com.alibaba.csp.sentinel.slots.block.authority.AuthorityException;
import com.alibaba.csp.sentinel.slots.block.degrade.DegradeException;
import com.alibaba.csp.sentinel.slots.block.flow.FlowException;
import com.alibaba.csp.sentinel.slots.block.flow.param.ParamFlowException;
import jakarta.servlet.http.HttpServletRequest;
import jakarta.servlet.http.HttpServletResponse;
import org.springframework.stereotype.Component;
@Component
public class GlobalBlockExceptionHandler implements BlockExceptionHandler {
    @Override
    public void handle(HttpServletRequest httpServletRequest,
```

```
                                HttpServletResponse httpServletResponse,
                                BlockException ex) throws Exception {
        String msg= "";
        if (ex instanceof FlowException) {
            msg= "服务流控限流";
        } else if (ex instanceof DegradeException) {
            msg= "服务熔断降级";
        } else if (ex instanceof ParamFlowException) {
            msg= "服务热点限流";
        } else if (ex instanceof AuthorityException) {
            msg= "服务授权限流";
        }
        httpServletResponse.setStatus(500);
        httpServletResponse.setCharacterEncoding("utf-8");
        httpServletResponse.setContentType("application/json;charset=utf-8");
        httpServletResponse.getWriter().write(msg);
    }
}
```

在 ControllerTest 类中添加一个控制器方法 globalCustomer()，方法上不使用 @SentinelResource 注解修饰。

```
@GetMapping("/globalCustomer/{id}")
public String globalCustomer(@PathVariable("id") int id){
    return "访问 globalCustomer 服务";
}
```

启动 ServiceWithSentinel 应用程序，在 Sentinel 控制台页面对名为"/globalCustomer/{id}"的资源配置一条流控规则，设置 QPS 阈值为 1。在浏览器中输入地址 http://localhost:8001/globalcustomer/1，快速访问几次，触发 QPS 流控机制，页面显示"服务流控限流"。对名为"/globalCustomer/{id}"的资源配置一条熔断规则，设置"异常数"阈值为 1，"熔断时长"为 10s，"最小请求数"为 5，统计时长为 1000ms，如图 5-46 所示。

图 5-46　设置"/globalCustomer/{id}"资源的熔断规则

1s内在浏览器快速访问globalCustomer()方法5次以上,触发熔断机制,页面显示"服务熔断降级"。

5.4 服务远程通信整合Sentinel

前面的内容都是基于服务本地调用来介绍Sentinel的各种规则。在微服务系统中,服务远程通信场景更为普遍。本节将把Sentinel的应用场景从服务本地调用延伸到服务远程通信,介绍如何基于主流微服务远程通信框架RestTemplate和OpenFeign来整合Sentinel实现流量控制。

5.4.1 RestTemplate整合Sentinel

RestTemplate是远程服务通信时的常用工具,Sentinel支持对RestTemplate远程服务通信提供保护。只需在创建RestTemplate Bean对象的方法上添加@SentinelRestTemplate注解,即可整合RestTemplate和Sentinel。在服用调用过程中如果触发限流或熔断,会显示默认的异常信息RestTemplate request block by sentinel。

下面介绍RestTemplate整合Sentinel的实现过程。这里在SpringCloudDemo5项目中新建一个RSCWithSentinel模块作为服务调用者,远程调用ServiceProduct模块的接口进行RestTemplate远程服务通信。在RSCWithSentinel模块的pom.xml文件中引入Nacos服务发现启动器、Web启动器、LoadBalancer启动器和sentinel启动器依赖。

```xml
<dependency>
    <groupId>com.alibaba.cloud</groupId>
    <artifactId>spring-cloud-starter-alibaba-nacos-discovery</artifactId>
</dependency>
<dependency>
    <groupId>org.springframework.boot</groupId>
    <artifactId>spring-boot-starter-web</artifactId>
</dependency>
<dependency>
    <groupId>org.springframework.cloud</groupId>
    <artifactId>spring-cloud-starter-loadbalancer</artifactId>
</dependency>
<dependency>
    <groupId>com.alibaba.cloud</groupId>
    <artifactId>spring-cloud-starter-alibaba-sentinel</artifactId>
</dependency>
```

RSCWithSentinel模块的application.yaml文件配置如下。

【application.yaml】

```yaml
#向Nacos注册服务端口号8002
server:
```

```yaml
    port:8002
spring:
  application:
    #向 Nacos 注册的服务名。服务名不能包含下划线，否则找不到服务
    name: remote-service-call
  cloud:
    nacos:
      discovery:
        # nacos 服务端地址，默认端口为 8848
        server-addr: localhost:8848
    sentinel:
      transport:
        dashboard: localhost:8010 #设置 sentinel 控制台地址
      web-context-unify: false
```

在 RSCWithSentinel 模块的 src/mian/java 目录下新建 rscwithsentinel 目录，在 rscwithsentinel 目录下新建启动类 RSCWithSentinelApplication。

【RSCWithSentinelApplication.java】

```java
package rscwithsentinel;
import org.springframework.boot.SpringApplication;
import org.springframework.boot.autoconfigure.SpringBootApplication;
@SpringBootApplication
public class RSCWithSentinelApplication {
    public static void main(String[] args){
        SpringApplication.run(RSCWithSentinelApplication.class,args);
    }
}
```

在 rscwithsentinel 目录下新建 config 目录，在 config 目录下新建 RestTemplate 配置类 RestTemplateConfig。在配置类中创建 RestTemplate Bean 对象，并添加@SentinelRestTemplate 注解。

【RestTemplateConfig.java】

```java
package rscwithsentinel.config;
import com.alibaba.cloud.sentinel.annotation.SentinelRestTemplate;
import org.springframework.boot.web.client.RestTemplateBuilder;
import org.springframework.cloud.client.loadbalancer.LoadBalanced;
import org.springframework.context.annotation.Bean;
import org.springframework.context.annotation.Configuration;
import org.springframework.web.client.RestTemplate;
@Configuration
public class RestTemplateConfig {
    @Bean
    public RestTemplateBuilder restTemplateBuilder(){
        return new RestTemplateBuilder();
    }
    @Bean
```

```java
    @LoadBalanced //客户端负载均衡
    @SentinelRestTemplate
    public RestTemplate restTemplate(RestTemplateBuilder restTemplateBuilder){
        RestTemplate restTemplate=restTemplateBuilder.build();
        return restTemplate;
    }
}
```

在 rscwithsentinel 目录下新建 controller 目录,在 controller 目录下新建 RestTemplateController 类,在 RestTemplateController 类内部添加 restSentinel()方法来远程调用 ServiceProduct 模块的 servicePro 接口。

【RestTemplateController.java】

```java
package rscwithsentinel.controller;
import org.springframework.beans.factory.annotation.Autowired;
import org.springframework.web.bind.annotation.GetMapping;
import org.springframework.web.bind.annotation.PathVariable;
import org.springframework.web.bind.annotation.RestController;
import org.springframework.web.client.RestTemplate;
@RestController
public class RestTemplateController {
    //注入 RestTemplate 对象
    @Autowired
    private RestTemplate restTemplate;
    @GetMapping("/restSentinel/{id}")
    public String restSentinel(@PathVariable Integer id){
        String res= restTemplate.getForObject(
                "http://service-pro/servicePro/{1}",String.class,id);
        return res;
    }
}
```

启动 Nacos 服务端和 Sentinel 控制台,然后分别启动 ServiceProduct 和 RSCWithSentinel 应用程序,在 Sentinel 控制台中设置"/restSentinel/{id}"接口远程调用 ServiceProduct 模块中的 GET:http://service-pro/servicePro/1 接口的 QPS 限流阈值为 1,然后在浏览器中输入地址 http://localhost:8002/restSentinel/1,多次刷新页面。QPS 限流生效后,页面显示默认的 RestTemplate 远程调用限流异常信息为 RestTemplate request block by sentinel。

同样在服务远程通信过程中,如果服务提供者 servicePro 接口产生内部异常,异常信息会传播给服务调用者,此时,可以通过对 GET:http://service-pro/servicePro/1 接口设置熔断阈值来阻断异常传播。触发熔断机制后,服务调用者页面也会显示异常信息为 RestTemplate request block by sentinel。

如果不想使用 Sentinel 默认的异常处理逻辑,需要自定义异常处理逻辑。@SentinelRestTemplate 注解内部提供了 blockHandler、blockHandlerClass、fallback 和 fallbackClass 四个常用属性的给用户使用。这些属性都是可选属性,使用时需遵守以下规则。

（1）@SentinelRestTemplate 注解将自定义异常处理分为限流异常处理和熔断异常处理。其中，blockHandler 属性用于指定限流异常处理方法，fallback 属性用于熔断异常处理方法。

（2）blockHandler 和 blockHandlerClass 必须配对使用，fallback 和 fallbackClass 必须配对使用。blockHandler 或 fallback 属性指定的方法必须是 blockHandlerClass 或 fallbackClass 属性指定类中的静态方法。

（3）blockHandler 和 fallback 属性指定的异常处理方法输入参数，为在 ClientHttpRequestInterceptor 接口类中 intercept()方法的输入参数基础上再添加一个 BlockException 参数，用于捕获限流异常。异常处理方法的输出为 intercept()方法的返回值 ClientHttpResponse 对象。

下面演示如何配置 @SentinelRestTemplate 注解的自定义异常处理逻辑。这里对 RestTemplateConfig 配置类中的 restTemplate()方法添加 @SentinelRestTemplate 注解，内部设置限流异常处理类为 RestHandler，异常处理方法采用 restHandler()方法。熔断异常处理类为 RestExceptionHandler，异常处理方法为 restexceptionhandler()方法。

```
@Bean
@LoadBalanced //客户端负载均衡
@SentinelRestTemplate(
    blockHandler = "resthandler",blockHandlerClass =RestHandler.class,fallback =
"restExceptionHandler",fallbackClass = RestExceptionHandler.class)
public RestTemplate restTemplate(RestTemplateBuilder restTemplateBuilder){
    RestTemplate restTemplate=restTemplateBuilder.build();
    return restTemplate;
}
```

在 config 目录下新建 RestHandler 类和 RestExceptionHandler 类，内部添加对应的异常处理方法。

【RestHandler.java】

```
package rscwithsentinel.config;
import com.alibaba.cloud.sentinel.rest.SentinelClientHttpResponse;
import com.alibaba.csp.sentinel.slots.block.BlockException;
import com.alibaba.fastjson.JSON;
import org.springframework.http.HttpRequest;
import org.springframework.http.client.ClientHttpRequestExecution;
import org.springframework.http.client.ClientHttpResponse;
import org.springframework.stereotype.Component;
@Component
public class RestHandler {
    public static ClientHttpResponse restHandler(
            HttpRequest request,
            byte[] body,
            ClientHttpRequestExecution execution,
            BlockException be){
```

```
            String res= "服务限流了";
            return new SentinelClientHttpResponse(JSON.toJSONString(res));
        }
    }
```

【RestExceptionHandler.java】

```
package rscwithsentinel.config;
import com.alibaba.cloud.sentinel.rest.SentinelClientHttpResponse;
import com.alibaba.csp.sentinel.slots.block.BlockException;
import com.alibaba.fastjson.JSON;
import org.springframework.http.HttpRequest;
import org.springframework.http.client.ClientHttpRequestExecution;
import org.springframework.http.client.ClientHttpResponse;
import org.springframework.stereotype.Component;
@Component
public class RestExceptionHandler {
    public static ClientHttpResponse restExceptionHandler(
            HttpRequest request,
            byte[] body,
            ClientHttpRequestExecution execution,
            BlockException be){
        String res= "服务熔断了";
        return new SentinelClientHttpResponse(JSON.toJSONString(res));
    }
}
```

启动 Nacos 服务端和 Sentinel 控制台,然后分别启动 ServiceProduct 和 RSCWithSentinel 应用程序,在 Sentinel 控制台中设置/restSentinel/{id}接口远程调用 ServiceProduct 模块中的 GET:http://service-pro/servicePro/1 接口的 QPS 限流阈值为 1,然后在浏览器中输入地址 http://localhost:8002/restSentinel/1,多次刷新页面。QPS 限流生效后,页面显示自定义的限流异常信息"服务限流了"。

然后对服务提供者 servicePro 接口做修改,在内部添加"int i=1/0;"的异常代码。在 Sentinel 控制台中设置熔断规则,"异常数"为 1,"熔断时长"为 10s,"最小请求数"为 3。触发熔断后,服务调用者页面显示自定义的熔断异常信息"服务熔断了"。

5.4.2 OpenFeign 整合 Sentinel

OpenFeign 是远程服务通信时的常用工具,Sentinel 支持对 OpenFeign 远程服务通信提供保护,只需在 OpenFeign 进行远程服务通信时,在项目的配置文件 application.yaml 中配置开启 feign 的 Sentinel 支持即可。在服用调用过程中,只要服务被限流或服务调用者本身产生异常,就会显示默认的异常信息 Whitelabel Error Page。

下面介绍 OpenFeign 整合 Sentinel 的实现过程。这里在 RSCWithSentinel 模块的 pom.xml 文件中引入 openfeign 依赖。同时在 RSCWithSentinelApplication 启动类上添加 @EnableFeignClients 注解。

```xml
<dependency>
    <groupId>org.springframework.cloud</groupId>
    <artifactId>spring-cloud-starter-openfeign</artifactId>
</dependency>
```

在 RSCWithSentinel 模块的 application.yaml 中添加如下配置，开启 feign 的 Sentinel 支持。

```yaml
feign:
  sentinel:
    enabled: true
```

在 RSCWithSentinel 模块的 rscwithsentinel 目录下创建 service 目录，在 service 目录下创建 RscFeignService 远程服务通信接口类，内部添加远程服务通信方法 rsc1()。

【RscFeignService.java】

```java
package rscwithsentinel.service;
import org.springframework.cloud.openfeign.FeignClient;
import org.springframework.web.bind.annotation.GetMapping;
import org.springframework.web.bind.annotation.PathVariable;
@FeignClient(value = "service-pro")
public interface RscFeignService {
    //远程调用服务访问路径为 servicePro 的资源
    @GetMapping("/servicePro/{id}")
    String rsc1(@PathVariable("id") Integer id);
}
```

在 controller 目录下新建 OpenFeignController 类，在 OpenFeignController 类内部添加 feignSentinel() 方法，远程调用 ServiceProduct 模块的 servicePro 接口。

【OpenFeignController.java】

```java
package rscwithsentinel.controller;
import org.springframework.beans.factory.annotation.Autowired;
import org.springframework.web.bind.annotation.GetMapping;
import org.springframework.web.bind.annotation.PathVariable;
import org.springframework.web.bind.annotation.RestController;
import rscwithsentinel.service.RscFeignService;
@RestController
public class OpenFeignController {
    @Autowired
    private RscFeignService rscFeignService;
    @GetMapping("/feignSentinel/{id}")
    public String feignSentinel(@PathVariable Integer id){
        String res= rscFeignService.rsc1(id);
        return res;
    }
}
```

启动 Nacos 服务端和 Sentinel 控制台,然后分别启动 ServiceProduct 和 RSCWithSentinel 应用程序,在 Sentinel 控制台中设置"/restSentinel/{id}"接口,远程调用 ServiceProduct 模块中的 GET:http://service-pro/servicePro/1 接口的 QPS 限流阈值为 1。然后在浏览器中输入地址 http://localhost:8002/feignSentinel/1,并多次刷新页面。QPS 限流生效后,页面显示默认的异常信息 Whitelabel Error Page。如果在服务远程通信过程中 servicePro 服务本身产生异常,不需要设置任何限流措施,页面直接显示 Whitelabel Error Page。

如果不想使用 Sentinel 默认的异常处理逻辑,需要自定义异常处理逻辑。@FeignClient 注解内部提供了 fallback 属性。fallback 属性用于指定 Sentinel 自定义异常处理类,该异常处理类必须继承@FeignClient 注解修饰的远程服务通信接口,并覆写远程服务通信接口类中的方法。假设远程服务通信方法 A 发生限流或熔断,就执行异常处理类中方法名为 A 的异常处理方法。

下面演示如何使用@FeignClient 注解的 fallback 属性实现自定义异常处理。这里对远程服务通信接口类 RscFeignService 上的@FeignClient 注解添加 fallback 属性,指定 RscFeignServiceFallBack 为自定义异常处理类。

```java
@FeignClient(value = "service-pro", fallback =RscFeignServiceFallBack.class)
public interface RscFeignService {
    //远程调用服务访问路径为 servicePro 的资源
    @GetMapping("/servicePro/{id}")
    String rsc1(@PathVariable("id") Integer id);
}
```

在 service 目录下新建 RscFeignServiceFallBack 类,并继承 RscFeignService 接口。RscFeignServiceFallBack 类内部定义覆写方法 rsc1()来处理异常。

【RscFeignServiceFallBack.java】

```java
package rscwithsentinel.service;
import org.springframework.stereotype.Component;
@Component
public class RscFeignServiceFallBack implements RscFeignService {
    @Override
    public String rsc1(Integer id) {
        return "服务被降级";
    }
}
```

启动 Nacos 服务端和 Sentinel 控制台,然后分别启动 ServiceProduct 和 RSCWithSentinel 应用程序,在 Sentinel 控制台中设置 "/feignSentinel/{id}" 接口下级的 GET:http://service-pro/servicePro/{id} 接口的 QPS 限流阈值为 1(注意此处不能直接设置 "/feignSentinel/{id}" 接口的 QPS 限流阈值为 1 接口,否则 RscFeignServiceFallBack 类中自定义服务降级处理逻辑不生效,降级发生时页面不会显示服务被降级)。然后在浏览器中输入地址 http://localhost:8002/feignSentinel/1,多次刷新页面。QPS 限流生效后,页面显示自定义的异常信息"服务被降级"。

5.5 综合案例：基于 Nacos 持久化存储 Sentinel 流控规则

在前面的内容中，读者已经学习了如何在 Sentinel 控制台中对服务资源设置各种规则。但是这样设置的规则默认是保存在内存中的，服务一旦重启，该服务资源已设置的规则都会被刷新掉，这样每重启一次服务，就要重新对服务配置一次规则，这在生产环境中明显是不适用的。应该通过一种介质将 Sentinel 的流控规则进行持久化保存，在服务重启、升级时，能够自动推送之前保存的规则，而注册中心 Nacos 就能满足这个需求。Nacos 是 Alibaba 框架的注册中心，拥有服务注册和服务配置的双重功能。可以将 Sentinel 的流控规则以配置文件形式持久化地保存在 Naocs 配置中心中，即使服务下线了，已配置的流控规则也不受影响。在生产环境中大多使用此方式持久化保存 Sentinel 规则。

5.5.1 案例任务

任务内容：在 5.4 节的基础上对 RSCWithSentinel 模块引入 Nacos 配置管理依赖，对 OpenFeign 远程调用 ServiceProduct 模块的 servicePro 接口设置一条流控规则，使用 Nacos 控制台配置进行持久化存储。流控规则设置 QPS 阈值为 1，其他属性取默认值。综合应用 Nacos、RestTemplate/OpenFeign 和 Sentinel 组件实现对资源访问的持久化限流配置。

5.5.2 任务分析

此任务结合了 Nacos 配置管理功能，需要先在 Nacos 控制台页面新建一个 JSON 格式的 Sentinel 流控配置文件，然后在 Sentinel 流控配置文件中手动添加流控规则配置项，最后在 RSCWithSentinel 模块的 application.yaml 配置文件中配置使用。

实施任务之前需要先了解 Sentinel 控制台页面中流控规则属性与 Naocs 中规则配置项的对应关系及说明，如表 5-2 所示。

表 5-2 Sentinel 控制台页面中流控规则属性和 Naocs 中规则配置项的对应关系及说明

流控规则属性	Naocs 中规则配置项	说 明
资源名	resource	流控规则的作用对象
单机阈值	count	QPS 和并发线程数两种类型下的单机阈值
限流阈值类型	grade	有 0 和 1 两种值。1 表示 QPS，0 表示并发线程数
针对来源	limitApp	默认值为 default
流控模式	strategy	有 0、1、2 三种取值。0 表示直接拒绝（默认值），1 表示关联，2 表示链路
关联资源/入口资源	refResource	流控关联模式下为关联资源，链路模式下为入口资源
流控效果	controlBehavior	有 0、1、2 三种取值。0 表示快速失败（默认值），1 表示 Warm Up，2 表示排队等待

续表

流控规则属性	Naocs 中规则配置项	说　明
Warm Up 模式下预热时长	warmUpPeriodSec	单位为 s
排队等待模式下超时时间	maxQueueingTimeMs	单位为 ms
是否集群	clusterMode	值为 true 和 false，默认为 false，表示不开启集群限流

5.5.3　任务实施

在 RSCWithSentinel 模块的 pom.xml 文件中导入如下 sentinel-datasource-nacos 依赖。

```xml
<dependency>
    <groupId>com.alibaba.csp</groupId>
    <artifactId>sentinel-datasource-nacos</artifactId>
</dependency>
```

在 Nacos 控制台页面新建一个 JSON 配置文件 remote-service-call-flow，用来持久化存储 Sentinel 规则。在 remote-service-call-flow 配置文件中添加以下内容：设置一个 QPS 流控，指定资源 resource 为 GET：http://service-pro/servicePro/{id}，限流阈值类型 grade 为 1，单机阈值 count 为 2，流控模式 strategy 为 0（直接拒绝），流控效果 controlBehavior 为 0，如图 5-47 所示。

图 5-47　在 Naocs 控制台页面设置流控规则

在 RSCWithSentinel 模块的 application.yaml 配置文件中新增如下配置，指定 Sentinel 加载的数据源文件为 remote-service-call-flow 配置文件，并指定规则类型为流控规则。

```yaml
#向 Nacos 注册服务端口号 8002
server:
  port: 8002
spring:
  application:
    #向 Nacos 注册的服务名。服务名不能包含下划线，否则找不到服务
    name: remote-service-call
  cloud:
    nacos:
      discovery:
        # nacos 服务端地址，默认端口为 8848
        server-addr: localhost:8848
    sentinel:
      transport:
        dashboard: localhost:8010 #设置 sentinel 控制台地址
      web-context-unify: false
      datasource:
        flow-ds: #自定义的数据源名字，如配置多个规则，可定义多个数据源
          nacos:
            server-addr: localhost:8848 #Nacos 地址
            dataId: ${spring.application.name}-flow #Nacos 上的流控规则配置文件名
            groupId: DEFAULT_GROUP
            data-type: json
            rule-type: flow #指定规则类型为流控规则
feign:
  sentinel:
    enabled: true
```

其中，rule-type 的配置项用于指定规则类型。flow 表示流控规则，degrade 表示熔断规则，param-flow 表示热点规则，authority 表示授权规则，system 表示系统规则。

启动 RSCWithSentinel 应用程序和 Sentinel 控制台，不需要在控制台配置任何流控规则。浏览器访问一次 http://localhost:8002/feignSentinel/1 接口，RSCWithSentinel 应用程序会自动读取 Nacos 上 remote-service-call-flow 配置文件的配置流控规则并推送给 Sentinel 控制台，Sentinel 控制台就能看到在 Nacos 中配置的流控规则了，如图 5-48 所示。

图 5-48 Sentinel 控制台自动加载 Nacos 中配置的流控规则

可以手动刷新页面进行测试，如果触发 QPS 限流，页面会显示"服务被降级"。如果需要修改限流配置，目前只支持在 Nacos 中修改，新的配置会实时由 RSCWithSentinel 应用程序推送到 Sentinel 控制台页面，如果在 Sentinel 控制台中修改，新的配置不会实时推送给 Nacos。

5.6 小　　结

本章重点介绍了如何在 Spring Cloud Alibaba 框架中使用 Sentinel 组件进行流量控制。首先介绍了 Sentinel 的相关理论知识，包括 Sentinel 的概念、产生的原因、对比上一代流量控制组件 Hystrix 的优势。然后介绍了 Sentinel 控制台和客户端的安装和基本使用，包括如何在 Sentinel 控制台设置流控规则、熔断规则、热点规则、系统规则、授权规则对本地服务调用，以及@SentinelResource 注解的使用方法。随后介绍了 Sentinel 的一些高级用法，包括 Sentinel 自定义异常处理以及如何在服务远程通信框架 RestTemplate 和 OpenFeign 中整合并使用 Sentinel。最后通过一个综合案例演示生产环境中如何使用 Nacos 配置中心功能，实现 Sentinel 规则的持久化配置。本章的学习可以使读者在服务远程通信时综合运用 Nacos、RestTemplate/OpenFeign 和 Sentinel 组件实现资源访问的持久化限流配置。

5.7　课后练习：基于 Nacos 持久化存储 Sentinel 熔断规则

在 ServiceProduct 模块中添加一个异常接口方法，接口内部抛出除数为 0 的异常。在 RSCWithSentinel 模块中添加一个接口方法，方法内部远程调用 ServiceProduct 模块的异常接口。在 Nacos 控制台新建一个配置文件，在配置文件中对远程调用 ServiceProduct 模块异常接口添加一个熔断规则。熔断规则设置熔断策略为异常数，"异常数"为 1，"熔断时长"为 10s，"最小请求数"为 3，"统计时长"为 1000ms。配置完毕，规则持久化存储，Sentinel 控制台能够显示该熔断规则。Sentinel 控制台页面中熔断规则属性与 Naocs 中规则配置项的对应关系及说明如表 5-3 所示。

表 5-3　Sentinel 控制台页面中熔断规则属性和 Naocs 中规则配置项的对应关系及说明

熔断规则属性	Naocs 中规则配置项	说　　明
资源名	resource	熔断规则的作用对象
单机阈值	count	QPS 和并发线程数两种类型的共用字段。对应于单机阈值
熔断策略	grade	有 0、1、2 三种取值。0 表示慢比例（默认值），1 表示异常比例，2 表示异常数
最小请求数	minRequestAmount	默认值为 5
慢比例阈值	slowRatioThreshold	仅慢比例策略有效，值为[0,1]之间
最大 RT/比例阈值/异常数	count	慢调用比例模式下为最大 RT，异常比例模式下为比例阈值，异常数模式下为异常数
熔断时长	timeWindow	单位为 s
统计时长	statIntervalMs	单位为 ms，默认值为 1000ms

第 6 章　Spring Cloud Alibaba 之服务网关

在前面的章节中,介绍了如何使用 RestTemplate 或 OpenFeign 组件完成服务远程通信。在服务远程通信过程中,需要将各服务的服务名作为访问地址,分散地编写在各客户端代码中,这种方式在生产环境中是很难维护的。一旦服务名发生变化,所有调用该服务的客户端代码都需要进行修改,工作量会很大。同时直接暴露服务地址给客户端调用也是不安全的,服务容易受到攻击。如果各个服务的访问还涉及一些认证、鉴权、日志等通用功能,客户端代码会变得更复杂。为了解决上述问题,需要一种工具将所有分散在客户端代码中的地址统一管理起来,为客户端访问服务提供一个统一入口,隐藏各服务的真实地址,在工具内部再实现各服务的路由中转。甚至一些与业务本身功能无关的通用功能认证、鉴权、日志等,将其也抽象出来,做成一个统一的模块。这个工具就是服务网关。本项目将介绍 Spring Cloud Alibaba 框架中的服务网关组件 Gateway 的基本概念和使用方法。

6.1　初识 Gateway

服务网关是微服务系统运行时不可缺少的组件,用于向客户端访问服务应用提供统一的接入方式和一些公共的通用功能。Spring Cloud Gateway 是 Spring Cloud 框架中的一款开源、高性能的 API 服务网关组件。Gateway 提供了灵活的路由策略和过滤器功能,可帮助开发人员方便快捷地实现微服务应用程序的 API 网关功能。本任务将主要介绍 Gateway 的概念、工作原理和基本使用方法,使读者对 Gateway 有一个初步的了解。

6.1.1　Gateway 简介

Gateway 是 Spring 官方基于 Spring WebFlux、Netty 和 Reactor 等技术开发的一款 API 服务网关,旨在为微服务架构提供一种简单、有效、统一的 API 路由管理方式,同时基于过滤器链的方式提供了如安全、日志、限流等网关基本的功能。Spring Cloud Alibaba 使用 Gateway 替代了传统的服务网关组件 Zuul。Gateway 基于 Spring-WebFlux 框架实现,底层使用了高性能的通信框架 Netty,实现了异步非阻塞的响应式请求处理模式,组件整体性能比 Zuul 更优秀。

在 Gateway 中路由是构建网关的基础元素,一条路由包含路由 ID、目标 URI、断言(predicate)、顺序优先级(order)和过滤器(filter)五个属性。

1. 路由 ID

路由 ID 是路由的唯一标识，路由可以设置多条，通过路由 ID 进行区分。

2. 目标 URI

目标 URI 是路由转发的地址。

3. 断言（predicate）

断言是路由匹配的规则，可以设置多条断言。断言接受一个输入参数，返回一个布尔类型的结果。如果断言为 true，则匹配该路由。

4. 顺序优先级（order）

顺序优先级是路由匹配顺序，默认值为 0。当两个路由地址相同时，会根据顺序优先级值去匹配，顺序优先级值小的路由先匹配。

5. 过滤器（filter）

过滤器支持拦截请求功能，使开发人员能够在请求前后对请求进行处理。过滤器一般用于实现权限认证、日志等非业务功能。

一条路由至少需要设置路由 ID、目标 URI 和断言才能正常工作。顺序优先级 order 默认为 0，可以不用设置。过滤器可根据实际情况选择设置。

总的来说，Gateway 的主要功能可以归纳为断言匹配和过滤器拦截。当用户发出请求到达 Gateway 时，Gateway 会根据断言去匹配路由，将请求转发到具体路由中去。同时允许开发人员在路由转发前后通过过滤器拦截请求，对请求实现一系列前置和后置处理逻辑。

在 Spring Cloud Alibaba 项目中，Gateway 还可集成其他微服务组件使用。例如，可集成 Nacos 实现服务发现功能，集成 Sentinel 实现流控熔断功能。

Gateway 的工作流程如图 6-1 所示，大体可以归纳为以下 4 个步骤。

（1）Gateway 客户端接收到用户请求后，发送给 Gateway 服务端。

（2）Gateway 服务端通过 Gateway Handler Mapping（Gateway 处理器映射）找到与请求相匹配的路由，将其发送到 Gateway Web Handler(Gateway Web 处理器）。

（3）Gateway Web Handler 通过指定的过滤器对请求进行前置和后置处理，创建代理请求对象。

（4）执行代理请求对象并返回响应。执行过程为：前置过滤器→请求业务逻辑→后置过滤器。

前置过滤器一般用于实现请求参数校验、权限校验等功能；后置过滤器一般用于响应内容、响应头的修改、日志

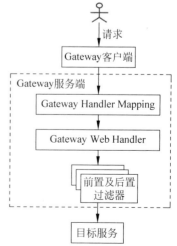

图 6-1 Gateway 的工作流程

输出、流量监控等功能。

Gateway 介绍

6.1.2 Gateway 的基本使用

为了方便,这里直接复制 SpringCloudDemo5 项目,然后对其重命名为 SpringCloudDemo6。在 SpringCloudDemo6 项目中演示 Gateway 的使用方法。

在 SpringCloudDemo6 项目内部新建一个子模块 ServiceWithGateway,在 ServiceWithGateway 模块的 pom.xml 文件中引入 Gateway 依赖。2022.0.0.0-RC2 版本的 Spring Cloud Alibaba 对应的 Gateway 版本为 4.0.0。

注意:这里不要引入 spring-boot-starter-web 依赖,否则会因有依赖包冲突而无法启动应用。

```xml
<dependency>
    <groupId>org.springframework.cloud</groupId>
    <artifactId>spring-cloud-starter-gateway</artifactId>
</dependency>
```

Gateway 的路由配置有两种方式:yaml 配置文件和配置类。其中,yaml 配置文件方式较为灵活,使用较多。后续内容中将以 yaml 配置文件为主介绍 Gateway 的路由配置。

1. yaml 配置文件

此方式在项目的 application.yaml 配置文件中定义路由。下面在 ServiceWithGateway 模块的 application.yaml 文件中添加配置,通过网关进行路由转发并访问 ServiceConsume 模块的 serviceCon1 接口,ServiceConsume 模块的端口号为 8087。在 application.yaml 文件中添加如下代码,配置 ServiceWithGateway 模块的端口号为 9099,服务名为 service-gateway。然后配置一条网关路由 serviceCon1_route。

```yaml
server:
  port: 9099
spring:
  application:
    name: service-gateway
  cloud:
    #Gateway 配置
    gateway:
      routes:
        - id: serviceCon1_route        #一条路由的唯一标识
```

```yaml
        uri: http://localhost:8087        #路由转发的地址
        order: 2                          #路由执行优先级
        #断言规则,请求路径包含/scon/的请求路由转发
        predicates:
          - Path=/scon/**                 #Path 中的 P 要大写
        filters:
          - StripPrefix=1                 #路由转发之前去掉第一层路径/scon
```

上述配置定义了一条 ID 为 serviceCon1_route 的路由,路由转发地址 URI 为 http://localhost:8087,路由执行优先级为 2,断言规则为"/scon/**"。过滤器为 StripPrefix=1。

如果请求路径为 http://localhost:9099/scon/serviceCon1/1,就会将请求转发到 http://localhost:8087/scon/serviceCon1/1 路径。而 serviceCon1 接口的真实访问路径是 http://localhost:8087/serviceCon1/1,因此需要在路由 serviceCon1_route 内部配置一个过滤器 StripPrefix=1,以便去除路径中的第一层前缀"/scon",这样最终的地址被替换成 http://localhost:8087/serviceCon1/1,就能正常访问到 serviceCon1 接口了。

启动 Naocs、ServiceWithGateway、ServiceConsume 和 ServiceProduct 应用程序,在浏览器中输入地址 http://localhost:9099/scon/serviceCon1/1,页面显示"收到的请求参数为 1",表示能够访问 serviceCon1 接口。

下面在 application.yaml 中再增加一条路由 serviceCon1_route1,测试一下 order 属性的效果。serviceCon1_route1 路由的目标路由、断言规则与 serviceCon1_route 路由一样,order 属性值为 1,优先级比 serviceCon1_route 路由高,但是没有配置过滤器。

```yaml
server:
  port:9099
spring:
  application:
    name: service-gateway
  cloud:
    #Gateway 配置
    gateway:
      routes:
        - id: servicecon1_route           #一条路由的唯一标识
          uri: http://localhost:8087      #路由转发的地址
          order: 2                        #路由执行优先级
          #断言规则,请求路径包含/scon/的请求路由转发
          predicates:
            - Path=/scon/**
          filters:
            - StripPrefix=1               #路由转发之前去掉第一层路径/scon
        - id: serviceCon1_route1
          uri: http://localhost:8087
          order: 1                        #路由执行优先级
          predicates:
            - Path=/scon/**
```

重新启动网关模块,再次请求路径 http://localhost:9099/scon/serviceCon1/1,页面就

会出现 Whitelabel Error Page。因为网关地址同时匹配到 serviceCon1_route 和 serviceCon1_route1 两条路由。由于 serviceCon1_route1 路由的 order 值更小，网关地址会通过 serviceCon1_route1 路由转发。但是 serviceCon1_route1 路由没有配置过滤器去除前缀"/scon/"，转发后地址变为 http://localhost:8087/scon/serviceCon1/1，不能正常访问到 serviceCon1 服务。

2. 配置类

此方式须自定义一个路由配置类，在路由配置类中注入 RouteLocatorBuilder 对象，创建一个 RouteLocator Bean 对象，在 RouteLocator Bean 对象内部配置路由属性。下面将上述 servicecon1_route 路由以配置类方式实现。

这里在 ServiceWithGateway 模块的 gateway 目录下创建 config 目录，在 config 目录下新建路由配置类 RouteConfig。在路由配置类 RouteConfig 中输入以下代码，创建 RouteLocator Bean 对象。

【RouteConfig.java】

```java
package gateway.config;
import org.springframework.cloud.gateway.route.RouteLocator;
import org.springframework.cloud.gateway.route.builder.RouteLocatorBuilder;
import org.springframework.context.annotation.Bean;
import org.springframework.context.annotation.Configuration;
@Configuration
public class RouteConfig {
    @Bean
    public RouteLocator customRouteLocator(RouteLocatorBuilder builder) {
        return builder.routes()
            .route("serviceCon1_route",
                r -> r.path("/scon/**")              //设置路由 ID 和断言
                    .filters(f -> f.stripPrefix(1))  //设置去除前缀过滤器
                    .uri("http://localhost:8087"))   //设置目标 URI
            .build();
    }
}
```

重新启动网关模块，再次请求路径 http://localhost:9099/scon/serviceCon1/1，serviceCon1 接口也能被正常访问。

6.1.3 Gateway 整合 Naocs

在 6.1.2 小节内容中，Gateway 是通过 IP 地址和端口号去转发路由，将 localhost:9099 转发成 localhost:8087。如果 ServiceConsume 模块的 IP 地址或端口号发生改变，就需要逐个修改路由，这种做法不利于代码维护。在生产环境中，应该通过 ServiceConsume 模块的服务名 service-con 去转发路由，要实现这个功能，就需要在 Gateway 中整合 Nacos，Nacos 使 Gateway 能够通过服务名找到对应的服务实例 IP 地址和端口号来转发路由。下面演示具体的整合过程。

在 ServiceWithGateway 的 pom.xml 文件中引入 Nacos 服务发现启动器依赖和 loadbalancer 依赖。如果不引入 loadbalancer 依赖，Gateway 无法使用 Nacos 负载均衡策略通过服务名找到服务实例。

```xml
<dependency>
    <groupId>com.alibaba.cloud</groupId>
    <artifactId>spring-cloud-starter-alibaba-nacos-discovery</artifactId>
</dependency>
<dependency>
    <groupId>org.springframework.cloud</groupId>
    <artifactId>spring-cloud-starter-loadbalancer</artifactId>
</dependency>
```

在 ServiceWithGateway 模块的 application.yaml 配置文件添加 Nacos 的地址服务端地址，然后添加一条 ID 为 serviceCon1_route2 的路由。路由目标 URI 为 lb://service-con，断言规则、过滤器和 serviceCon1_route 路由一样，order 值为 0。这样访问地址 http://localhost:9099/scon/serviceCon1/1 时，会被 serviceCon1_route2 路由通过服务名转发。路由目标 URI 中 lb://service-con 表示使用 Naocs 负载均衡策略通过服务名去寻找服务实例。

```yaml
server:
  port: 9099
spring:
  application:
    name: service-gateway
  cloud:
    #Gateway配置
    gateway:
      routes:
        - id: serviceCon1_route          #一条路由的唯一标识
          uri: http://localhost:8087     #路由转发的地址
          order: 2                       #路由执行优先级
          #断言规则,请求路径包含/scon/的请求路由转发
          #例如,访问地址为http://localhost:9099/scon/serviceCon1/1,
          #其中localhost:9099会被替换成localhost:8087
          predicates:
            - Path=/scon/**              #Path 中的 P 要大写
          filters:
            - StripPrefix=1              #路由转发之前去掉第一层路径/scon
        #优先级为1的路由
        - id: serviceCon1_route1
          uri: http://localhost:8087
          order: 1                       #路由执行优先级
          predicates:
            - Path=/scon/**
```

```yaml
    #通过服务名转发路由
    - id: serviceCon1_route2
      #lb 表示使用 Naocs 负载均衡策略通过服务名去寻找服务实例
      uri: lb://service-con
      order: 0           #路由执行优先级为 0
      predicates:
        - Path=/scon/**
      filters:
        - StripPrefix=1
  nacos:
    discovery:
      server-addr: localhost:8848      # nacos 服务端地址
```

重新启动网关模块,再次请求路径 http://localhost:9099/service-con/serviceCon1/1,serviceCon1 接口也能被正常访问。

除此之外,还有一种更简单的配置方式。可在 application.yaml 配置文件中将 Gateway 的 locator 配置项设置为 true,开启 Gateway 自动路由定位功能。Gateway 基于约定大于配置原则,会自动将 Naocs 上注册的服务名作为断言条件去匹配并寻找服务实例,匹配完毕,自动执行过滤器的前缀删除操作,这样就不需要在 application.yaml 配置文件中手动配置任何路由了。开启 locator 配置项后,application.yaml 配置文件如下。

```yaml
server:
  port: 9099
spring:
  application:
    name: service-gateway
  cloud:
    #Gateway 配置
    gateway:
      #开启 Gateway 自动路由定位功能
      discovery:
        locator:
          enabled: true
    nacos:
      discovery:
        server-addr: localhost:8848 #Nacos 服务端地址
```

此时在浏览器中访问 http://localhost:9099/service-con/serviceCon1/1,就能直接访问到 serviceCon1 接口。此方法固然方便,但是这样就不能对 Gateway 进行个性化的配置,限制了 Gateway 的应用场景,因此生产环境中一般不使用。

6.2 Gateway 断言的使用方法

在 6.1 节中使用了请求 URL 作为断言规则去匹配,如果断言为 true,则进行路由转发。实际上,断言还有更多的匹配方式,这些匹配方式已被 Gateway 内置成了很多路由断言工厂。通过这些断言工厂,Gateway 可以创建不同规则的断言来匹配请求。使用时多个断言可以组合使用,所有断言都满足条件才可以匹配请求。本节将详细介绍如何在 application.yaml 配置文件中使用 Gateway 内置断言工厂。

6.2.1 DateTime 类型断言工厂

DateTime 类型断言工厂将请求时间作为断言规则去进行路由匹配,要求请求时间必须是 Java 类中的 ZonedDataTime 类型时间。DateTime 类型断言工厂支持创建 After、Before 和 Between 三种规则的断言。其中,After 表示匹配指定日期时间之后发生的请求,Before 表示匹配指定日期时间之前发生的请求,Between 表示匹配一个时间段区间内的请求。下面介绍 After、Before 和 Between 三种规则的断言配置。

1. After 日期时间断言

After 日期时间断言用于匹配指定日期时间之后发生的请求。这里修改 ServiceWithGateway 模块的 application.yaml 配置文件如下,配置一条 ID 为 dateTimePre 的路由来演示 Afte 日期时间断言的效果。在路由中指定匹配请求时间在上海时间 2024-01-18T00:00:23.503400 之后,且路径中包含 "/dateTimePre/" 的所有请求。如不清楚 ZonedDataTime 类型时间格式,可以使用代码 "System.out.println(ZonedDateTime.now());" 打印出当前时间。

```yaml
server:
  port: 9099
spring:
  application:
    name: service-gateway
  cloud:
    gateway:
      routes:
        - id: dateTimePre
          uri: lb://service-con
          order: 0
          predicates:
            - Path=/dateTimePre/**
            - After=2024-08-02T00:00:23.503400+08:00[Asia/Shanghai]
          filters:
            - StripPrefix=1
    nacos:
      discovery:
        server-addr: localhost:8848 #Nacos 服务端地址
```

启动网关模块,在浏览器中输入地址 http://localhost:9099/dateTimePre/serviceCon1/1,访问 service-con 服务的 serviceCon1 接口。由于当前日期为 2024-08-01,不满足条件,访问被拒绝,如图 6-2 所示。如果将日期时间改为 2024-08-01T00:00:23.503400+08:00[Asia/Shanghai],就能正常访问 serviceCon1 接口。

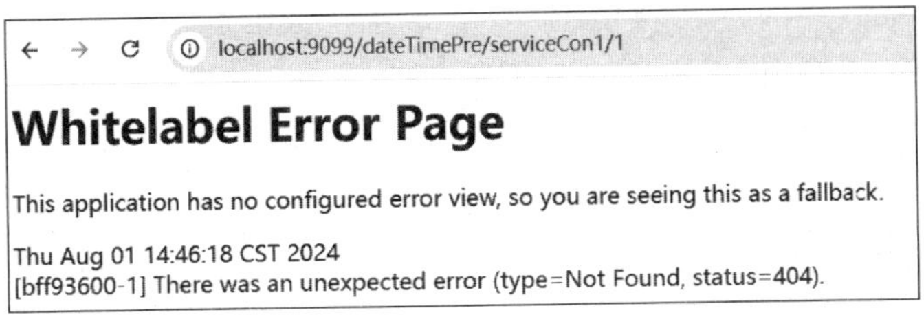

图 6-2 After 日期时间断言执行结果

2. Before 日期时间断言

Before 日期时间断言用于匹配指定日期时间之前发生的请求，使用方法和 After 日期时间断言类似。下面就配置了一个 Before 日期时间断言的路由，用于匹配请求时间在 2024-08-02T00:00:23.503400 之前，且路径中包含"/dateTimePre/"的所有请求。Before 日期时间断言路由的测试方式与 After 日期时间断言类似，读者可以自行测试，这里不再演示。

```yaml
server:
  port: 9099
spring:
  application:
    name: service-gateway
  cloud:
    gateway:
      routes:
        - id: dateTimePre
          uri: lb://service-con
          order: 0
          predicates:
            - Path=/dateTimePre/**
            - Before=2024-08-02T00:00:23.503400+08:00[Asia/Shanghai]
          filters:
            - StripPrefix=1
  nacos:
    discovery:
      server-addr: localhost:8848 #Nacos服务端地址
```

3. Between 日期时间断言

Between 日期时间断言用于匹配指定一段时间内发生的请求，需要指定起始时间和终止时间。下面就配置了一个 Between 日期时间断言的路由，用于匹配起始时间在 2024-08-01T00:00:23 之后，终止时间在 2024-08-02T00:00:23 之前，且路径中包含"/dateTimePre/"的所有请求。Between 日期时间断言路由的测试方式与 After 日期时间断言类似，读者可以自行测试，这里不再演示。

```
      spring:
        port:9099
      spring:
        application:
          name: service-gateway
        cloud:
          gateway:
            routes:
              - id: dateTimePre
                uri: lb://service-con
                order: 0
                predicates:
                  - Path=/dateTimePre/**
                  - Between=2024-08-01T00:00:23+08:00[Asia/Shanghai],2024-08-02T00:00:23+08:00[Asia/Shanghai]
                filters:
                  - StripPrefix=1
        nacos:
          discovery:
            server-addr: localhost:8848 #Nacos服务端地址
```

6.2.2 Cookie 类型断言工厂

Cookie 类型断言工厂是通过特定的 Cookie 属性去匹配的,需要配置两个参数,分别是 Cookie 名称和匹配的正则表达式。如果请求包含该 Cookie 名称且匹配的正则表达式为真,该请求被匹配进行路由转发。下面就配置了一个 Cookie 类型断言的路由,当请求中包含 Cookie,Cookie 名称为 username 且值为任意英文时,请求被匹配。

```
      server:
        port:9099
      spring:
        application:
          name: service-gateway
        cloud:
          gateway:
            routes:
              #Cookie类型断言
              - id: cookie
                uri: lb://service-con
                order: 0
                predicates:
                  - Path=/cookie/**
                  - Cookie=username,[a-z]+
                filters:
                  - StripPrefix=1
```

利用 JMeter 进行测试,创建一个新的测试计划,在测试计划中创建一个线程数为 1 且 Ramp-Up 时间为 1 的线程组。在线程组下添加一个 HTTP 请求,设置服务器名称为 localhost,端口号为 9099,请求方式为 GET,路径为"/cookie/serviceCon1/1"。在 HTTP 请求下添加一个 HTTP Cookie 管理器，配置一个 Cookie，名称为 username，值为 username。对该 HTTP 请求添加查看结果树。执行 HTTP 请求成功了，在 Resquest Body 里面看到了请求发送的 Cookie 信息 username=username，运行结果如图 6-3 所示。

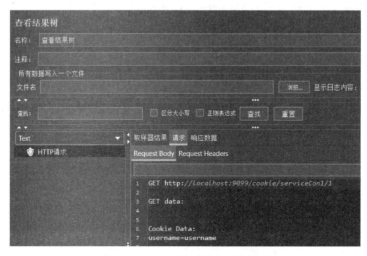

图 6-3　Cookie 类型断言运行结果

6.2.3　Header 类型断言工厂

Header 类型断言工厂是通过特定的请求头属性去匹配的，需要配置两个参数，分别是请求头名称和匹配的正则表达式。如果请求包含该请求头名称且匹配的正则表达式为真，该请求被匹配进行路由转发。如下就配置了一个 Header 类型断言的路由，当请求头中包含 token，且值为任意英文时，请求被匹配。

```
server:
  port:9099
spring:
  application:
    name: service-gateway
  cloud:
    gateway:
      routes:
        #Header 类型断言
        - id: header
          uri: lb://service-con
          order: 0
          predicates:
            - Path=/header/**
            - Header=token,[a-z]+
          filters:
            - StripPrefix=1
```

利用 JMeter 进行测试，创建一个新的测试计划，在测试计划中创建一个线程数为 1 且 Ramp-Up 时间为 1 的线程组。在线程组下添加一个 HTTP 请求，设置服务器名称为

localhost，端口号为 9099，请求方式为 GET，路径为"/header/serviceCon1/1"。对 HTTP 请求添加 HTTP 信息头管理器，设置信息头中存储的数据名为 token，值为 mytoken。对该 HTTP 请求添加查看结果树，执行 HTTP 请求，请求成功了，在 Resquest Headers 里面看到了请求头中带有 token 信息，运行结果如图 6-4 所示。

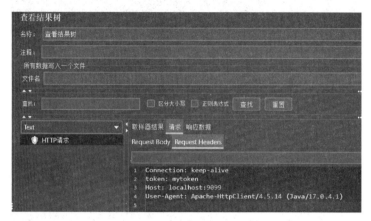

图 6-4　Header 类型断言运行结果

6.2.4　Host 类型断言工厂

Host 类型断言工厂是通过请求头中的 Host 属性主机地址去匹配的，可配置一组主机地址列表，主机地址之间用逗号分隔。如果请求头中的 Host 主机地址在主机地址列表中，该请求被匹配进行路由转发。如下就配置了一个 Host 类型断言的路由，当请求主机地址为 localhost:9099 时，请求被匹配。

```
server:
  port:9099
spring:
  application:
    name: service-gateway
  cloud:
    gateway:
      routes:
        #Host 类型断言
        - id: host
          uri: lb://service-con
          order: 0
          predicates:
            - Path=/host/**
            - Host=localhost:9099
          filters:
            - StripPrefix=1
```

利用 JMeter 进行测试，创建一个新的测试计划，在测试计划中创建一个线程数为 1 且 Ramp-Up 时间为 1 的线程组。在线程组下添加一个 HTTP 请求，设置服务器名称为 localhost，端口号为 9099，请求方式为 GET，路径为"/host/serviceCon1/1"。对 HTTP 请求添加 HTTP 信息头管理器,设置信息头中存储的数据名为 Host,值为 localhost:9099。对该 HTTP 请求添加查看结果树,执行 HTTP 请求,请求成功了,在 Resquest Headers 里面看到了请求头中带有 Host:localhost:9099 信息,运行结果如图 6-5 所示。如果将请求头中 Host 属性值改为 localhost:9098,则请求失败,报 404 错误。

图 6-5　Host 类型断言运行结果

6.2.5　Method 类型断言工厂

Method 类型断言工厂是通过请求方式去匹配的,可配置 GET、POST、PUT、DELETE 等请求方式。如果请求方式匹配,该请求进行路由转发。如下就配置了一个 Method 类型断言的路由,当请求方式为 GET 时,请求被匹配。

```
server:
  port:9099
spring:
  application:
    name: service-gateway
  cloud:
    gateway:
      routes:
        #Method 类型断言
        - id: host
          uri: lb://service-con
          order: 0
          predicates:
            - Path=/method/**
            - Method=GET
          filters:
            - StripPrefix=1
```

利用 JMeter 进行测试,创建一个新的测试计划,在测试计划中创建一个线程数为 1 且 Ramp-Up 时间为 1 的线程组。在线程组下添加一个 HTTP 请求,设置服务器名称为 localhost,端口号为 9099,请求方式为 GET,路径为"/method/serviceCon1/1"。执行

HTTP 请求,请求成功了,运行结果如图 6-6 所示。如果请求方式改为 POST,则请求失败,报 404 错误。

图 6-6　Method 类型断言运行结果

6.2.6　Path 类型断言工厂

Path 类型断言工厂是通过请求 URI 去匹配的,可配置一组请求 URI 列表和一个可选标志项 matchTrailingSlash。matchTrailingSlash 默认值为 true,表示匹配的 URI 包含尾部斜线。例如,Path=/red/{segment},默认情况下路径为"/red/1"或"/red/1/"的请求都会匹配到。如果 matchTrailingSlash 为 false,则只能匹配到"/red/1"请求。在 URI 列表中也可配置一个或多个 URL,URL 通过逗号分隔。

下面就配置了一个 Path 类型断言的路由,当请求路径包含"/path/"时,请求被匹配。在前面的内容中,已经多次使用过 Path 类型断言工厂了。这里不再演示 Path 类型断言工厂的执行结果,读者可以自行测试。

```
server:
  port:9099
spring:
  application:
    name: service-gateway
  cloud:
    gateway:
      routes:
        #Path 类型断言
        - id: path
          uri: lb://service-con
          order: 0
          predicates:
            - Path=/path/**
          filters:
            - StripPrefix=1
```

6.2.7 Query 类型断言工厂

Query 类型断言工厂是通过请求参数去匹配的，可配置一个请求参数名和一个匹配请求参数值的正则表达式。其中，请求参数名为必选，请求参数值为可选。如果只配置请求参数名，只要请求包含该参数就匹配；如果同时配置请求参数名和请求参数值的正则表达式，则请求包含该参数且值也匹配正则表达式，请求才会被匹配。下面就配置了一个 Query 类型断言的路由，当请求参数名为 name，值以 a 开头且长度为 2 时，请求被匹配。

```
server:
  port:9099
spring:
  application:
    name: service-gateway
  cloud:
    gateway:
      routes:
      #Query 类型断言
      - id: query
        uri: lb://service-con
        order: 0
        predicates:
          - Path=/query/**
          - Query=name,a.
        filters:
          - StripPrefix=1
```

利用 JMeter 进行测试，创建一个新的测试计划，在测试计划中创建一个线程数为 1 且 Ramp-Up 时间为 1 的线程组。在线程组下添加一个 HTTP 请求，设置服务器名称为 localhost，端口号为 9099，请求方式为 GET，路径为"/query/serviceCon1/1?name=ab"。执行 HTTP 请求，请求成功了，运行结果如图 6-7 所示。如果请求路径改为/query/serviceCon1/1?name=abc，则请求失败，报 404 错误。

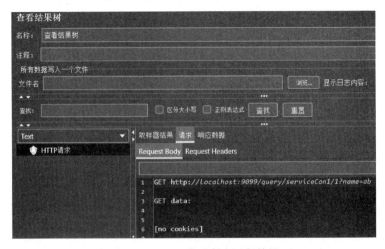

图 6-7 Query 类型断言运行结果

6.2.8　RemoteAddr 类型断言工厂

RemoteAddr 类型断言工厂是对 IP 地址区间段的请求进行匹配，IP 地址区间段由一个 IP 地址和一个子网掩码组成。RemoteAddr 类型断言可配置一个 CIDR 符号(IPv4 或 IPv6 地址)的 IP 地址区间段列表，列表中可以配置 1 个或多个 IP 地址区间段，各 IP 地址区间段用逗号分隔。如果请求的 IP 地址在区间段内，则请求被匹配。下面就配置了一个 RemoteAddr 类型断言的路由，其中 192.168.153.1 为本机 IP 地址。当请求 IP 地址为 192.168.153.1 时，请求被匹配。

```yaml
server:
  port:9099
spring:
  application:
    name: service-gateway
  cloud:
    gateway:
      routes:
        #RemoteAddr 类型断言
        - id: remoteAddr
          uri: lb://service-con
          order: 0
          predicates:
            - Path=/remoteAddr/**
            - RemoteAddr=192.168.153.1/0
          filters:
            - StripPrefix=1
```

利用 JMeter 进行测试，创建一个新的测试计划，在测试计划中创建一个线程数为 1 且 Ramp-Up 时间为 1 的线程组。在线程组下添加一个 HTTP 请求，设置服务器名称为 localhost，端口号为 9099，请求方式为 GET，路径为"/remoteAddr/serviceCon1/1"。执行 HTTP 请求，请求成功了，运行结果如图 6-8 所示。如果将配置文件中的"- RemoteAddr=

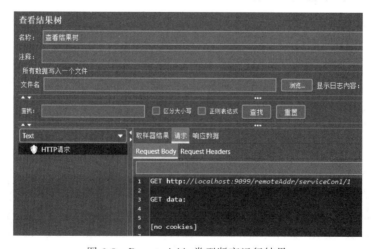

图 6-8　RemoteAddr 类型断言运行结果

192.168.153.1/0"改为其他值,请求失败,报 404 错误。

6.2.9 Weight 类型断言工厂

Weight 类型断言工厂是按照分组设置路由转发的权重,请求将按照分组内的权重比例匹配相应的路由转发。同一分组内权重比例大的路由优先转发。Weight 类型断言有两个参数需要配置,分别是分组(group)和权重(weight),weight 值为 int 型。如下就配置了一个 Weight 类型断言的路由,weight1 和 weight2 两条路由都属于 group1 分组。其中,weight1 路由的路由转发地址为一个异常地址 lb://service-con1,权重为 2;weight2 路由的转发地址为正常地址 lb://service-con,权重为 8。这样就意味着如果有请求路径包含"/weight/"且匹配成功后,有 20% 的概率通过 weight1 路由转发而报错,80% 的概率通行 weight2 路由正常转发。

```yaml
server:
  port:9099
spring:
  application:
    name: service-gateway
  cloud:
    gateway:
      routes:
        #Weight 类型断言
        - id: weight1
          uri: lb://service-con1
          order: 0
          predicates:
            - Path=/weight/**
            - Weight=group1, 2
          filters:
            - StripPrefix=1
        - id: weight2
          uri: lb://service-con
          order: 0
          predicates:
            - Path=/weight/**
            - Weight=group1, 8
          filters:
            - StripPrefix=1
```

利用 JMeter 进行测试,创建一个新的测试计划,在测试计划中创建一个线程数为 20 且 Ramp-Up 时间为 1 的线程组,在 1s 内发送 20 次请求。在线程组下添加一个 HTTP 请求,设置服务器名称为 localhost,端口号为 9099,请求方式为 GET,路径为"/weight/serviceCon1/1"。执行 HTTP 请求,运行结果如图 6-9 所示,有 3 条请求失败,报错 503 Service Unavailable。这 3 条报错的请求就是通过 weight1 路由转发的。

图 6-9 Weight 类型断言运行结果

6.2.10 自定义断言工厂

一般情况下，Gateawy 内置的断言能够满足大多数应用场景需求。但是有时也存在一些特殊的应用场景，这就需要根据实际情况自定义实现一个断言工厂进行路由转发。可以将 Gateawy 内置的断言工厂类作为模板，通过对 Gateawy 内置断言工厂的源码分析，总结出自定义断言工厂的一些关键事项。

(1) 自定义断言工厂类名必须以 RoutePredicateFactory 为结尾。

(2) 自定义断言工厂类必须继承路由断言工厂抽象类 AbstractRoutePredicateFactory。

(3) 自定义断言工厂类中必须声明一个静态内部类，在静态内部类中声明属性，接受 application.yaml 配置文件中配置的断言规则，属性必须实现 get()/set() 方法。

(4) 自定义断言工厂类必须覆写 shortcutFieldOrder() 方法。shortcutFieldOrder() 方法返回一个 List 集合，指定配置文件中的断言规则按顺序注入 Config 的属性上，注入顺序为 List 集合内元素的顺序。

(5) 自定义断言工厂类必须覆写 apply() 方法，在 apply() 方法内部编写路由转发逻辑。apply() 方法内部通过 GatewayPredicate 的 test() 方法进行逻辑判断，如果 test() 方法返回 true，表示请求匹配成功，进行路由转发；否则请求匹配失败，不进行路由转发。

下面演示自定义断言工厂的具体实现方法。这里自定义一个断言工厂类 CustomerRoutePredicateFactory，断言工厂类内部根据 application.yaml 配置文件中的配置项属性 Customer 的值进行路由转发。如果 Customer 值为 allow 就转发路由，否则不转发路由。

在 ServiceWithGateway 模块的 config 目录下新建 CustomerRoutePredicateFactory

类。在 CustomerRoutePredicateFactory 类内部添加如下代码。

【CustomerRoutePredicateFactory.java】

```java
package gateway.config;
import jakarta.validation.constraints.NotEmpty;
import org.springframework.cloud.gateway.handler.predicate.AbstractRoutePredicateFactory;
import org.springframework.stereotype.Component;
import org.springframework.validation.annotation.Validated;
import org.springframework.web.server.ServerWebExchange;
import java.util.Arrays;
import java.util.List;
import java.util.function.Predicate;
@Component
public class CustomerRoutePredicateFactory extends
        AbstractRoutePredicateFactory<CustomerRoutePredicateFactory.Config> {
    //自定义路由转发逻辑
    @Override
    public Predicate<ServerWebExchange> apply(Config config) {
        return (GatewayPredicate) exchange -> {
            if(config.getCustomer().equals("allow")){
                return true;
            }
            return false;
        };
    }
    //指定配置文件中断言配置信息按顺序注入 Config 的哪个属性上
    //如有多个断言配置,注入顺序为 List 集合内元素的顺序
    public List<String> shortcutFieldOrder() {
        return Arrays.asList("customer");
    }
    //默认构造方法
    public CustomerRoutePredicateFactory() {
        super(CustomerRoutePredicateFactory.Config.class);
    }
    //静态内部类 Config,定义 customer 属性接受配置文件中的断言配置
    @Validated
    public static class Config {
        @NotEmpty
        private String customer;
        public String getCustomer() {
            return customer;
        }
        public void setCustomer(String customer) {
            this.customer = customer;
        }
    }
}
```

上述代码定义了一个自定义断言工厂类 CustomerRoutePredicateFactory,类内部定义

了静态内部类 Config,通过 Config 类的 customer 属性接受配置文件中的断言配置。重写了 shortcutFieldOrder()方法,指定配置文件中断言配置信息注入 Config 类的 customer 属性。然后在自定义断言工厂内部覆写 apply()方法,在 apply()方法中进行路由转发判断。

在 ServiceWithGateway 模块的 application.yaml 配置文件中添加一个自定义断言路由 customer,路由内部添加一条自定义断言规则"- Customer=customer"。

```yaml
server:
  port:9099
spring:
  application:
    name: service-gateway
  cloud:
    gateway:
      routes:
        #自定义断言
        - id: customer
          uri: lb://service-con
          order: 0
          predicates:
            - Path=/customer/**
            - Customer=allow
          filters:
            - StripPrefix=1
```

启动网关模块,在浏览器中输入地址 http://localhost:9099/customer/serviceCon1/1,访问 service-con 服务的 serviceCon1 接口。由于 Customer 的值为 allow,符合路由转发条件,请求被成功转发了。如果 Customer 的值不为 allow,请求将会转发失败,报 404 错误。

6.3 Gateway 过滤器的使用方法

如果要在请求执行的前后对请求进行处理或实现一些自定义的逻辑功能,就需要用到 Gateway 过滤器功能。Gateway 过滤器从作用范围上可分为局部过滤器和全局过滤器。其中局部过滤器作用在某个路由或某组路由上,全局过滤器作用在全部路由上。Gateway 过滤器的作用时间只有前置和后置两个时间。前置时间是作用在请求被路由转发之前调用,一般用于实现身份验证、参数校验、设置请求地址等;后置时间是作用在请求被路由转发之后调用,一般用于日志收集、设置响应信息等。本节将详细介绍 Gateway 中局部过滤器和全局过滤器的使用方法。

6.3.1 局部过滤器

局部过滤器又称为网关过滤器,是针对单个或单组路由的过滤器。Gateway 通过过滤器工厂的形式内置了不同类型的网关过滤器,使用时这些过滤器工厂需在 application.yaml

配置文件中配置,可组合配置多个过滤器工厂实现过滤器链,请求会被过滤器链中的所有过滤器工厂按顺序依次处理。下面将详细介绍网关过滤器的使用方法,包括 Gateway 内置的一些常用的网关过滤器工厂的使用方法以及如何自行编程实现自己的网关过滤器工厂。

1. RequestHeader 类型过滤器工厂

RequestHeader 类型过滤器工厂的作用是对匹配的请求在路由转发之前添加或删除请求头信息。Gateway 提供了 2 种 RequestHeader 类型过滤器工厂。其中,AddRequestHeader 过滤器工厂用于添加请求头信息,请求头信息通过一对名称和值进行配置。RemoveRequestHeader 过滤器工厂用于删除请求头信息,删除时需指定请求头信息的名称。

下面以 AddRequestHeader 为例演示 RequestHeader 类型过滤器工厂的配置。下面配置了一个 AddRequestHeader 过滤器工厂,用于将路径中包含"/addRequestHeader/"的请求都转发到 service-con 服务,在转发之前添加名称为 reqHeader 且值为 myReqHeader 的请求头信息。

```yaml
server:
  port:9099
spring:
  application:
    name: service-gateway
  cloud:
    gateway:
      routes:
        #添加请求头过滤器
        - id: addRequestHeader
          uri: lb://service-con
          order: 0
          predicates:
            - Path=/addRequestHeader/**
          filters:
            - AddRequestHeader=reqHeader,myReqHeader #添加请求头 reqHeader
```

为了方便测试,这里对 ServiceConsume 模块做修改,在 ServiceConsume 模块的控制器类 ServiceConController 中添加一个接口方法 addRequestHeader(),方法内部利用 @RequestHeader 注解获取请求头 reqHeader 的值并在控制台中打印。

```java
@GetMapping("/addRequestHeader/{id}")
public String addRequestHeader(@PathVariable Integer id,
                               @RequestHeader("reqHeader") String reqHeader){
    String res = restTemplate.getForObject(
            "http://service-pro/servicePro/{1}",String.class,id);
    return "获取请求头 reqHeader 的值:"+reqHeader+","+res;
}
```

重新启动网关模块和 ServiceConsume 模块,在浏览器中输入地址 http://localhost:

9099/addRequestHeader/1，访问 addRequestHeader 接口方法。在网页中显示响应信息"获取请求头 reqHeader 的值 myReqHeader，收到的请求参数为 1"。

RemoveRequestHeader 的配置与 AddRequestHeader 类似。下面就配置了一个 RemoveRequestHeader 过滤器工厂，读者可自行测试效果。

```yaml
server:
  port: 9099
spring:
  application:
    name: service-gateway
  cloud:
    gateway:
      routes:
        #删除请求头过滤器
        - id: removeRequestHeader
          uri: lb://service-con
          order: 0
          predicates:
            - Path=/removeRequestHeader/**
          filters:
            - RemoveRequestHeader=reqHeader #删除名为 reqHeader 的请求头信息
```

2. RequestParameter 类型过滤器工厂

RequestParameter 类型过滤器工厂的作用是对匹配的请求在路由转发之前添加或删除请求参数。Gateway 提供了 2 种 RequestParameter 类型过滤器工厂。其中，AddRequestParameter 过滤器工厂用于添加请求参数，请求参数通过一对名称和值进行配置；RemoveRequestParameter 过滤器工厂用于删除请求参数，删除时须指定请求头参数的名称。

下面以 AddRequestParameter 为例演示 RequestParameter 类型过滤器工厂的配置。下面就配置了一个 AddRequestParameter 过滤器工厂，用于将路径中包含"/addRequestParam/"的请求都转发到 service-con 服务，在转发之前添加名称为 color 且值为 red 的请求参数。

```yaml
server:
  port: 9099
spring:
  application:
    name: service-gateway
  cloud:
    gateway:
      routes:
        #添加请求参数过滤器
        - id: addRequestParam
          uri: lb://service-con
          order: 0
```

```yaml
    predicates:
      - Path=/addRequestParam/**
    filters:
      - AddRequestParameter=color,red #添加请求参数 color=red
```

为了方便测试,这里对 ServiceConsume 模块做修改,在 ServiceConsume 模块的控制器类 ServiceConController 中添加一个接口方法 addRequestParam(),方法内部利用 @RequestParam 注解获取请求参数 color 的值并在控制台中打印。

```java
//测试 AddRequestParameter 过滤器工厂
@GetMapping("/addRequestParam/{id}")
public String addRequestParam(@PathVariable Integer id,
                              @RequestParam("color") String color){
    String res= restTemplate.getForObject(
            "http://service-pro/servicePro/{1}",String.class,id);
    return "获取请求参数 color 的值:"+color+","+res;
}
```

重新启动网关模块和 ServiceConsume 模块,在浏览器中输入地址 http://localhost:9099/addRequestParam/1,访问接口方法 addRequestParam()。网页中显示响应信息"获取请求参数 color 的值 red,收到的请求参数为 1"。

RemoveRequestParameter 的配置与 AddRequestParameter 类似。下面就配置了一个 RemoveRequestParameter 过滤器工厂,读者可自行测试效果。

```yaml
server:
  port:9099
spring:
  application:
    name: service-gateway
  cloud:
    gateway:
      routes:
        #删除请求参数过滤器
        - id: removeRequestParam
          uri: lb://service-con
          order: 0
          predicates:
            - Path=/removeRequestParam/**
          filters:
            - RemoveRequestParameter=color #删除名为 color 的请求参数
```

3. ResponseHeader 类型过滤器工厂

ResponseHeader 类型过滤器工厂的作用是对匹配的请求在路由转发之后及返回响应信息之前添加或删除响应头信息。Gateway 提供了 2 种 ResponseHeader 类型过滤器工厂。其中,AddResponseHeader 过滤器工厂用于添加响应头信息,响应头信息通过一对名称和值进行配置;RemoveResponseHeader 过滤器工厂用于删除响应头信息,删除时须指定响应头信息的名称。

下面以 AddResponseHeader 为例演示 ResponseHeader 类型过滤器工厂的配置。下面就配置了一个 AddResponseHeader 过滤器工厂,用于将路径中包含"/addResponseHeader/"的请求都转发到 service-con 服务,在请求返回响应信息之前添加名称为 resHeader 且值为 myResHeader 的响应头信息。

```yaml
server:
  port:9099
spring:
  application:
    name: service-gateway
  cloud:
    gateway:
      routes:
        #添加响应头过滤器
        - id: addResponseHeader
          uri: lb://service-con
          order: 0
          predicates:
            - Path=/addResponseHeader/**
          filters:
            - AddResponseHeader=resHeader,myResHeader #添加响应头信息
```

为了方便测试,这里对 ServiceConsume 模块做修改,在 ServiceConsume 模块的控制器类 ServiceConController 中添加一个接口方法 addResponseHeader()。

```java
//测试 AddResponseHeader 过滤器工厂
@GetMapping("/addResponseHeader/{id}")
public String addResponseHeader(@PathVariable Integer id){
    String res= restTemplate.getForObject(
        "http://service-pro/servicePro/{1}",String.class,id);
    return res;
}
```

重新启动网关模块和 ServiceConsume 模块,在浏览器中输入地址 http://localhost:9099/addResponseHeader/1,访问接口方法 addResponseHeader()。运行结果如图 6-10 所示,在开发者工具中可以看到响应头中包含响应头信息 resHeader,值为 myResHeader。

RemoveResponseHeader 的配置与 AddResponseHeader 类似。下面就配置了一个 RemoveResponseHeader 过滤器工厂,读者可自行测试效果。

```yaml
server:
  port:9099
spring:
  application:
    name: service-gateway
  cloud:
    gateway:
```

```yaml
routes:
  #删除响应头过滤器
  - id: removeResponseHeader
    uri: lb://service-con
    order: 0
    predicates:
      - Path=/removeResponseHeader/**
    filters:
      - RemoveResponseHeader=resHeader #删除名为 resHeader 的响应头信息
```

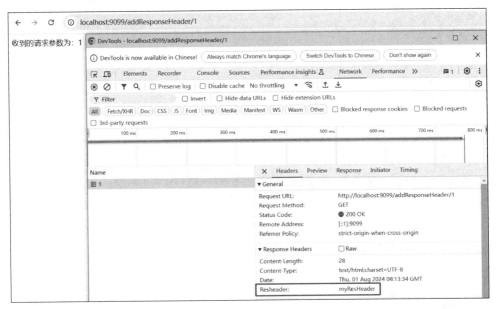

图 6-10　响应头中包含响应头信息

4. Prefix 类型过滤器工厂

Prefix 类型过滤器工厂的作用是对匹配的请求在路由转发时添加或删除路径前缀。Gateway 提供了 2 种 Prefix 类型过滤器工厂。其中，PrefixPath 过滤器工厂用于添加路径前缀；StripPrefix 过滤器工厂用于删除指定层级的路径前缀，可通过设置整数来删除特定层级的路径前缀。

StripPrefix 过滤器工厂在前面的内容中已经出现多次了。例如，下面配置就实现了一个 StripPrefix 过滤器工厂，用于删除匹配到的请求路径中第一层级的路径前缀 "/scon/"。

```yaml
predicates:
  - Path=/scon/**
filters:
  - StripPrefix=1
```

这里以 PrefixPath 为例演示 Prefix 类型过滤器工厂的配置。PrefixPath 过滤器工厂一般用于客户端访问配置了 context-path 配置项的微服务，客户端配置了 PrefixPath 过滤工厂以后，就可以在访问地址上自动添加 context-path 前缀访问微服务了。下面就配置了一个 PrefixPath 过滤器工厂，用于将路径包含"/prefixPath/"的请求都添加一个"/service-consume"路径前缀，这样如果请求访问的地址为 http://localhost:9099/prefixPath，地址会被 PrefixPath 处理成 http://localhost:9099/service-consume/prefixPath。

```yaml
server:
  port: 9099
spring:
  application:
    name: service-gateway
  cloud:
    gateway:
      routes:
        #添加路径前缀过滤器
        - id: prefixPath
          uri: lb://service-con
          order: 0
          predicates:
            - Path=/prefixPath/**
          filters:
            #需要将微服务 context-path 配置为/service-consume
            - PrefixPath=/service-consume
```

为了方便测试，这里对 ServiceConsume 模块做修改，在 ServiceConsume 模块的 application.yaml 配置文件中添加如下 context-path 配置。

```yaml
server:
  servlet:
    context-path: /service-consume
```

然后在 ServiceConsume 模块的控制器类 ServiceConController 中添加一个 prefixPath 接口方法。

```java
//测试 PrefixPath 过滤器工厂
@GetMapping("/prefixPath/{id}")
public String prefixPath(@PathVariable Integer id){
    String res= restTemplate.getForObject(
            "http://service-pro/servicePro/{1}",String.class,id);
    return res;
}
```

重新启动网关模块和 ServiceConsume 模块，在浏览器中输入地址 http://localhost:9099/prefixPath/1，访问接口方法 prefixPath()，页面能够正常收到响应信息。如果删除 ServiceConsume 模块的 context-path 配置，请求转发失败，报 404 错误。

5. RedirectTo 类型过滤器工厂

RedirectTo 类型过滤器工厂的作用是对匹配的请求重定向到新的目标地址。下面就配置一个 RedirectTo 过滤器工厂，用于将路径包含"/redirect/"的请求重定向到新的目标地址 http://localhost:9099/addRequestParam/1，而目标地址又通过 AddRequestParameter 过滤器工厂进行路由转发。

```yaml
server:
  port: 9099
spring:
  application:
    name: service-gateway
  cloud:
    gateway:
      routes:
        #添加请求参数过滤器
        - id: addRequestParam
          uri: lb://service-con
          order: 0
          predicates:
            - Path=/addRequestParam/**
          filters:
            - AddRequestParameter=color,red #添加请求参数 color=red
        #重定向过滤器
        - id: redirect
          uri: lb://service-con
          order: 0
          predicates:
            - Path=/redirect/**
          filters:
            - RedirectTo=302, http://localhost:9099/addRequestParam/1
```

重新启动网关模块，在浏览器中输入地址 http://localhost:9099/redirect/1，运行结果如图 6-11 所示。图中通过开发者工具页面可以看到 2 次请求，第一次请求重定向到 http://localhost:9099/addRequestParam/1，然后重新发起一次请求；第二次请求被路由转发到访问 ServiceConsume 模块的 addRequestParam 接口。

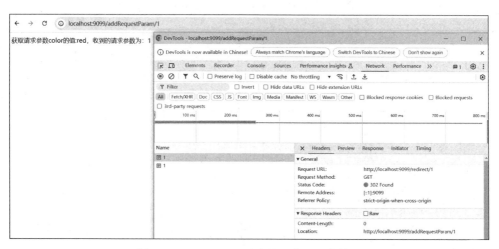

图 6-11　RedirectTo 过滤器重定向运行结果

6. 自定义网关过滤器工厂

在某些特殊场景下，如果 Gateway 内置的网关过滤器不能满足需求，就需要开发人员自定义编程实现自己的过滤器工厂。可以参考 Gateawy 内置的过滤器工厂类来实现，通过对 Gateawy 内置过滤器工厂的源码分析，这里总结出自定义过滤器工厂的一些关键事项。

(1) 自定义过滤器工厂类名必须以 GatewayFilterFactory 结尾。

(2) 自定义过滤器工厂类必须继承 AbstractNameValueGatewayFilterFactory 过滤器工厂抽象类。

(3) 自定义过滤器工厂类中必须声明一个静态内部类，在静态内部类声明属性，接受 application.yaml 配置文件中配置的过滤器规则，属性必须实现 get()/set() 方法。

(4) 自定义过滤器工厂类必须覆写 shortcutFieldOrder() 方法。shortcutFieldOrder() 方法返回一个 List 集合，指定配置文件中的过滤器规则按顺序注入 Config 的属性上，注入顺序为 List 集合内元素的顺序。

(5) 自定义断言工厂类必须覆写 apply() 方法，在 apply() 方法内部编写路由转发逻辑。apply() 方法内部通过 GatewayPredicate 的 filter() 方法进行逻辑判断，最终返回一个 Mono<Void>对象。

下面演示自定义网关过滤器工厂的具体实现方法。这里自定义一个过滤器工厂类 CustomerGatewayFilterFactory，过滤器工厂类内部根据 application.yaml 配置文件中的配置项属性 Customer 的值进行逻辑判断。如果 Customer 的值为 admin,123456 就放行请求，否则不放行。

在 ServiceWithGateway 模块的 config 目录下新建 CustomerGatewayFilterFactory 类，在 CustomerGatewayFilterFactory 类内部添加如下代码。

【CustomerGatewayFilterFactory.java】

```
package gateway.config;
import jakarta.validation.constraints.NotEmpty;
import org.springframework.cloud.gateway.filter.GatewayFilter;
import org.springframework.cloud.gateway.filter.
factory.AbstractGatewayFilterFactory;
import org.springframework.http.HttpStatusCode;
import org.springframework.stereotype.Component;
import org.springframework.validation.annotation.Validated;
import java.util.Arrays;
import java.util.List;
@Component
public class CustomerGatewayFilterFactory extends
        AbstractGatewayFilterFactory<CustomerGatewayFilterFactory.Config> {
    //默认构造函数
    public CustomerGatewayFilterFactory() {
        super(CustomerGatewayFilterFactory.Config.class);
    }
    //读取配置文件中的过滤器配置并按顺序注入内部类 Config 的属性中
```

```java
@Override
public List<String> shortcutFieldOrder() {
    return Arrays.asList("username","password");
}
//过滤器逻辑
@Override
public GatewayFilter apply(CustomerGatewayFilterFactory.Config config) {
    return (exchange, chain) -> {
        //如果 username 不等于 admin 或 password 不等于 123456,就报错 404
        if (!config.getUsername().equals("admin")
                ||!config.getPassword().equals("123456")) {
            exchange.getResponse().setStatusCode(HttpStatusCode.valueOf(404));
            return exchange.getResponse().setComplete();
        }else{
            return chain.filter(exchange);
        }
    };
}
//静态内部类 config,定义 username 和 password 接收配置文件中的过滤器配置
@Validated
public static class Config {
    @NotEmpty
    private String username;
    @NotEmpty
    private String password;
    public String getUsername() {
        return username;
    }
    public void setUsername(String username) {
        this.username = username;
    }
    public String getPassword() {
        return password;
    }
    public void setPassword(String password) {
        this.password = password;
    }
}
}
```

上述代码定义了一个自定义过滤器工厂类 CustomerGatewayFilterFactory,类内部定义了静态内部类 Config,通过 Config 类的 username 和 password 属性接收配置文件中的过滤器配置。重写了 shortcutFieldOrder()方法,指定配置文件中过滤器配置信息按照 List 元素的顺序注入 Config 类的属性中。然后在自定义断言工厂内部覆写 apply()方法,在 apply()方法中进行逻辑判断,确定是否放行请求。

在 ServiceWithGateway 模块的 application.yaml 配置文件中修改 redirect 路由,在 RedirectTo 配置的前面添加一条自定义过滤器配置"-Customer=admin,123456"。注意此处不能在 RedirectTo 后面添加,程序会先请求重定向到 http://localhost:9099/addRequestParam/1

地址改变请求 URI,导致后续的自定义过滤器因不能匹配 Path=/redirect/** 而无法生效。

```
#重定向过滤器
- id: redirect
  uri: lb://service-con
  order: 0
  predicates:
    - Path=/redirect/**
  filters:
    - Customer=admin,123456
    - RedirectTo=302, http://localhost:9099/addrequestparam/1
```

启动网关模块,在浏览器中输入地址 http://localhost:9099/redirect/1。由于 Customer 的值为"admin,123456",符合自定义过滤器条件,请求被成功运行了。如果将 Customer 的值改为"admin,1234",请求将会被拒绝并报错 404,也不会执行后续的重定向过滤器。

6.3.2 全局过滤器

全局过滤器是针对所有路由的过滤器。Gateway 内置了一些全局过滤器,这些全局过滤器基于 Spring WebFlux 实现,使用时无须在 application.yaml 中配置,在系统初始化时会按照过滤器的优先级顺序自动加载并作用在每个路由上。表 6-1 就是 Gateway 内置的一些常用的全局过滤器,每个全局过滤器实现不同的功能,优先级也不同。

表 6-1 Gateway 内置的一些常用的全局过滤器

过滤器名	功能	优先级 (数字越小优先级越高)
GatewayMetricsFilter	用于网关度量监控	0
ForwardRoutingFilter	用于将请求转发到指定的目标地址	2147483647
NettyRoutingFilter	用于将请求路由到目标服务并采用异步非阻塞模式处理请求	2147483647
NettyWriteResponseFilter	用于在响应发送到客户端之前对响应信息进行一些额外的处理	-1
ReactiveLoadBalancerClientFilter	用于通过负载均衡的方式选定目标服务实例地址,并进行请求转发	10150
RouteToRequestUrlFilter	通常在路由过程中使用,用于将客户端请求的 URI 映射到目标服务的 URI,从而实现请求的转发	10000
WebsocketRoutingFilter	用于处理 WebSocket 协议的请求,将 WebSocket 请求路由到目标 WebSocket 服务器	2147483646
RemoveCachedBodyFilter	用于清除在网关层缓存的请求体数据,以释放资源	-2147483648

续表

过滤器名	功　　能	优先级 （数字越小优先级越高）
AdaptCachedBodyGlobalFilter	用于在请求到达网关时对请求进行处理。将请求体缓存到网关中，以便在后续的请求中重复使用	-2147482648
ForwardPathFilter	用于在请求转发时对请求路径进行修改和重写	0
LoadBalancerServiceInstance-CookieFilter	用于在负载均衡时将会话保持的 sticky-session 信息添加到请求头，实现基于 Cookie 的会话保持功能	10151

如果需要根据特殊的业务逻辑对请求进行统一处理，Gateway 内置的全局过滤器就无法满足了，这时就可以定义自己的全局过滤器来实现功能。可以参考 Gateway 内置的全局过滤器源码来实现自定义的全局过滤器。通过对源码的分析，总结出定义全局过滤器需要注意的关键事项。

（1）自定义全局过滤器，需定义一个 Java 类实现 GlobalFilter 接口，并覆写 filter() 方法，在该方法内部编写处理逻辑。

（2）自定义全局过滤器要添加 @Order 注解或实现 Ordered 接口，设置过滤器执行的优先级。

下面自定义一个全局过滤器，过滤器内部自动计算每个请求的执行时间并在控制台打印出来。这里在 ServiceWithGateway 模块的 config 目录下新建 CustomerGlobalFilter 全局过滤器，代码如下。

【CustomerGlobalFilter.java】

```java
package gateway.config;
import org.springframework.cloud.gateway.filter.GatewayFilterChain;
import org.springframework.cloud.gateway.filter.GlobalFilter;
import org.springframework.core.annotation.Order;
import org.springframework.stereotype.Component;
import org.springframework.web.server.ServerWebExchange;
import reactor.core.publisher.Mono;
@Component
@Order(value = 999999)
public class CustomerGlobalFilter implements GlobalFilter {
    @Override
    public Mono<Void> filter(ServerWebExchange exchange, GatewayFilterChain chain) {
        //获取请求处理之前的时间
        Long startTime = System.currentTimeMillis();
        //请求处理完成之后
        return chain.filter(exchange).then().then(Mono.fromRunnable(() -> {
            //获取请求处理之后的时间
            Long endTime = System.currentTimeMillis();
            //打印请求处理时间
            System.out.println(exchange.getRequest().getURI().getRawPath()+
```

```
                                      ",耗时："+(endTime - startTime )+"ms");
                }));
        }
}
```

上述代码中设置全局过滤器 CustomerGlobalFilter 的优先级为 999999,内部覆写 filter() 方法。当请求进入过滤器时,记录请求开始时间 startTime;当请求结束时,记录请求结束时间 endTime,并利用 endTime 减去 startTime 计算请求执行时间。

启动网关模块,在浏览器中输入地址 http://localhost:9099/scon/serviceCon1/1。控制台打印"/serviceCon1/1,耗时：12ms",如图 6-12 所示。

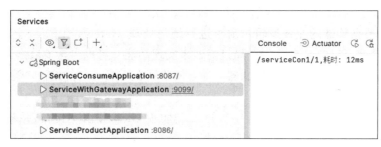

图 6-12　控制台打印请求执行时间

6.4　Gateway 跨域设置

在 Web 开发中,如果浏览器和服务端不同源,就会发生跨域请求,通常浏览器是无法收到响应信息的。这里不同源指的是浏览器和服务器端 IP 地址不同或端口不同。对此,Gateway 提供了跨域配置,用于解决此类问题。本节将介绍如何在配置文件 application.yaml 中进行 Gateway 全局跨域配置和局部跨域配置。

6.4.1　全局跨域配置

全局跨域配置就是对所有的请求配置统一的跨域规则。如下就是一个通用的 Gateway 的全局跨域配置,允许任意请求跨域访问任何服务资源。

```
spring:
  cloud:
    gateway:
      globalcors:
        cors-configurations:
          '[/**]': #允许跨域访问的服务
            allowedOrigins: "*" #允许跨域访问的来源
            allowedMethods: "*" #允许跨域访问的请求方式,如 GET、POST 等
```

下面先演示浏览器跨域访问失败的结果。这里在 ServiceWithGateway 模块中添加一

个 GlobalCorsTest.html 页面。在页面中添加如下代码，页面加载时向地址 http://localhost:9099/scon/serviceCon1/1 发送一个 Ajax 请求，并将结果显示在当前页面上。这里通过 CDN 远程引入 jQuery 插件实现 Ajax。

【GlobalCorsTest.html】

```html
<!DOCTYPE html>
<html lang="en">
<head>
    <meta charset="UTF-8">
    <title>Title</title>
</head>
<body>
<span id="msg"></span>
</body>
<script src="https://code.jquery.com/jquery-3.7.1.min.js"
        integrity="sha256-/JqT3SQfawRcv/BIHPThkBvs0OEvtFFmqPF/lYI/Cxo="
        crossorigin="anonymous">
</script>
<script>
    $(function(){
        $.get("http://localhost:9099/scon/serviceCon1/1",function(data){
            $('#msg').text(data)
        })
    });
</script>
</html>
```

单击 GlobalCorsTest.html 页面右上角的浏览器按钮，以浏览器方式直接打开 GlobalCorsTest.html 页面。此时就发生了 Ajax 跨域请求，浏览器控制台报跨域错误，如图 6-13 所示。

图 6-13　Ajax 跨域请求失败

然后将上述全局跨域内容添加在 ServiceWithGateway 模块的 application.yaml 配置文件中。重启网关模块，在浏览器中刷新 GlobalCorsTest.html 页面，跨域请求成功，页面显示"收到的请求参数为 1"。

6.4.2 局部跨域配置

局部跨域配置是对特定的路由的请求设置跨域规则。下面就对 serviceCon1_route2 路由设置一个局部跨域规则。

```yaml
server:
  port:9099
spring:
  application:
    name: service-gateway
  cloud:
    #gateway配置
    gateway:
      routes:
        - id: serviceCon1_route2
          uri: lb://service-con         #使用 Naocs 负载均衡策略并通过服务名去找服务实例
          order: 0                      #路由执行优先级
          predicates:
            - Path=/scon/**
          filters:
            - StripPrefix=1
          #对 serviceCon1_route2 路由进行局部跨域配置
          metadata:
            cors:
              allowedOrigins: "*"
              allowedMethods: "*"
```

删除之前配置的全局跨域规则,重启网关模块,在浏览器中刷新 GlobalCorsTest.html 页面,跨域请求也能成功,局部跨域配置生效。但是跨域规则只对 ID 为 serviceCon1_route2 的路由生效。如果将 Ajax 请求地址改为 http://localhost:9099/host/serviceCon1/1,通过 ID 为 host 的路由转发,跨域请求还是失败的。

6.5 Gateway 整合 Sentinel

Gateway 为客户端访问服务提供了一个统一入口,所有客户端请求都从 Gateway 进入并进行路由转发,这就要求 Gateway 必须具有一定流量抗压能力,一旦 Gateway 被流量压垮,所有服务就都不能访问了,因此必须对 Gateway 进行流量控制。Spring Cloud Alibaba 框架支持在 Gateway 中集成流量控制组件 Sentinel,以实现对 Gateway 中指定路由进行流量控制(以下简称流控)。本节将详细介绍如何在 Gateway 中整合 Sentinel 组件对 Gateway 路由进行流控和降级。

6.5.1　Gateway 整合 Sentinel 实现流控

要在 Gateway 中整合 Sentinel，需要在项目的 pom.xml 文件中引入 sentinel-gateway 依赖和 sentinel 启动器依赖。这里在 ServiceWithGateway 模块的 pom.xml 文件中引入如下依赖。

```xml
<!--Sentinel 启动器依赖-->
<dependency>
    <groupId>com.alibaba.cloud</groupId>
    <artifactId>spring-cloud-starter-alibaba-sentinel</artifactId>
</dependency>
<!--Gateway 整合 Sentinel 依赖-->
<dependency>
    <groupId>com.alibaba.cloud</groupId>
    <artifactId>spring-cloud-alibaba-sentinel-gateway</artifactId>
</dependency>
```

在 ServiceWithGateway 模块的 application.yaml 配置文件中添加如下 sentinel 控制台配置，配置控制台地址为 localhost:8010。

```yaml
spring:
  cloud:
    sentinel:
      transport:
        dashboard: localhost:8010
```

在 Sentinel 控制台 jar 包所在目录输入 cmd 命令，进入命令提示符窗口，在命令提示符窗口中输入如下命令，以 8010 号端口启动 Sentinel 控制台 jar 包。

```
java -jar -Dserver.port=8010 sentinel-dashboard-1.8.6.jar
```

启动 Naocs、ServiceWithGateway、ServiceConsume 和 ServiceProduct 应用程序，在浏览器中输入地址 http://localhost:9099/scon/serviceCon1/1，访问 serviceCon1 接口。在 Sentinel 控制台中看到左侧的列表菜单与单纯使用 Sentinel 时不太一样，菜单项有所减少，同时新增了"请求链路"和"API 管理"菜单项。单击"请求链路"菜单项，就可以进入请求链路页面。请求链路页面中列表会按照 Gateway 的路由 ID 去显示链路信息，如图 6-14 所示。图中 API 名称为 serviceCon1_route2，这正是 ServiceWithGateway 模块 application.yaml 中配置的路由 ID。

单击 serviceCon1_route2 路由右侧的"流控"按钮，打开网关流控规则设置页面，如图 6-15 所示。

上述网关流控规则页面的属性和单纯使用 Sentinel 流控不一样。下面对页面属性进行介绍。

(1) API 类型：API 类型支持以 Route ID 和 API 分组两种形式设置流控规则，默认值

图 6-14 请求链路页面

图 6-15 网关流控规则设置页面

为 Route ID。Route ID 形式以单路由形式设置流控规则，API 分组形式支持将多条路由分为一组统一设置一个相同的流控规则。

(2) API 名称：与 API 类型配合使用，如果 API 类型为 Route ID，就以 Gateway 中配置的路由 ID 作为 API 名称；如果 API 类型为 API 分组，则将分组名作为 API 名称。

(3) 针对请求属性：该属性默认不勾选，需要手动勾选才生效。该属性可用于进行更细粒度的流控，可针对客户端 IP(client IP)、远程主机(remote host)、请求头(header)、请求路径参数(URL 参数)和 Cookie 五种参数属性设置流控规则。

(4) 属性值匹配：该属性默认不勾选，需要手动勾选才生效。与"针对请求属性"选项配合使用，用于进行更细粒度的流控。用于指定针对请求属性中五种参数属性值的匹配模式，支持精确模式(完全相等匹配)、子串模式(前缀匹配)、正则模式(正则表达式匹配)三种匹配模式，匹配的属性值填写在匹配串中。

(5) 阈值类型：支持 QPS 和并发线程数两类。

(6) 间隔：请求间隔的最大时间。

(7) 流控方式：只支持快速失败和匀速排队两种。

(8) Burst size：宽容次数，对流控规则设置浮动指标。例如，QPS 设置为 2，Burst size 为 1，则每秒访问 3 次以上才进行流控。

下面演示如何对单条路由和 API 分组分别设置流控规则。

1. 对单条路由设置流控规则

这里对 serviceCon1_route2 设置一个简单的网关流控规则，设置 QPS 阈值为 2，如图 6-16 所示。

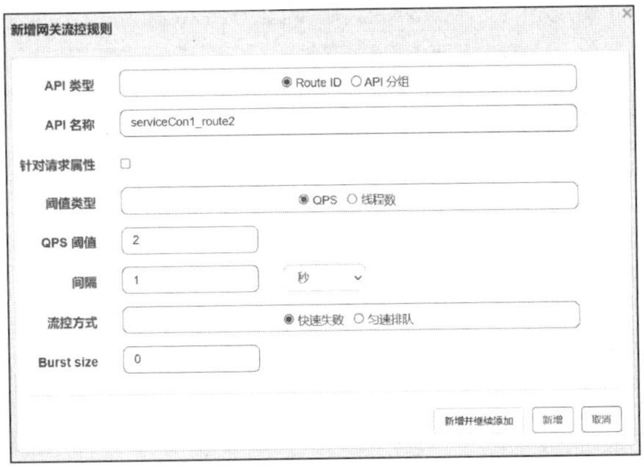

图 6-16 对 serviceCon1_route2 路由设置网关流控规则

利用 JMeter 测试工具，在 1s 内请求 3 次 http://localhost:9099/scon/serviceCon1/1 地址，前两次请求通过，第三次因请求失败而被流控了，如图 6-17 所示。

图 6-17 使用 JMeter 测试 serviceCon1_route2 路由网关流控规则

还可以对 serviceCon1_route2 路由进行更细粒度的流控。例如，可设置请求头，只对 serviceCon1_route2 路由中请求头为某个值的请求进行流控。下面对 serviceCon1_route2 路由设置一条新的流控规则，如图 6-18 所示。勾选"针对请求属性"复选框，"参数属性"选择 Header，"Header 名称"中输入 header，勾选"属性值匹配"复选框，"匹配模式"选择"精确"，"匹配串"为 myHeader。

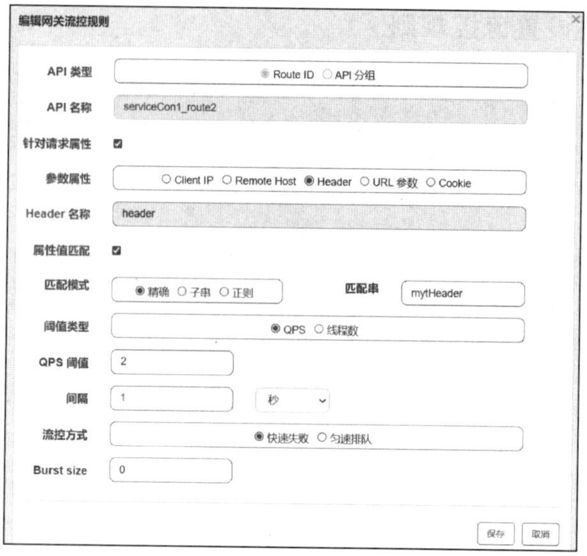

图 6-18　serviceCon1_route2 路由配置请求头流控规则

此时如果不添加任何请求头,只在浏览器中访问地址 http://localhost:9099/scon/serviceCon1/1,是不能触发流控的。可利用 JMeter 测试工具,添加一个名为 header 且值为 myHeader 的请求头,访问 3 次才能触发流控。

2. API 分组设置流控规则

API 分组是将多条路由分为一组,统一设置一个相同的流控规则。例如,可以将名为 serviceCon1_route2 的路由和名为 method 的路由统一设置为一个分组,具体操作如下。

在图 6-14 中单击"API 管理"菜单项,进入 API 管理页面,在 API 管理页面单击右上角的"新增 API 分组",在弹出的页面中创建名为"自定义分组 API"的分组,将请求路径设置为/scon/serviceCon1/1 和/method/serviceCon1/1,设置结果如图 6-19 所示。

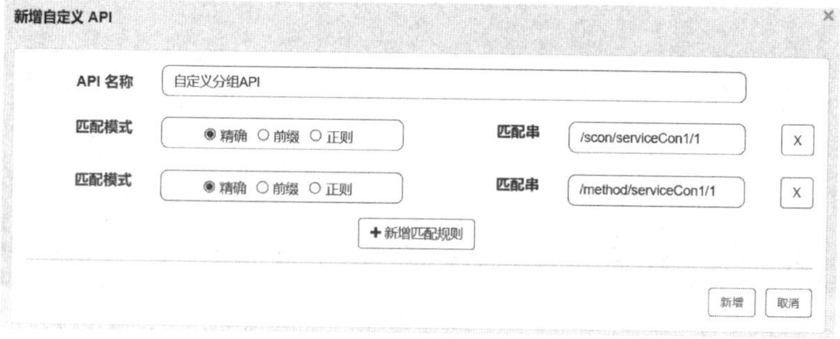

图 6-19　创建分组 API

在图 6-14 中单击左侧的"流控规则"菜单项,进入流控规则配置页面,单击页面右上侧的"新增网关流控规则",对该分组 API 设置"QPS 阈值"为 2 的流控规则,如图 6-20 所示。

利用 JMeter 测试工具,对地址 http://localhost:9099/scon/serviceCon1/1 和 http://

localhost:9099/method/serviceCon1/1 都访问 3 次,两个路由都触发了相同的流控效果,前两次访问成功,第 3 次访问时因失败而被拒绝,如图 6-21 所示。

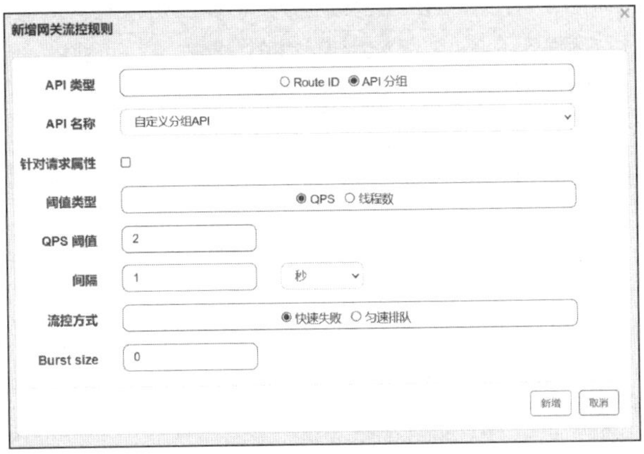

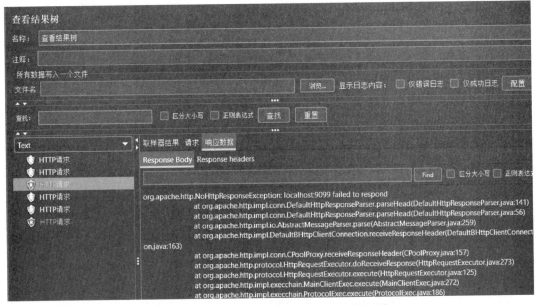

图 6-20　对分组 API 设置流控规则

图 6-21　使用 JMeter 测试分组 API 流控规则

6.5.2　Gateway 整合 Sentinel 实现降级

Gateway 目前只支持对单条路由和 API 分组设置慢调用比例网关降级规则。网关降级规则配置页面和单纯使用 Sentinel 熔断降级时大致一样,单击 serviceCon1_route2 右侧的"降级"按钮,即可打开网关降级规则配置页面,如图 6-22 所示。

下面以单条路由为例配置慢调用网关降级规则,读者可自行配置分组 API 降级。

对 serviceCon1_route2 路由配置一条降级规则,设置"熔断策略"为"慢调用比例","最大 RT"为 1000ms,"比例阈值"为 0.1,"熔断时长"为 10s,最小请求数为 5,统计时长为 1000ms,如图 6-23 所示。

图 6-22 网关降级规则设置页面

图 6-23 serviceCon1_route2 路由设置网关降级规则

修改 ServiceConsume 模块的 ServiceConController 类中的 con1()方法，在内部添加代码"Thread.sleep(3000);"让方法休眠，人为制造一个慢调用。

```
@GetMapping("/serviceCon1/{id}")
public String con1(@PathVariable Integer id) throws Exception{
    Thread.sleep(3000);
    String res= restTemplate.getForObject(
            "http://service-pro/servicePro/{1}",String.class,id);
    return res;
}
```

重启 ServiceConsume 模块，在 JMeter 测试工具中设置 1s 访问 10 次地址 http://localhost:9099/scon/serviceCon1/1，前 5 次访问正常，在第 6 次访问时请求被熔断降级了，如图 6-24 所示。

在前面的流控降级过程中，默认的异常信息为 Gateway 直接抛出的无响应异常 NoHttpResponseException，这不是很友好，Gateway 也支持自定义配置流控降级异常。可在网关模块的配置文件 application.yaml 中添加如下的自定义流控降级异常配置。

```
spring:
  cloud:
    sentinel:
      transport:
```

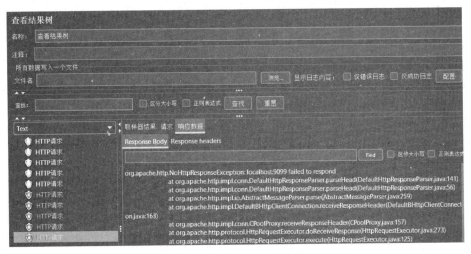

图 6-24 使用 JMeter 测试网关熔断降级规则

启动网关模块，重新对 serviceCon1_route2 路由设置一条流控或降级规则，利用 JMeter 测试工具在 1s 内访问 10 次地址 http://localhost:9099/scon/serviceCon1/1，有 9 条请求被拒绝了，异常信息是自定义配置的 response-body 内容，如图 6-25 所示。

图 6-25 使用 JMeter 显示自定义流控降级异常信息

6.6 综合案例：搭建高可用 Gateway 集群

通过前面的学习，读者已经掌握了 Gateway 的主要功能。Gateway 作为所有请求的统一入口，它的稳定直接关系到整个服务的可用性。因此在实际使用中，Gateway 通常是高可用状态。集群化是实现高可用的常用方式之一，将多个 Gateway 组成一个集群，通过集群冗余备份的方式保证网关服务的可用性。本任务将介绍如何利用 Nginx 和 Gateway 搭建一个网关集群，实现网关服务的高可用。

6.6.1 案例任务

任务内容：基于 ServiceWithGateway 模块再创建一个网关模块 ServiceWithGatewayOther，端口号为 9098。将 2 个网关模块组成一个网关集群负责路由转发，利用 Nginx 在两个网关集群前端实现负载均衡，使 2 个网关模块轮流转发请求。再配置一条流控规则，测试网关集群的限流功能是否正常。

6.6.2 任务分析

此任务结合了 Nginx 搭建一个高可用的 Gateway 网关集群，集群架构如图 6-26 所示。当请求到来时，Nginx 通过负载均衡机制将请求转发到某一个 Gateway 服务上。为区分请求被转发到哪个 Gateway 服务，这里需要对 Gateway 添加一个全局过滤器，显示请求转发到 Gateway 的端口号。然后在 Nginx 中配置两个网关模块的 IP 地址和端口号，使 Nginx 能够轮询转发请求给网关集群。

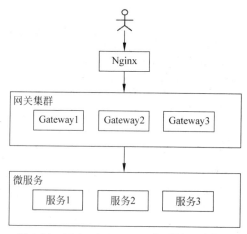

图 6-26　Nginx+Gateway 高可用网关集群

6.6.3 任务实施

在 ServiceWithGateway 模块的 config 目录下创建一个全局过滤器类 CustomerGlobalFilter2，该类继承 GlobalFilter 接口并覆写内部的 filter() 方法，对所有请求添加一个请求头参数

port,将当前网关的端口号赋值给 port。

【CustomerGlobalFilter2.java】

```java
package gateway.config;
import org.springframework.beans.factory.annotation.Value;
import org.springframework.cloud.gateway.filter.GatewayFilterChain;
import org.springframework.cloud.gateway.filter.GlobalFilter;
import org.springframework.core.annotation.Order;
import org.springframework.http.server.reactive.ServerHttpRequest;
import org.springframework.stereotype.Component;
import org.springframework.web.server.ServerWebExchange;
import reactor.core.publisher.Mono;
@Component
@Order(value = 888888)
public class CustomerGlobalFilter2 implements GlobalFilter {
    @Value("${server.port}")
    private String port;
    @Override
    public Mono<Void> filter(ServerWebExchange exchange, GatewayFilterChain chain) {
        //拦截请求,并设置请求头 port,返回新的 ServerHttpRequest 对象
        ServerHttpRequest newReq=exchange.getRequest().mutate()
                .header("port",port).build();
        //对新的 ServerHttpRequest 对象创建新的 exchange
        ServerWebExchange newExchange = exchange.mutate().request(newReq).build();
        //将新的 exchange 放回过滤器链
        return chain.filter(newExchange);
    }
}
```

ServiceWithGateway 模块的配置文件 application.yaml 中专门添加一条路由 clusterRequest,用于转发 Gateway 集群收到的请求。

```yaml
#集群转发路由
- id: clusterRequest
  uri: lb://service-con
  order: 0
  predicates:
    - Path=/clusterRequest/**
```

在 SpringDemo6 项目中再创建一个网关模块 ServiceWithGatewayOther,设置端口号为 9098,模块其余内容和 ServiceWithGateway 模块一样。

在 ServiceConsume 模块的 ServiceConController 类中添加一个接口方法 clusterRequest(),用于接收 Gateway 集群转发的路由请求。clusterRequest()方法内部接受请求头中的 port 值,对页面输出响应。

```java
@GetMapping("/clusterRequest/{id}")
public String clusterRequest(@PathVariable Integer id,
                              @RequestHeader("port") String port){
```

```
//可变参数形式传递参数
String res= restTemplate.getForObject(
        "http://service-pro/servicePro/{1}",String.class,id);
return res+",访问网关的端口号: "+port;
}
```

确保系统已安装 Nginx，这里使用 Nginx-1.24.0 版本。修改 Nginx 的 conf 目录下 nginx.conf 配置文件的内容。在其中添加如下代码，配置网关集群的负载均衡地址和 Nginx 代理地址。

```
#配置负载均衡,对应网关集群
upstream mygateway{
    server 127.0.0.1:9099 weight=1;
    server 127.0.0.1:9098 weight=1;
}
server {
    listen 5173; #Nginx端口号
    server_name localhost; #Nginx 服务地址
    #网关集群代理
    location /gateway {
        #对/gateway 地址做代理转换
        rewrite ^/gateway/(.*)$/$1 break;
        proxy_pass http://mygateway;
    }
}
```

经过上述配置后，当用户访问地址 http://localhost:5173/gateway/**，Nginx 会首先将请求地址中的"/gateway"去除，重写路径为 http://localhost:5173/**。再将重写后的路径代理成 http://mygateway/**，然后匹配 mygateway，将请求转发到 upstream mygateway 配置的网关集群中。

双击 Nginx 安装目录下的 Nginx.exe 文件，有一个黑窗口一闪而过，就开启了 Nginx 服务。可在命令提示符窗口通过 tasklist|findstr "nginx.exe"命令查看 Nginx 进程是否存在，如图 6-27 所示。

图 6-27　查看 Nginx 进程

开启 Naocs、ServiceWithGateway 网关模块和 ServiceWithGatewayOther 网关模块、ServiceConsume 模块和 ServiceProduct 模块，在浏览器中输入地址 http://localhost:5173/gateway/clusterRequest/1，访问 clusterRequest 接口。多次刷新页面，页面会轮流显示访问网关的端口号为 9099 和 9098，如图 6-28 所示，证明 Nginx 将服务轮流转发给网关集群中的两个网关了。此时如果将其中一个网关停止，服务也能被正常访问。

启动 Sentinel 控制台，在 Sentinel 控制台对 clusterRequest 路由配置一条流控规则，设置 QPS 阈值为 2。在浏览器中 1s 内连续 3 次访问 http://localhost:5173/gateway/clusterRequest/1，就会触发流控机制，页面显示"服务被流控降级了"。

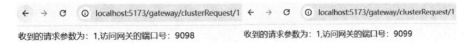

图 6-28　Nginx 轮流转发请求给网关集群

测试完毕，可以在命令提示符页面输入 taskkill /f /t /im "nginx.exe" 命令关闭 Nginx，如图 6-29 所示。

图 6-29　关闭 Nginx

6.7　小　　结

网关是微服务系统中不可缺少的重要组件。本章重点介绍了如何在 Spring Cloud Alibaba 框架中使用 Gateway 网关进行路由转发。先介绍了 Gateway 网关的理论知识，包括 Gateway 网关的概念、路由的属性和 Gateway 的基本工作流程。随后介绍了网关的实践知识，包括 Gateway 的基本使用方法、Gateway 内置断言工厂的配置、Gateway 过滤器的配置、Gateway 跨域配置，以及 Gateway 整合 Nacos 和 Sentinel 实现服务的流控和降级。最后通过一个综合案例——搭建高可用 Gateway 集群，综合运用前面的所有知识，结合 Nginx 介绍了 Gateway 的真实应用场景。读者通过理论、实践、综合运用三个层次来学习 Gateway 相关知识后，就能够更好地使用 Gateway 解决实际问题。

6.8　课后练习：自主练习搭建高可用 Gateway 集群

自主搭建一个微服务系统，内部添加一个服务生产者和服务消费者模块，再添加 2 个网关模块端口分别为 9097 和 9096。将 2 个网关模块组成一个网关集群负责路由转发，结合 Nginx 实现网关集群转发请求。

第 7 章 Spring Cloud Alibaba 之分布式事务管理

在 Spring Boot 项目中,完成一个业务逻辑需要对数据库进行事务类型的操作,只需操作一个数据库,能够直接使用@Transactional 注解进行本地的事务管理。而在 Spring Cloud 项目中服务是分布式架构的,每个服务都是一个 Spring Boot 项目,对应操作自己的数据库。完成一个业务逻辑需要调用多个 Spring Boot 服务才能完成,其间涉及多个数据库的操作。而每个 Spring Boot 项目都是一个独立的服务,事务管理就会涉及多个独立的个体。此时就不能在每个 Spring Boot 项目中直接使用@Transactional 注解了。@Transactional 注解只能管理本地事务,无法做到跨节点的事务管理。因此为了保持事务的原子性与一致性,需要一个工具来统一管理分布式架构系统中的事务。Seata 是阿里巴巴开源的一款分布式事务管理组件,可以集成在 Spring Cloud Alibaba 框架中,用于管理分布式事务。本章将介绍 Seata 的基本概念和使用方法。

7.1 初识分布式事务

分布式事务是由于系统的分布式架构而衍生出的概念。在分布式系统里,每个节点都可以知晓自己操作的成功或者失败,却无法知道其他节点操作的成功或失败。当一个事务跨多个节点时,为了保持事务的原子性与一致性,就必须引入一个协调者来统一管理所有事务参与者。相对于本地事务管理来说,分布式事务涉及多个独立个体服务,管理逻辑更加复杂,代码实现难度更大。本节将详细介绍什么是分布式事务,分布式事务出现的原因以及常见的分布式事务解决方案。

7.1.1 分布式事务的由来

事务是指访问数据库中的一组操作,这些操作要么全部成功执行,要么全部回滚,以保持数据的一致性和完整性。事务具有原子性、一致性、隔离性、持久性 4 个特性,也称为事务的 ACID 特性。

(1) 原子性(atomicity):事务是一个不可分割的单元,内部所有操作要么全部执行成功,要么全部失败回滚,没有中间状态。

(2) 一致性(consistency):事务使数据库从一个一致性状态转移到另一个一致性状态。

(3) 隔离性(isolation):所有并发执行的事务之间相互隔离,互不干扰。

(4)持久性(durability):事务一旦提交,对数据库的修改是永久的,即使在数据库发生故障时也不会受到影响。

在单体架构服务中,服务只需要操作单一的数据库,此时的事务管理称为本地事务管理。本地事务管理可通过一个数据库直接实现 ACID 特性。随着服务架构向分布式发展,实现一个业务功能往往涉及多个服务对不同数据库的操作,保证多个数据库之间事务的 ACID 特性就需要进行分布式事务管理。

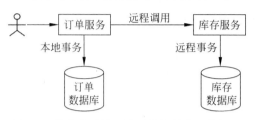

图 7-1 分布式系统用户下单场景的服务调用

例如,图 7-1 所示用户在购买商品时访问订单服务下单,订单数据库能够正常新增一条订单记录,但是不能保证库存数据库有足够的库存扣减。如果库存不够,扣减库存失败,随之触发订单服务回滚记录。此类场景事务管理涉及多个数据库,单纯使用@Transactional 注解是不行的。因为@Transactional 注解只能管理本地操作单一数据库的事务,不具备对数据库事务的统一协同管理功能,因此需要专门的工具来管理分布式事务。

在分布式事务管理中,事务的一致性是最难满足的。因此分布式事务关注的重点在于如何保证事务的一致性。

7.1.2 分布式事务处理模型和协议

为解决分布式事务,X/Open 国际联盟提出了分布式事务处理模型(X/Open distributed transaction processing,DTP)。DTP 模型定义了一个标准化的分布式事务处理的体系结构以及交互接口,主要包含了应用程序(application program,AP)、资源管理器(resource manager,RM)和事务管理器(transaction manager,TM)三个部分,如图 7-2 所示。

其中,AP 负责应用程序的业务逻辑,包含整个事务所需要的所有操作,通常用于定义事务的边界。RM 负责具体的资源操作。TM 与所有 RM 进行通信,协调和管理分布式事务的提交和回滚。TM 与 RM 之间的通信需遵守 XA 协议规范。

DTP 是一套实现分布式事务的规范,后续很多分布式事务解决方案都是参照 DTP 模型的架构来实现的。目前主流的分布式事务解决方案主要分

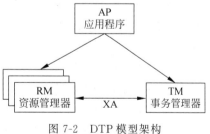

图 7-2 DTP 模型架构

为两类,分别是基于事务的强一致方案和基于柔性事务的最终一致性方案。强一致方案要求事务提交后,在任意时刻所有分布式节点的数据都是同步的。强一致方案的代表有 XA 协议、二阶段提交协议等。柔性事务的最终一致性方案要求事务提交后,允许一段时间的缓冲,在缓冲时间内允许数据不一致,在缓冲时间后数据必须同步。柔性事务的最终一致性方案的代表有 TCC 事务补偿、RocketMQ 消息队列事务、SAGA 等。

无论是强一致方案还是最终一致性方案,它们大多都基于二阶段提交协议实现并进行

优化。二阶段提交协议是基于事务的强一致原则实现的,其将分布式事务的完成划分为准备阶段和提交阶段,如图7-3所示。

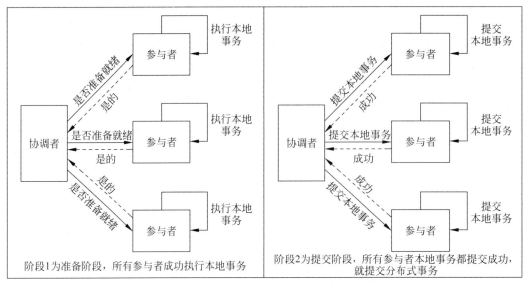

图 7-3 二阶段提交过程

(1) 准备阶段。准备阶段由 TM 询问各 RM 是否准备好执行事务,并接收 RM 的反馈信息。具体流程如下。

① TM 向所有 RM 发送事务内容,询问是否可以提交事务,并等待答复。

② 各 RM 预执行本地事务操作,给本地事务相关数据资源上锁,将事务执行前后的数据状态记入事务日志中,但不真正提交事务。

③ 如 RM 预执行成功,向 TM 反馈同意,否则反馈中止,表示事务不可以执行。

(2) 提交阶段。提交阶段由 TM 收到各 RM 的准备消息后,根据反馈情况通知各 RM 提交或者回滚事务。具体流程如下。

① TM 根据各 RM 的准备消息进行综合判断,如果所有 RM 都反馈同意,TM 向所有 RM 发出正式提交事务通知。如果有任意一个 RM 反馈中止,TM 向所有 RM 发出正式回滚事务通知。

② 所有 RM 收到 TM 通知后,根据通知内容统一执行事务提交或回滚操作,同时清除事务日志,释放上锁的数据资源。

③ 所有 RM 完成事务提交后,向 TM 发送 ACK 确认消息。

④ TM 收到所有 RM 的 ACK 确认消息后,认为分布式事务已完成。

二阶段提交协议将事务提交分为两个阶段,实现了所有 RM 的统一事务操作,保证了分布式事务的原子性,但是也存在以下一些问题。

(1) 同步阻塞问题:在准备阶段,每个 RM 都采用同步阻塞方式等待其他 RM 提交事务的预执行结果,导致资源无法被第三方访问,这种模式不适用于高并发场景。

(2) 单点故障问题:TM 只有一个,如果 TM 发生故障,所有 RM 会一直等待,无法完成其他操作。

(3) 数据一致性问题:在提交阶段 TM 有可能只对部分 RM 发送了提交/回滚事务的

通知就中途宕机了,这时只有部分 RM 收到通知提交/回滚事务,另一部分 RM 未收到通知执行相应操作,最终造成所有 RM 的数据不一致。

基于上述问题,又产生了三阶段提交协议。三阶段提交协议在二阶段提交协议基础上做了进一步改进,同时在 TM 和 RM 中都引入超时机制,只要有一方超时,另一方就立刻中断事务,避免了 TM 单点故障及 RM 无限等待的问题。同时三阶段提交协议把二阶段提交协议的准备阶段再次一分为二,将全局事务提交分为询问准备阶段、准备阶段、提交阶段三个阶段,如图 7-4 所示。在准备询问阶段,先询问各 RM 是否准备好进行事务提交,如果各 RM 都准备好,则进入准备阶段进行事务预提交,否则直接终止事务。在询问准备阶段各 RM 资源仍然能够被第三方访问,降低了各 RM 资源的阻塞等待时间。在进入提交阶段后,如果 TM 出现问题,RM 会在等待超时之后继续执行事务提交。

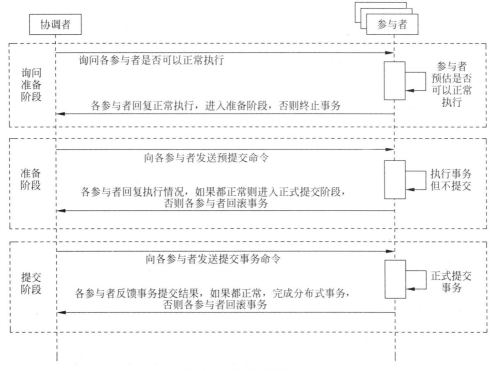

图 7-4　三阶段提交过程

三阶段提交协议改善了二阶段提交协议的单点故障问题和同步阻塞问题,但是仍然没有解决数据一致性问题。假设 TM 发送的是回滚通知,只有部分 RM 接收,那就会造成部分 RM 超时自动提交事务,部分 RM 收到回滚通知后回滚事务,最终所有 RM 数据还是不一致。虽然三阶段提交协议在事务处理机制上是优于二阶段提交协议的,但是由于代码实现难度过大,因此当前主流的分布式事务解决方案仍然以二阶段提交协议为基础。

分布式事务处理模型和协议

7.2 初识 Seata

Seata 是阿里巴巴推出的一款开源分布式事务解决方案,用于解决分布式系统中的事务一致性问题。Seata 提供了高性能和高可靠性的分布式事务支持,同时支持 AT、TCC、SAGA 和 XA 四种事务模式,致力于为用户提供一站式的分布式事务解决方案。通过使用 Seata,开发人员可以简化分布式事务编程处理逻辑,专注于业务逻辑的开发。本节将详细介绍 Seata 的基本架构及事务模式等理论知识。

7.2.1 Seata 的架构

Seata 的设计思路是将一个分布式事务理解成一个全局事务,内部根据操作又拆分为若干个分支事务,每一个分支事务是一个满足 ACID 原则的本地事务,这样操作分布式事务就像操作本地事务一样。Seata 的架构遵循 DTP 模型,内部定义了 3 个模块来处理全局事务和分支事务的关系,分别是事务协调器(transaction coordinator,TC)、事务管理器(transaction manager,TM)、资源管理器(resource manager,RM),如图 7-5 所示。

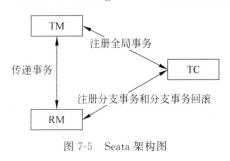

图 7-5 Seata 架构图

其中,事务协调器 TC 用于维护全局事务的运行状态,驱动全局事务的提交或回滚,对应于 DTP 模型中的 TM;事务管理器 TM 定义全局事务的边界,负责开启一个全局事务,并最终发起全局事务提交或回滚,对应于 DTP 模型中的 APP;资源管理器 RM 管理分支事务,负责向事务协调器 TC 注册分支事务及汇报分支事务状态,同时接收事务协调器 TC 的指令,驱动分支事务的提交和回滚,对应于 DTP 模型中的 RM。实现上,事务协调器 TC 以 Seata 服务端形式独立安装部署,而事务管理器 TM 和资源管理器 RM 作为 Seata 客户端集成在应用中启动。

由 Seata 架构图可知,一个分布式全局事务的执行步骤如下,如图 7-6 所示。

(1) 事务管理器 TM 向事务协调器 TC 申请开启一个全局事务。TC 会生成唯一的全局编号 XID。XID 会在全局事务的上下文中传播,以便将多个相关的子事务关联在一起。

(2) 资源管理器 RM 向事务协调器 TC 注册分支事务。这些分支事务的 XID 相同,都归属于同一个全局事务。

(3) 事务管理器 TM 向事务协调器 TC 发起全局事务提交或回滚操作。

(4) 事务协调器 TC 调度 XID 下属所有分支事务执行提交或者回滚操作。

Seata 的架构

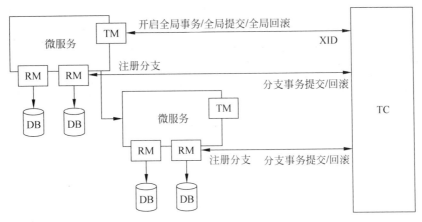

图 7-6　Seata 分布式全局事务执行步骤

7.2.2　Seata 的四种事务模式

Seata 同时支持 AT、TCC、SAGA 和 XA 四种事务模式。其中 AT 模式是 Seata 默认事务模式。下面介绍一下这四种事务模式。

1. AT 模式

AT 模式是 Seata 默认的工作模式，是 Seata 提供的一种非侵入式的分布式事务解决方案。它采用本地回滚日志（undo log）的方式来记录数据在修改前后的状态，并通过这种方式来实现数据的回滚。用户在使用时只需配置好对应的数据源并编写 SQL，事务的提交和回滚过程均由 Seata 自动完成，对用户的业务影响较小。

AT 模式是在数据库层管理事务的，使用前提是服务必须是一个 Java 应用，并通过 JDBC 访问关系数据库，关系数据库要支持本地 ACID 事务。Seata 会在应用程序内部对数据源对象创建一个代理对象作为 RM，在代理对象中加入一些事务控制逻辑，例如，插入回滚日志及检查全局锁等，而不影响原有的数据源对象。

AT 模式基于二阶段提交协议做了改进，追求事务的最终一致性。AT 模式总共分为两个阶段。应用程序集成的 Seata 客户端 TM 发起请求向 Seata 服务端注册一个全局事务，Seata 服务端开启全局事务，将 XID 编号通过微服务的调用链路透传下去到各个 RM，进入 AT 模式一阶段。

（1）AT 模式的一阶段。AT 模式的一阶段对应于二阶段提交协议的准备阶段，流程如图 7-7 所示。AT 模式的一阶段主要执行以下操作。

① Seata 服务端通过代理数据源对象拦截并解析写操作的 SQL 语句，找到 SQL 语句要更新的数据。

② 在数据被更新前，将其保存成前像镜像快照，然后执行 SQL 语句，在数据更新之后，再将其保存成后像镜像快照，这样数据更新前后的值都记录下来了，就完成了一个回滚日志记录。将回滚日志记录插入 undo_log 数据表中，并对当前数据添加本地行锁，保证本地数据操作的原子性和隔离性。

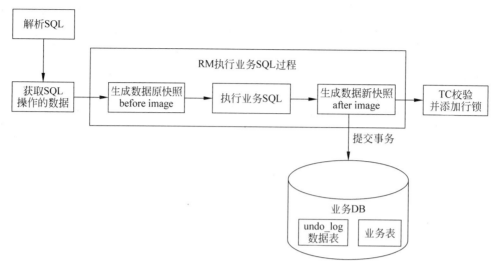

图 7-7　AT 模式一阶段流程图

③ Seata 客户端 RM 向 Seata 服务端注册本地分支事务。Seata 服务端对分支事务涉及的数据进行校验并添加全局行锁 Lock。全局行锁由 Seata 自身提供，不依赖于数据库，用于防止其他全局事务相同的分支事务的重复操作数据，造成脏数据。

④ RM 获取全局行锁将回滚日志记录和 SQL 语句本地事务提交，随后删除本地行锁并将结果汇报给 Seata 服务端。其间如果 RM 获取不到全局行锁，将不能提交本地事务，会一直重试，直到拿到全局行锁。

(2) AT 模式的二阶段。待所有 RM 将回滚日志和 SQL 语句的本地事务都提交后，开启 AT 模式的二阶段。AT 模式的二阶段对应于二阶段提交协议的提交/回滚阶段。在 AT 模式的二阶段中，Seata 客户端 TM 向 Seata 服务端发起全局事务提交申请，Seata 服务端会根据各分支事务的执行结果，开始执行全局事务的提交/回滚操作。如果所有分支事务都提交成功，进入 AT 模式的二阶段提交流程，如图 7-8 所示。由于数据已经更新，Seata 服务端只需将全局事务的全局行锁 Lock 删除，然后通知所有 RM 异步删除 undo_log 数据表中记录，即可完成全局事务的提交。

图 7-8　AT 模式的二阶段提交流程图

如果所有分支事务中有一个提交失败，进入 AT 模式的二阶段回滚流程，如图 7-9 所示。Seata 服务端会通知所有 RM 根据 AT 模式的一阶段保存在 undo_log 数据表中的记录前像镜像快照，通过逆向 SQL 的方式，对在 AT 模式的一阶段修改过的业务数据进行还原，然后提交全局事务。

在还原数据之前，需要进行脏数据校验。因为数据有可能在一阶段本地事务提交后到回滚这段时间内被别的 SQL 改动过。脏数据校验的方式就是用回滚日志记录的后像镜像快照和现在的数据做比较,如果数据一致,说明没有脏数据,可以自动进行数据还原;否则说明有脏数据,需要人工处理还原数据。

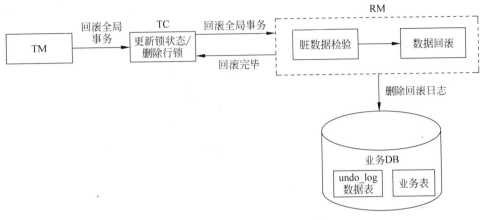

图 7-9　AT 模式二阶段回滚流程图

AT 模式是 Seata 的默认运行模式,也是用户使用最简单的一种模式。用户只需将 Seata 服务端单独部署,然后在应用的业务方法上添加注解@GlobalTransactional 即可。AT 模式基于关系数据库 ACID 特性,能够满足大多数分布式场景需求。AT 模式也有其局限性,如果底层使用非关系数据库,AT 模式就不适用了。同时 AT 模式通过全局行锁来解决不同全局事务对同一数据的操作,而全局行锁在 AT 模式的二阶段全局事务提交或回滚后才会释放,对于并发量大的业务来说存在性能瓶颈。

2. TCC 模式

TCC 模式追求事务的最终一致性,也是基于二阶段提交。TCC 模式将分布式事务提交分为 Try、Confirm、Cancel 三个操作。与 AT 模式不同的是,TCC 是在业务层来管理事务,需要用户对每个业务操作实现 Try、Confirm、Cancel 三个操作方法自定义各分支事务处理逻辑,对代码的侵入性很强。TCC 模式的运行流程如图 7-10 所示。

(1) TCC 模式的一阶段。TCC 模式的一阶段对应于二阶段提交协议的准备阶段。在 TCC 模式的一阶段中,所有 RM 执行 Try 操作预提交事务,Try 操作不直接修改数据库数据,而是通过一个中间状态属性来保存预提交的数据,并将执行结果发送给 Seata 服务端。在整个 TCC 模式的一阶段中,只有中间状态属性对应的字段是被加锁的,数据库其他字段并不加锁。这样加锁粒度更小,能够对高并发场景提供更好的支持。

(2) TCC 模式的二阶段。TCC 模式的二阶段,Seata 服务端根据 TCC 模式的一阶段结果决定是执行 Confirm 操作还是 Cancel 操作。如果所有 RM 都执行成功,Seata 服务端执行 Confirm 操作并真正提交事务,释放中间状态属性的锁,并清空中间状态属性;否则通知所有 RM 执行 Cancel 操作,释放中间状态属性的锁,并清空中间状态属性。在 TCC 模式的二阶段中,Confirm 操作和 Cancel 操作有可能会失败,因此 Confirm 操作和 Cancel 操作需要支持定时重试功能,以保证事务的最终一致性。

TCC 模式的本质是把数据库的二阶段提交上升到业务层来实现,从而避免了数据库二

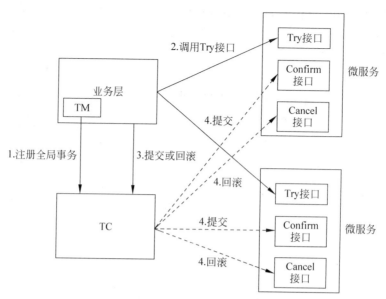

图 7-10 TCC 模式运行流程图

阶段中锁机制,提高了对高并发场景的支持。TCC 模式适用于对性能要求较高或有非关系数据库参与的分布式事务场景。但是 TCC 模式对代码的侵入性强,需要用户自定义每个分支事务的 Try、Confirm、Cancel 操作,开发和维护成本较高。

3. SAGA 模式

SAGA 模式最初是为了避免大事务长时间锁定数据库的资源,将大的分布式事务拆分成若干个小事务。如果所有的小事务都正常提交,那么分布式事务也正常提交,否则就执行相应的补偿方法。SAGA 模式追求事务的最终一致性,整个执行过程也分为两个阶段,如图 7-11 所示。

(1) SAGA 模式的一阶段。每个 RM 都真正提交本地事务,向 TC 汇报状态。如果某个本地事务提交失败,则执行正向补偿方法,采用定时重传机制继续提交,直到成功为止。

(2) SAGA 模式的二阶段。TM 向 TC 申请提交全局事务,TC 根据各 RM 汇报的状态通知各 RM 事务提交还是回滚。如果所有 RM 都提交成功,则不进行任何操作。当出现某一个 RM 失败,则执行反向补偿方法,反向回滚操作已经成功提交本地事务的 RM。由于反向回顾操作也存在失败风险,因此反向补偿方法也需要采用定时重传机制。

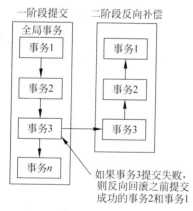

图 7-11 SAGA 模式执行过程

Seata 中的 SAGA 模式由状态机实现,并需要用户自己编写一阶段正向补偿服务和二阶段反向补偿服务,对业务代码有一定的入侵性。SAGA 模式的状态机实现机制是通过状态图来定义服务调用的流程并生成 JSON 格式的状态语言定义文件。状态图中一个节点表示调用一个服务,节点可以配置它的补偿节点。状态图由状态机引擎驱动执行,当出现异常时,状态引擎反向执行已成功的补偿节点将回滚事务。

SAGA 模式适用于业务流程执行时间非常长的场景。在一阶段直接提交事务,没有锁机制,性能优于 AT 模式和 TCC 模式。但是没有锁机制也会导致事务无法隔离,产生脏数据。

4. XA 模式

XA 模式是利用数据库对 XA 协议的支持,以 XA 协议的机制来管理分支事务的一种模式。XA 协议是 X/Open 组织定义的分布式事务处理标准,目前主流的关系数据大多都支持 XA 协议。

XA 模式执行过程和二阶段提交协议类似,也分为两个阶段,如图 7-12 所示。

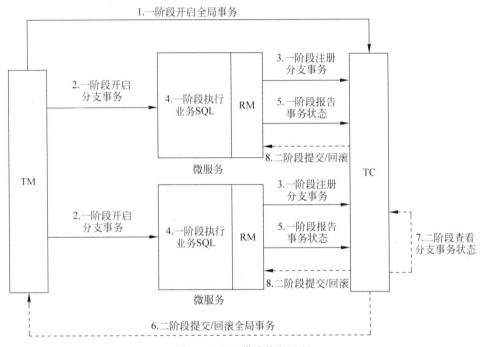

图 7-12　XA 模式执行过程

（1）XA 模式的一阶段。各 RM 向 TC 注册分支事务,RM 执行分支事务,但是不提交,对数据进行上锁,同时汇报状态给 TC。

（2）XA 模式的二阶段。TC 通过各 RM 反馈的执行状态进行全局事务的提交或回滚。如果所有 RM 都执行成功,则提交全局事务,并释放锁;如果有一个 RM 执行失败,则通知所有 RM 回滚分支事务,并释放锁。

XA 模式使用支持 XA 协议的数据库实现,实现简单,没有代码入侵。在一阶段锁定数据库资源,在二阶段结束释放锁,保证了数据的强一致性。但是这样的锁机制也影响性能,导致 XA 模式对高并发业务支持不好。因此,XA 模式一般用于对业务隔离性和一致性非常高,且并发量不大的场景。同时 XA 模式依赖于关系数据库实现事务,如果业务需要使用非关系数据库,XA 模式也不适用。

XA 和 AT 模式执行流程很相似,它们都基于关系数据库实现,都对业务无入侵,很多初学者分不清二者,这里总结一下两者的区别。

区别1：XA模式的一阶段不提交本地事务,需要锁定数据库资源,而AT模式的一阶段直接提交本地事务,不锁定数据库资源。

区别2：XA模式依赖数据库本身的事务回滚机制进行本地事务回滚；AT模式利用回滚日志记录中的前像镜像数据快照进行本地事务回滚。

区别3：XA模式追求数据强一致性,而AT模式追求数据最终一致性。

下面总结对比Seata的四种事务模式,如表7-1所示。

表7-1 Seata的四种事务模式

模式	一致性	隔离性	入侵性	性能	应用场景
AT	最终一致	全局锁隔离	无	较好	基于关系数据库,满足大多数场景
TCC	最终一致	资源预留隔离	有	好	对性能要求较高或业务涉及非关系数据库的场景
SAGA	最终一致	无隔离	有	好	业务流程较长的场景
XA	强一致	完全隔离	无	差	对一致性和隔离性要求非常高,且使用关系数据库的场景

7.3 安装和使用Seata

在使用Seata之前,需要先安装部署。Seata主要分为服务端和客户端两部分,其中,Seata服务端以独立形式安装部署；Seata客户端集成在应用中,可通过依赖包的形式引入应用。本节将介绍如何在基于MySQL数据库和Nacos安装部署一个高可用的Seata服务端,以及如何在应用中集成部署Seata客户端。

7.3.1 安装Seata服务端

由于本书选择Spring Cloud Alibaba的版本为2022.0.0-RC2,对应的Seata客户端版本为1.7.0-native-rc2,因此Seata服务端选择1.7.0版本。这里从Seata官网下载Windows环境下的Seata服务端压缩包文件seata-server-1.7.0.zip,将压缩包解压后,即可直接使用Seata服务端。

Seata服务端有三种事务的存储模式,分别是file、db和redis。

(1) file模式：file为单机模式,也是Seata服务端默认的事务存储模式。file模式的全局事务会话信息在内存中读写并异步持久化存储在本地Seata服务端目录下的root.data文件中,性能较高。file模式无须改动任何配置,解压seata-server-1.7.0.zip压缩包后,直接双击bin目录下的seata-server.bat文件即可启动。

(2) db模式：db模式为Seata集群高可用模式,集群中全局事务会话信息通过数据库共享,性能略低于file模式。db模式需用户手动修改Seata服务端配置,一般结合Nacos实现高可用性。

(3) redis模式：redis模式在Seata1.3及以上版本支持,性能较高,但是存在事务丢失风险，需手动对 Redis 进行持久化配置。

Seata 的高可用依赖于注册中心、配置中心和数据库来实现，这里使用 Nacos 作为注册中心和配置中心，数据库采用 MySQL 8。下面采用 db 模式部署高可用的 Seata 服务端，部署流程主要分为两块内容，分别是数据库相关配置和集成 Nacos。

1. 数据库相关配置

Seata 高可用模式下，使用数据库的目的是让 Seata 集群中所有节点将事务信息保存在数据库中，以保证集群中事务信息的一致性。数据库相关配置具体步骤如下。

在 Seata 目录下的 conf 子目录中打开 application.yml 配置文件，修改内部配置项 seata.store.mode 的值为 db，将 Seata 事务的存储模式设置为 db 模式，默认为 file 模式。

查看 Seata 目录下的 conf 目录中的 application.example.yml 配置文件，参照其中 db 相关配置对 application.yml 文件中 seata.store.db 相关属性进行如下配置，主要是配置 MySQL 数据库驱动包、URL、用户名和密码等。然后在 MySQL 数据库中新建一个名为 Seata 的数据库。代码如下：

```yaml
seata:
  store:
    # support: file、db、redis
    mode: db
    db:
      datasource: druid
      db-type: mysql
      driver-class-name: com.mysql.cj.jdbc.Driver
      url: jdbc:mysql://127.0.0.1:3306/seata?useUnicode=true&characterEncoding=utf8&serverTimezone=UTC&useSSL=false
      user: root
      password: 123456
      min-conn: 10
      max-conn: 100
      global-table: global_table
      branch-table: branch_table
      lock-table: lock_table
      distributed-lock-table: distributed_lock
      query-limit: 1000
      max-wait: 5000
```

Seata 的全局事务会话信息由三块内容构成，即全局事务、分支事务和全局锁。这三块内容都需要在数据库 seata 中存储，因此需要手动在 seata 数据库中创建对应的 4 张数据表 global_table、branch_table、lock_table 和 distributed_lock。其中，global_table 用于存储全局事务，branch_table 用于存储分支事务，lock_table 用于存储全局锁，distributed_lock 用于执行异步任务调度。Seata 安装目录下 script/server/db 目录中的 mysql.sql 文件提供了建表的 SQL 语句。这里直接在 seata 数据库中执行 mysql.sql 文件建表。

2. 集成 Naocs

Seata 高可用模式下，使用 Nacos 的目的是让外界能够通过 Nacos 注册中心访问 Seata

集群中的节点资源。同时 Seata 集群的配置也能够存放到 Nacos 配置中心里，方便集群配置的统一管理和维护。集成 Nacos 的具体步骤如下。

对 Seata 集群配置 Nacos 地址等信息，以便集群和 Nacos 进行通信。查看 seata 的目录下的 conf 目录的 application.example.yml 配置文件，参照其中 registry 相关配置对 application.yml 文件中 seata.registry 相关属性进行配置，修改 seata.registry.type 为 nacos，并配置 Seata 服务端在 Nacos 上注册的服务名、Seata 服务端集群名称、Seata 集群在 Nacos 上注册的分组名、Nacos 注册中心地址等信息。参照其中 config 相关配置对 application.yml 文件中 seata.config 相关属性进行配置，修改 seata.config.type 为 nacos，并设置 Nacos 配置中心地址及文件名 data-id 等信息。

```yaml
seata:
  config:
    type: nacos
    nacos:
      server-addr: 127.0.0.1:8848          #Nacos 配置中心地址
      group: SEATA_GROUP                   #Seata 集群在 Nacos 上注册的分组名
      data-id: seata.Server.properties     # Nacos 上的配置文件名 data-id
  registry:
    type: nacos
    preferred-networks: 30.240.*
    nacos:
      application: seata-server            #Seata 服务端在 Nacos 上注册的服务名
      server-addr: 127.0.0.1:8848          #Nacos 注册中心地址
      group: SEATA_GROUP                   #Seata 集群在 Nacos 上注册的分组名
      cluster: default                     #Seata 服务端集群名称
```

Seata 服务端和客户端配置保存在 Seata 的 script/config-center 目录下的 config.txt 文件内，有很多配置项。这里选取一些常用 db 配置将其上传到 Nacos 以便管理。在 Nacos 的配置中心新建一个配置文件 data-Id 为 seataServer.properties，Group 为 SEATA_GROUP，然后在配置内容中输入以下配置信息并保存。

```
service.vgroupMapping.default_tx_group=default
store.mode=db
store.lock.mode=db
store.session.mode=db
store.db.datasource=druid
store.db.dbType=mysql
store.db.driverClassName=com.mysql.cj.jdbc.Driver
store.db.url=jdbc:mysql://127.0.0.1:3306/seata?rewriteBatchedStatements=true&useUnicode=true&characterEncoding=utf8&serverTimezone=UTC
store.db.user=root
store.db.password=123456
store.db.minConn=5
store.db.maxConn=30
store.db.globalTable=global_table
store.db.branchTable=branch_table
store.db.distributedLockTable=distributed_lock
```

```
store.db.queryLimit=100
store.db.lockTable=lock_table
store.db.maxWait=5000
```

上述配置内容设置了 Seata 服务端存储模式为 db 模式，Seata 服务端访问数据库 URL、驱动包、用户名和密码等信息。其中，关于 service.vgroupMapping.default_tx_group=default 有以下 3 点说明。

（1）service.vgroupMapping.default_tx_group=default 配置用于指定 Seata 事务逻辑分组与 Seata 服务端集群的映射关系，表示使用名为 default 的 Seata 集群进行 default_tx_group 分组的事务管理。

（2）Seata 事务逻辑分组名默认为 default_tx_group，可自行修改，修改后需与 Seata 客户端所在微服务配置的分组名一致。

（3）default 为默认注册在 Nacos 上的集群名称，可通过 application.yml 文件内的 registry.nacos.cluster 配置项设置，要求 registry.nacos.cluster 配置项值和 service.vgroupMapping.default_tx_group 值保持一致。

在开启 Seata 服务端之前还可以配置一下 Seata 服务端日志的输出方式。Seata 服务端运行日志默认输出到 ${user.home}/logs/seata 目录下，可以在 application.yml 配置文件中修改如下的日志配置项。

```
logging:
  config: classpath:logback-spring.xml
  file:
    path: ${user.home}/logs/seata
```

删除 Seata 的 lib/jdbc 目录下 5.x 版本的 JDBC 驱动包，让 Seata 服务端默认使用 8.x 的驱动包连接 MySQL。在 Seata 的 bin 目录下打开命令提示符窗口，执行 seata-server.bat 文件，开启 Seata 服务端，Seata 服务端默认启动端口号为 8091。当看到"seata server started in..."信息时，如图 7-13 所示，证明 Seata 服务端开启成功。

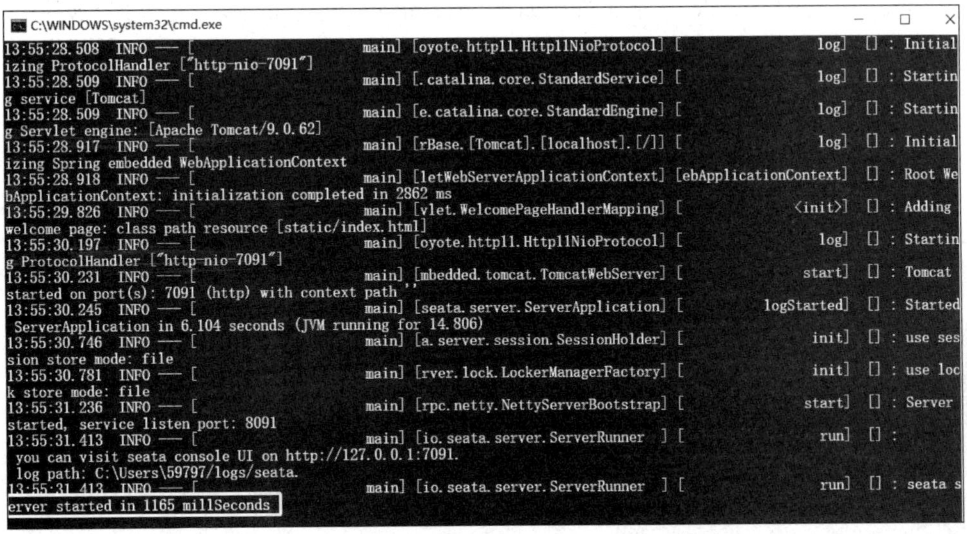

图 7-13　成功开启 Seata 服务端

在 Nacos 控制台服务列表页面也可以看到 Seata 服务端注册的服务名为 seata-server，有一个服务实例，如图 7-14 所示。

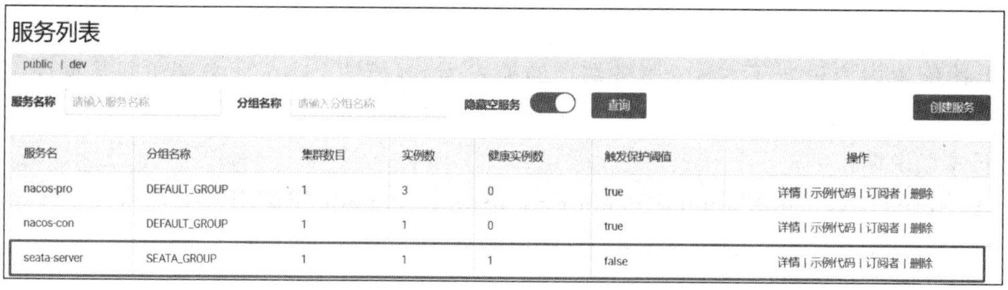

图 7-14 Seata 服务端在 Nacos 中注册

7.3.2 安装和使用 Seata 客户端

由于 Seata 客户端集成在微服务应用中，客户端部署需要结合具体的微服务演示。这里创建一个 SpringCloudDemo7 项目，在该项目中添加 SpringCloudDemo6 项目中的订单模块 OrderService 和库存模块 StockService 来演示 Seata 客户端的部署。分布式事务场景为用户下单，订单模块操作订单数据库新增一条订单记录，同时库存模块操作库存数据库扣减库存。如果订单模块出现异常，库存模块要执行回滚操作。Seata 默认运行模式是 AT 模式，下面以 AT 模式为例介绍 Seata 客户端的部署。

在 OrderService 模块和 StockService 模块的 pom.xml 文件中添加如下 Seata 依赖。

```xml
<dependency>
    <groupId>com.alibaba.cloud</groupId>
    <artifactId>spring-cloud-starter-alibaba-seata</artifactId>
</dependency>
```

在 OrderService 模块和 StockService 模块对应的数据库 spring_cloud_demo4_order 和 spring_cloud_demo4_stock 中分别执行如下 SQL 语句，创建 undo_log 数据表，用来存储 AT 模式下的 undo_log 记录，以便进行分布式事务回滚操作。

```sql
CREATE TABLE `undo_log` (
  `id` bigint(20) NOT NULL AUTO_INCREMENT,
  `branch_id` bigint(20) NOT NULL,
  `xid` varchar(100) NOT NULL,
  `context` varchar(128) NOT NULL,
  `rollback_info` longblob NOT NULL,
  `log_status` int(11) NOT NULL,
  `log_created` datetime NOT NULL,
  `log_modified` datetime NOT NULL,
  `ext` varchar(100) DEFAULT NULL,
  PRIMARY KEY (`id`),
  UNIQUE KEY `ux_undo_log` (`xid`,`branch_id`)
) ENGINE=InnoDB AUTO_INCREMENT=1 DEFAULT CHARSET=utf8;
```

这里需确保 spring_cloud_demo4_stock 数据库的 stock_info 数据表有商品库存信息。如果没有，可执行下面的插入数据的 SQL 语句。

```sql
insert into stock_info (product_id,stock_num)values(1,5);
insert into stock_info (product_id,stock_num)values(2,10);
insert into stock_info (product_id,stock_num)values(3,15);
```

分别在 OrderService 模块和 StockService 模块的配置文件 application.yaml 中添加如下 Seata 配置，设置 Seata 客户端 ID、Nacos 注册中心和配置中心地址等信息。其中，OrderService 模块的 application-id 为 seata-order-client，StockService 模块的 application-id 为 seata-stock-client，其他配置都一样。

```yaml
seata:
  application-id: seata-order-client          #Seata 客户端 ID
  #配置 Nacos 注册中心地址，以便 Seata 客户端通过 Nacos 注册中心访问 Seata 服务端
  registry:
    type: nacos
    nacos:
      server-addr: localhost:8848
      application: seata-server               #Seata 服务端在 Nacos 上注册的服务名
      group: SEATA_GROUP
      cluster: default
  #配置 Nacos 配置中心地址，以便 Seata 客户端能够读取 Nacos 上的配置
  config:
    type: nacos
    nacos:
      server-addr: localhost:8848
      group: SEATA_GROUP
```

在 OrderService 模块的 service 目录下创建一个 SeataServiceTest 类，内部编写 addOrderAndReduceStock() 方法，用于新增订单并远程调用库存服务扣减库存，同时人为制造一个异常以测试分布式事务。在 addOrderAndReduceStock() 方法上添加全局事务注解 @GlobalTransactional 管理分布式事务。

【SeataServiceTest.java】

```java
package orderservice.service;
import io.seata.spring.annotation.GlobalTransactional;
import orderservice.domain.Order;
import org.springframework.beans.factory.annotation.Autowired;
import org.springframework.stereotype.Service;
import java.time.LocalDateTime;
import java.time.format.DateTimeFormatter;
@Service
public class SeataServiceTest {
    @Autowired
    private OrderService orderService;
    @Autowired
    private StockFeignService stockFeignService;
```

```java
@GlobalTransactional
public String addOrderAndReduceStock(Integer pid,Integer num){
    String res= "";
    Order order=new Order();
    order.setProduct_id(pid);
    order.setNum(num);
    order.setCreate_time(LocalDateTime.now().format(
            DateTimeFormatter.ofPattern ("yyyy-MM-dd HH:mm:ss")));
    int result=orderService.insertOrderInfo(order);
    if(result>0){
        res=stockFeignService.reduceStock(pid,num);
    }
    int i=1/0; //人为制造一个异常,看全局事务是否回滚
    return res;
}
```

在OrderService模块的OrderController类中添加一个接口方法testSeata(),内部调用SeataServiceTest服务的addOrderAndReduceStock()方法测试Seata分布式事务是否生效。

```java
@GetMapping("/testSeata/{pid}/{num}")
public String testSeata (@PathVariable("pid") Integer pid,
                         @PathVariable("num") Integer num){
    return seataServiceTest.addOrderAndReduceStock(pid,num);
}
```

依次开启Nacos服务端、Seata服务端、OrderService和StockService应用程序,Seata服务端会依次显示如下Seata客户端RM注册成功的信息,证明各Seata客户端正常运行。

```
RM register success,message:RegisterRMRequest{
    resourceIds='jdbc:mysql://localhost:3306/spring_cloud_demo4_order', version=
'1.7.0-native-rc2', applicationId='seata-order-client', transactionServiceGroup=
'default_tx_group', extraData='null'}, channel:[id: 0x12910988, L:/192.168.
153.1:8091 - R:/192.168.153.1:11610],client version:1.7.0-native-rc2
RM register success,message:RegisterRMRequest{
    resourceIds='jdbc:mysql://localhost:3306/spring_cloud_demo4_stock', version=
'1.7.0-native-rc2', applicationId='seata-stock-client', transactionServiceGroup=
'default_tx_group', extraData='null'}, channel:[id: 0xdf356408, L:/192.168.
153.1:8091 - R:/192.168.153.1:12330],client version:1.7.0-native-rc2
```

在浏览器中输入地址http://localhost:7070/testSeata/1/1,模拟下单购买1件1号商品。如果不进行分布式事务管理,按照代码执行顺序,order_info数据表将创建一个新订单,然后在stock_info数据表中将product_id为1的商品库存减1,再报除数异常错误。添加了@GlobalTransactional注解后,Seata进行全局事务进行回滚,order_info数据表和stock_info数据表都回滚了操作,数据没有变化。

此时,在浏览器中输入地址http://localhost:7091/,进入Seata控制台界面,界面中可以看到注册的分布式事务信息status状态为Rollbacking回滚,如图7-15所示。

xid	transactionId	applicationId	transactionServiceGroup	transactionName	status
192.168.153.1:8091:5332811163944325121	5332811163944325121	seata-order-client	default_tx_group	addOrderAndReduceStock(java.lang.Integer, java.lang.Integer)	••• Rollbacking

图 7-15　Seata 控制台显示的分布式事务信息

7.4　综合案例：Seata TCC 模式事务管理

在 7.3 节中部署的 Seata 默认是以 AT 模式运行的。TCC 模式也是开发中常用的分布式事务管理模式，用于在业务层进行分布式事务控制。Seata 也提供对 TCC 模式的支持。TCC 模式比 AT 模式性能更好，但是需要用户自己编写 Try()、Confirm()、Cancel() 三个方法管理事务，代码量比 AT 模式大。本任务将介绍如何使用 Seata 的 TCC 模式实现分布式事务管理。

7.4.1　案例任务

任务内容：针对 7.3 节的用户下单扣减库存场景，使用 Seata 的 TCC 模式实现分布式事务管理。如果用户下单，订单模块操作订单数据库新增一条订单记录，同时库存模块操作库存数据库扣减库存，如果订单模块出现异常，库存模块要执行回滚操作。任务中须自定义实现订单服务和库存服务的 Try()、Confirm()、Cancel() 三个方法进行事务的提交和回滚操作。

7.4.2　任务分析

该任务使用 Seata 的 TCC 模式进行分布式事务管理。TCC 模式也是基于二阶段提交，在 Seata 官网中已经介绍了 TCC 模式的使用示例，主要分为以下三个步骤。

（1）定义一个 TCC 服务接口，接口按照如下方式定义，内部定义 Try()、commit()、rollback() 三个接口方法。

```
@LocalTCC
public interface TCCServer{
    // 第一阶段：准备
    @TwoPhaseBusinessAction(name= "tccBean",
        commitMethod= "commit",
        rollbackMethod= "rollBack")
    boolean try(BusinessActionContext businessActionContext,
        @BusinessActionContextParameter(paramName= "params_map")
        Map<String, Object> params_map);
    // 第二阶段：提交
    boolean commit(BusinessActionContext businessActionContext);
    // 第二阶段：回滚
```

```
    boolean rollBack(BusinessActionContext businessActionContext);
}
```

其中,try()方法为一阶段准备方法,使用@TwoPhaseBusinessAction 注解修饰。@TwoPhaseBusinessAction 注解内部需定义属性 name,指定该 TCC 的 Bean 名称;定义属性 commitMethod,指定二阶段提交事务的执行方法;定义属性 rollbackMethod,指定二阶段回滚事务的执行方法。@BusinessActionContextParameter 注解用于将一阶段接受的参数传递到二阶段的 commit()和 rollback()方法,可以单独传递一个参数,也可以通过 Map 集合传递多个参数。由于案例中将使用 OpenFeign 基于 HTTP 进行远程服务通信,因此 TCC 服务接口上一定要添加@LocalTCC 注解。

(2) 定义一个 TCC 服务实现类,实现类继承 TCC 服务接口类,并覆写 try()、commit()、rollback()三个接口方法,自定义事务准备、提交和回滚的逻辑代码。如需接受一阶段 try()方法传递的参数,可以使用 BusinessActionContext 对象的 getActionContext("参数名")方法获取参数值。

(3) 创建业务方法内部调用 TCC 服务实现类的 try()方法创建业务逻辑,业务方法使用@GlobalTransactional 注解修饰,开启一个分布式全局事务。

除此之外,在 TCC 模式下还须考虑在订单服务数据表和库存服务数据表中分别添加一个预留字段以保存中间状态。例如,在订单表中新增一个订单状态字段,记录新增订单的事务状态。状态为 0,则订单正在创建中,事务处在一阶段准备提交;状态为 1,则订单事务已提交完毕,新增订单完成。在库存表中也新增一个冻结库存数量的字段,事务处在一阶段准备提交时,冻结一定数量的库存,待事务二阶段正式提交或回滚时,再释放冻结的库存。

7.4.3 任务实施

本任务依托 OrderService 模块和 StockService 模块实现,在两者内部添加 TCC 实现代码。

1. 数据准备

首先需提前创建 TCC 模式下的订单数据表和库存数据表。使用如下 SQL 在 spring_cloud_demo4_order 数据库中创建 TCC 模式下的订单数据表 tcc_order_info,使用 order_status 字段记录事务状态。

```
CREATE TABLE tcc_order_info (
  order_id int(10) NOT NULL AUTO_INCREMENT ,
  product_id int(10) NOT NULL ,
  num int(10) NOT NULL ,
  create_time datetime NOT NULL ,
  order_status int(10) NOT NULL , #TCC模式下记录订单的状态,0为执行中,1为执行完
  PRIMARY KEY (order_id)
);
```

使用如下 SQL 语句在 spring_cloud_demo4_order 数据库中创建 TCC 模式下的订单数据表 tcc_order_info，使用 frozen_num 作为库存冻结字段。然后在 tcc_order_info 表中添加三条库存记录。

```sql
CREATE TABLE tcc_order_info (
  stock_id int(10) NOT NULL AUTO_INCREMENT ,
  product_id int(10) NOT NULL ,
  stock_num int(10) NOT NULL ,
  frozen_num int(10) NOT NULL, #冻结库存数量
  PRIMARY KEY (stock_id)
);
insert into tcc_order_info (product_id,stock_num,frozen_num) values(1,5,0);
insert into tcc_order_info (product_id,stock_num,frozen_num) values(2,10,0);
insert into tcc_order_info (product_id,stock_num,frozen_num) values(3,15,0);
```

2. 订单服务实现 TCC

在 OrderService 模块的 domain 目录下创建 OrderTCC 实体类。内部添加如下代码。

【OrderTCC.java】

```java
package orderservice.domain;
import lombok.AllArgsConstructor;
import lombok.Data;
import lombok.NoArgsConstructor;
@Data
@AllArgsConstructor
@NoArgsConstructor
public class OrderTCC {
    private Integer order_id;
    private Integer product_id;
    private Integer num;
    private String create_time;
    //TCC 模式下记录订单的状态,0 为执行中,1 为执行完
    private Integer order_status;
}
```

在 OrderService 模块的 mapper 目录下创建 TCCOrderMapper，内部添加如下代码。

【TCCOrderMapper.java】

```java
package orderservice.mapper;
import orderservice.domain.OrderTCC;
import org.apache.ibatis.annotations.*;
import org.springframework.stereotype.Repository;
@Mapper
@Repository
public interface TCCOrderMapper {
    @Insert("insert into tcc_order_info (product_id,num,create_time,order_status)" +
```

```
            " values (#{product_id},#{num},#{create_time},#{order_status})")
    @Options(useGeneratedKeys = true,keyProperty = "order_id")//返回主键
    int insertTccOrderInfo(OrderTCC orderTCC);
    @Update("update tcc_order_info set order_status=#{order_status} " +
            "where order_id=#{order_id}")
    int updateTccOrderInfo(OrderTCC orderTCC);
    @Delete("delete from tcc_order_info where order_id=#{order_id}")
    int deleteTccOrderInfo(Integer order_id);
    @Select("select * from tcc_order_info where product_id=#{product_id} " +
            "and num=#{num} and create_time=#{create_time}")
    OrderTCC findTccOrderInfo(OrderTCC orderTCC);
}
```

在远程调用服务类 StockFeignService 中添加方法 tccReduceStock(),用于 TCC 模式的远程服务通信扣减库存。

```
@PostMapping("/tccReduceStock/{pid}/{num}")
Boolean tccReduceStock(@PathVariable("pid") Integer pid,
                       @PathVariable("num") Integer num);
```

在 OrderService 模块的 service 目录下创建 TCC 服务接口类 TCCOrderServer。TCCOrderServer 使用@LocalTCC 内部添加 prepareOrder()、commitOrder()、rollBackOrder() 三个接口方法。其中,prepareOrder()方法采用 Map 对象传值给 commitOrder()和 rollBackOrder()方法。

【TCCOrderServer.java】

```
package orderservice.service;
import io.seata.rm.tcc.api.BusinessActionContext;
import io.seata.rm.tcc.api.BusinessActionContextParameter;
import io.seata.rm.tcc.api.LocalTCC;
import io.seata.rm.tcc.api.TwoPhaseBusinessAction;
import java.util.Map;
@LocalTCC
public interface TCCOrderServer {
    /*第一阶段:准备,通过注解指定第二阶段的两个方法名。BusinessActionContext 作为上
下文对象,用来在两个阶段之间传递数据。@BusinessActionContextParameter 注解的参数数
据会被存入 BusinessActionContext */
    @TwoPhaseBusinessAction(name= "tCCOrderServer",
            commitMethod= "commitOrder",
            rollbackMethod= "rollBackOrder")
    boolean prepareOrder(BusinessActionContext businessActionContext,
                @BusinessActionContextParameter(paramName = "params_map")
                        Map<String, Object> params_map);
    // 第二阶段:提交
    boolean commitOrder(BusinessActionContext businessActionContext);
    // 第二阶段:回滚
    boolean rollBackOrder(BusinessActionContext businessActionContext);
}
```

在 OrderService 模块的 service 目录下创建 TCC 服务,实现 TCCOrderServerImpl 类并实现 TCCOrderServer 接口。

【TCCOrderServerImpl.java】

```java
package orderservice.service;
import com.alibaba.fastjson.JSONObject;
import com.alibaba.nacos.common.utils.ConcurrentHashSet;
import io.seata.rm.tcc.api.BusinessActionContext;
import orderservice.domain.OrderTCC;
import orderservice.mapper.TCCOrderMapper;
import org.springframework.beans.factory.annotation.Autowired;
import org.springframework.stereotype.Service;
import org.springframework.transaction.annotation.Transactional;
import java.util.Map;
import java.util.Set;
@Service
public class TCCOrderServerImpl implements TCCOrderServer {
    @Autowired
    private TCCOrderMapper tccOrderMapper;
    //全局事务标识,用于防止本地事务重复提交和回滚
    private static Set<String> resultHolder = new ConcurrentHashSet<>();
    @Override
    @Transactional
    public boolean prepareOrder(BusinessActionContext businessActionContext,
                                Map<String, Object> params_map) {
        Integer product_id=Integer.parseInt(params_map.get("product_id").
        toString());
        Integer num=Integer.parseInt(params_map.get("num").toString());
        String create_time=params_map.get("create_time").toString();
        OrderTCC orderTCC = new OrderTCC();
        orderTCC.setProduct_id(product_id);
        orderTCC.setNum(num);
        orderTCC.setCreate_time(create_time);
        orderTCC.setOrder_status(0);
        //新增状态为 0 的订单
        int order_id=tccOrderMapper.insertTccOrderInfo(orderTCC);
        //事务成功,在 resultHolder 中保存 xid 作为标识
        resultHolder.add(businessActionContext.getXid());
        return true;
    }
    @Override
    @Transactional
    public boolean commitOrder(BusinessActionContext businessActionContext) {
        // 获取全局事务 ID
        String xid = businessActionContext.getXid();
        // 如果 resultHolder 中 xid 存在,则直接返回 true,防止重复提交
        if(!resultHolder.contains(xid) ) {
            return true;
        }
```

```java
            OrderTCC orderTCC=findTccOrderByPid(businessActionContext);
            orderTCC.setOrder_status(1);
            //将订单状态更改为已完成
            tccOrderMapper.updateTccOrderInfo(orderTCC);
            //删除 resultHolder 中的 xid 标识
            resultHolder.remove(xid);
            return true;
        }
        @Override
        @Transactional
        public boolean rollBackOrder(BusinessActionContext businessActionContext) {
            // 获取全局事务 ID
            String xid = businessActionContext.getXid();
            /* 情况 1：如果 resultHolder 中的 xid 存在，表示正在回滚，则直接返回 true，防止
重复回滚 */
            /* 情况 2：一阶段若 prepareOrder 执行失败，会自动本地回滚，但是没有清除 xid，则
直接返回 true，防止重复回滚 */
            if( !resultHolder.contains(xid) ) {
                return true;
            }
            OrderTCC orderTCC=findTccOrderByPid(businessActionContext);
            tccOrderMapper.deleteTccOrderInfo(orderTCC.getOrder_id());
            resultHolder.remove(xid);
            return true;
        }
        //从 BusinessActionContext 对象中获取 Map 对象数据并转换成 OrderTCC
        public OrderTCC findTccOrderByPid(BusinessActionContext businessActionContext)
{
            //从 BusinessActionContext 对象中获取 Map 对象数据并转换成 JSONObject 对象
            JSONObject jsonObject =(JSONObject)businessActionContext.getActionContext("
params_map");
            //JSONObject 对象转换成 Java 对象
            OrderTCC orderTCC = jsonObject.toJavaObject(OrderTCC.class);
            OrderTCC orderTCCFind=tccOrderMapper.findTccOrderInfo(orderTCC);
            return orderTCCFind;
        }
    }
```

这里对上述 prepareOrder()、commitOrder()、rollBackOrder()三个方法做简单说明。

（1）prepareOrder()方法为一阶段准备方法，内部获取商品编号 product_id 和下单商品数量 num。在数据表中新增一条 order_status 为 0 的订单记录，表示该订单正在创建中。然后对 resultHolder 集合中添加全局事务 xid。

（2）commitOrder()方法为二阶段提交方法，内部通过 findTccOrderByPid()方法获取当前的订单记录，并修改状态字段 order_status 为 1，真正提交本地事务。同时清除 resultHolder 集合中的全局事务 xid 并结束本地事务。

（3）rollBackOrder()方法为二阶段回滚方法，内部通过 findTccOrderByPid()方法获取当前订单记录并删除。同时清除 resultHolder 集合中的全局事务 xid 并结束本地事务。

在 OrderService 模块的 service 目录下创建业务类 OrderStockService，内部先调用 TCCOrderServer 的 prepareOrder() 方法执行本地事务，然后远程调用 StockFeignService 中的 tccReduceStock 扣减库存。

【OrderStockService.java】

```java
package orderservice.service;
import io.seata.spring.annotation.GlobalTransactional;
import org.springframework.beans.factory.annotation.Autowired;
import org.springframework.stereotype.Service;
import java.time.LocalDateTime;
import java.time.format.DateTimeFormatter;
import java.util.HashMap;
import java.util.Map;
@Service
public class OrderStockService {
    @Autowired
    private TCCOrderServer tccOrderServer;
    @Autowired
    private StockFeignService stockFeignService;
    @GlobalTransactional
    public String addOrder_reduceStock(Integer pid, Integer num){
        Map<String,Object> map= new HashMap<String,Object>();
        map.put("product_id",pid);
        map.put("num",num);
        map.put("create_time", LocalDateTime.now().format(
                DateTimeFormatter.ofPattern ("yyyy-MM-dd HH:mm:ss")));
        // 调用 TCCOrderServerImpl 一阶段的 prepareOrder()方法
        Boolean orderRes=tccOrderServer.prepareOrder(null,map);
        //远程调用 stockFeignService 服务扣减库存
        Boolean stockRes=stockFeignService.tccReduceStock(pid,num);
        if(orderRes==true&&stockRes==true){
            return "success";
        }
        return "fail";
    }
}
```

在控制器类 OrderController 中添加接口方法 testTccSeata()，用于接收用户输入的商品编号和下单数量，内部调用业务类 OrderStockService 类的 addOrder_reduceStock() 方法。

```java
@GetMapping("/testTccSeata/{pid}/{num}")
public String testTccSeata (@PathVariable("pid") Integer pid,
                    @PathVariable("num") Integer num){
    return orderStockService.addOrder_reduceStock(pid,num);
}
```

3. 库存服务实现 TCC

库存服务实现 TCC 的整体流程和订单服务差不多。在 StockService 模块的 domain 目录下创建 TCC 服务实体类 StockTCC，内部使用 frozen_num 属性冻结库存。

```java
package stockservice.domain;
import lombok.AllArgsConstructor;
import lombok.Data;
import lombok.NoArgsConstructor;
@Data
@AllArgsConstructor
@NoArgsConstructor
public class StockTCC {
    private Integer stock_id;
    private Integer product_id;
    private Integer stock_num;
    private Integer frozen_num;        //冻结库存数量
}
```

在 StockService 模块的 mapper 目录下创建 TCCStockMapper，内部添加如下代码操作数据库。

```java
package stockservice.mapper;
import org.apache.ibatis.annotations.*;
import org.springframework.stereotype.Repository;
import stockservice.domain.StockTCC;
@Mapper
@Repository
public interface TCCStockMapper {
    @Select("select * from tcc_stock_info where product_id=#{product_id} ")
    StockTCC findTccStock(StockTCC stockTCC);
    @Update("<script>" +
            "update tcc_stock_info" +
            "<set>" +
            "<if test = 'stock_num != null'> " +
            "stock_num = #{stock_num}," +
            "</if>" +
            "<if test = 'frozen_num != null'> " +
            "frozen_num = #{frozen_num}," +
            "</if>" +
            "</set>" +
            "<where>" +
            "<if test = 'product_id != null'> " +
            "and product_id = #{product_id}" +
            "</if>" +
            "</where>" +
            "</script>")
    int updateTccStockInfo(StockTCC stockTCC);
}
```

在 StockService 模块的 service 目录下创建 TCC 服务接口类 TCCStockServer。TCCStockServer 使用@LocalTCC 内部添加 prepareStock()、commitStock()、rollBackStock()三个接口方法。

```java
package stockservice.service;
import io.seata.rm.tcc.api.BusinessActionContext;
import io.seata.rm.tcc.api.BusinessActionContextParameter;
import io.seata.rm.tcc.api.LocalTCC;
import io.seata.rm.tcc.api.TwoPhaseBusinessAction;
import java.util.Map;
@LocalTCC
public interface TCCStockServer {
    @TwoPhaseBusinessAction(name= "tCCStockServer",
            commitMethod= "commitStock",
            rollbackMethod= "rollBackStock")
    boolean prepareStock(BusinessActionContext businessActionContext,
                @BusinessActionContextParameter(paramName = "params_map")
                        Map<String, Object> params_map);
    // 第二阶段：提交
    boolean commitStock(BusinessActionContext businessActionContext);
    // 第二阶段：回滚
    boolean rollBackStock(BusinessActionContext businessActionContext);
}
```

在 StockService 模块的 service 目录下创建 TCC 服务实现类 TCCStockServerImpl 并实现 TCCStockServer 接口。

```java
package stockservice.service;
import com.alibaba.fastjson.JSONObject;
import com.alibaba.nacos.common.utils.ConcurrentHashSet;
import io.seata.rm.tcc.api.BusinessActionContext;
import org.springframework.beans.factory.annotation.Autowired;
import org.springframework.stereotype.Service;
import org.springframework.transaction.annotation.Transactional;
import stockservice.domain.StockTCC;
import stockservice.mapper.TCCStockMapper;
import java.util.Map;
import java.util.Set;
@Service
public class TCCStockServerImpl implements TCCStockServer {
    @Autowired
    private TCCStockMapper tccStockMapper;
    private static Set<String> resultHolder = new ConcurrentHashSet<>();
    @Override
    @Transactional
    public boolean prepareStock(BusinessActionContext businessActionContext,
                        Map<String, Object> params_map) {
        Integer product_id=Integer.parseInt(params_map.get("product_id").toString());
```

```java
            Integer num=Integer.parseInt(params_map.get("num").toString());
            StockTCC stockTCC = new StockTCC();
            stockTCC.setProduct_id(product_id);
            stockTCC.setFrozen_num(num);
            //修改商品的冻结库存数量
            tccStockMapper.updateTccStockInfo(stockTCC);
            //事务成功,在 resultHolder 中保存 xid 作为标识
            resultHolder.add(businessActionContext.getXid());
            return true;
    }
    @Override
    @Transactional
    public boolean commitStock(BusinessActionContext businessActionContext) {
        // 获取全局事务 ID
        String xid = businessActionContext.getXid();
        // 如果 resultHolder 中的 xid 存在,则直接返回 true,防止重复提交
        if( !resultHolder.contains(xid) ) {
            return true;
        }
        StockTCC stockTCC=findTccStockByPid(businessActionContext);
        Integer frozen_num=stockTCC.getFrozen_num();
        stockTCC.setStock_num(stockTCC.getStock_num()-frozen_num);
        stockTCC.setFrozen_num(0);
        //扣减库存,更新冻结库存数量为 0
        tccStockMapper.updateTccStockInfo(stockTCC);
        //删除 resultHolder 中的 xid 标识
        resultHolder.remove(xid);
        return true;
    }
    @Override
    @Transactional
    public boolean rollBackStock(BusinessActionContext businessActionContext) {
        // 获取全局事务 ID
        String xid = businessActionContext.getXid();
        if( !resultHolder.contains(xid) ) {
            return true;
        }
        StockTCC stockTCC=findTccStockByPid(businessActionContext);
        stockTCC.setFrozen_num(0);
        //清空商品的冻结库存数量为 0
        tccStockMapper.updateTccStockInfo(stockTCC);
        resultHolder.remove(xid);
        return true;
    }
    public StockTCC findTccStockByPid(BusinessActionContext businessActionContext){
        JSONObject jsonObject =(JSONObject)businessActionContext
                .getActionContext("params_map");
        StockTCC stockTCC = jsonObject.toJavaObject(StockTCC.class);
```

```
            StockTCC orderTCCFind=tccStockMapper.findTccStock(stockTCC);
            return orderTCCFind;
        }
    }
```

这里对上述 prepareStock()、commitStock()、rollBackStock() 三个方法做简单说明。

（1）prepareStock() 方法为一阶段准备方法，内部获取商品编号 product_id 和下单商品数量 num。在数据表中修改商品编号为 product_id 的记录，冻结库存数量 frozen_num 为 num，然后在 resultHolder 集合中添加全局事务 xid。

（2）commitStock() 方法为二阶段提交方法，内部通过 findTccStockByPid() 方法获取商品编号为 product_id 的库存记录，真实扣减库存记录提交本地事务。同时清除 resultHolder 集合中的全局事务 xid 并结束本地事务。

（3）rollBackStock() 方法为二阶段回滚方法，内部通过 findTccStockByPid() 方法获取商品编号为 product_id 的库存记录，清空冻结库存数量 frozen_num 为 0。同时清除 resultHolder 集合中的全局事务 xid 并结束本地事务。

在控制器类 StockController 中添加接口方法 tccReduceStock()，用于接收订单服务的扣减库存请求，内部调用 TCCStockServerImpl 类的 prepareStock() 方法扣减库存。

```
@PostMapping("/tccReduceStock/{pid}/{num}")
public Boolean tccReduceStock(@PathVariable("pid") Integer pid,
                              @PathVariable("num") Integer num){
    Map<String,Object> map= new HashMap<String,Object>();
    map.put("product_id",pid);
    map.put("num",num);
    Boolean res=tccStockServer.prepareStock(null,map);
    return res;
}
```

4. 测试 TCC 分布式事务

启动 Nacos 服务端、Seata 服务端、OrderService、StockService 应用程序，然后在浏览器中输入地址 http://localhost:7070/testTccSeata/1/1，正常情况下，订单表 tcc_order_info 新增一条订单记录，库存表 tcc_stock_info 扣减相应商品的库存。访问 Seata 控制台，查看 addOrder_reduceStock 业务方法的分布式事务状态是已提交（Committing），如图 7-16 所示。

图 7-16　TCC 模式正常提交分布式事务

如果在 OrderService 模块的业务类 OrderStockService 的 addOrder_reduceStock() 方法尾部添加一条异常代码 "int i=1/0;"，

```
Boolean stockRes=stockFeignService.tccReduceStock(pid,num);
int i=1/0; //异常代码
if(orderRes==true&&stockRes==true){
    return "success";
}
```

再次访问 http://localhost:7070/testTccSeata/1/1 时，由于业务类有异常抛出，订单表 tcc_order_info 没有新增订单记录，库存表 tcc_stock_info 也没有扣减相应商品的库存，说明编写的 TCC 事务控制机制生效了，订单服务和库存服务的事务都同步回滚了，如图 7-17 所示。

xid	transactionId	applicationId	transactionServiceGroup	transactionName	status
192.168.153.1:8091:5332811163944325395	5332811163944325395	seata-order-client	default_tx_group	addOrder_reduceStock(java.lang.Integer, java.lang.Integer)	··· Rollbacking

图 7-17　TCC 模式分布式事务异常回滚

7.5　小　　结

分布式事务是由于当今服务分布式架构所引发的，是现阶段开发微服务系统必须考虑的一个重要方面。Seata 是 Spring Cloud Alibaba 框架中的一款开源、易用的分布式事务管理组件，支持四种分布式事务管理模式，能够最大限度地减少开发人员实现分布式事务管理的工作量。本章首先介绍了分布式事务的理论知识，包括分布式事务的由来、分布式事务处理的通用模型协议，使读者了解什么是分布式事务，分布式事务的通用处理模式是什么。进而介绍了 Seata 的架构及 AT、TCC、SAGA 和 XA 四种事务模式的执行流程，使读者了解 Seata 的基础理论知识。然后介绍了 Seata 的高可用架构下的服务端和客户端的安装部署及使用，以及如何在 AT 模式下使用 @GlobalTransactional 实现分布式事务管理。最后通过一个综合案例介绍如何在项目中综合运用 Nacos、OpenFeign、Mybatis、Druid 和 Seata 组件来管理分布式事务。读者通过理论、实践、综合运用三个层次来学习 Seata，能够更好地在真实项目中应用 Seata 解决分布式事务问题。

7.6　课后练习：Seata 在网购场景下的分布式事务管理

存在一个分布式事务场景，用户网购后需要扣除自己账户中相应数额的款项，并转入对应卖家的账户。自主创建服务 A 和服务 B，服务 A 只能操作用户账户数据库扣钱，服务 B 只能操作卖家账户增加钱，使用 SeataAT 模式对服务 A 和服务 B 之间的付款及收款操作进行分布式事务管理。要求这些操作必须在一个事务里执行，要么全部成功，要么全部失败。

第 8 章 Spring Cloud Alibaba 之分布式链路追踪

在分布式微服务系统架构中，不同服务之间又存在十分复杂的调用关系。一次业务请求往往需要访问多个不同的微服务才能完成，服务链路冗长复杂。任何一个服务出错都可能造成业务请求失败。虽然可以通过各种各样的组件减少服务出错的概率，但是无法完全避免。如果某些服务出现问题，难以靠人工来梳理整个微服务系统的链路拓扑关系，准确定位出现问题的服务节点。除此之外，如果某些服务链路出现性能问题，需要增加资源，也需要快速定位问题发生的根本原因。因此需要一款工具来对分布式架构中的服务链路进行实时追踪监控，构建微服务系统的链路拓扑关系，对各服务链路进行优化分析，在发生故障时能够快速定位和解决问题。SkyWalking 就是这样一款工具，本章将介绍如何使用 SkyWalking 来追踪监控 Spring Cloud Alibaba 微服务系统中的服务链路。

8.1 初识 SkyWalking

SkyWalking 是一个国产开源应用性能管理工具（application performance management, APM），用于对分布式应用程序集群的业务运行情况进行追踪、告警和分析等。与现有的其他应用性能管理工具相比，SkyWalking 具有对业务代码无侵入，性能优秀，易上手，支持多语言等优点，目前已经成为开源分布式系统链路追踪的主流工具之一。本节将介绍 SkyWalking 的基础理论知识，包括 SkyWalking 的原理、功能和架构。

8.1.1 SkyWalking 简介

SkyWalking 是一个国产的可观测性分析平台和应用性能管理系统，提供了分布式追踪、性能指标分析、应用服务依赖分析、可视化一体化等解决方案，目前 SkyWalking 已贡献给 Apache 基金会。SkyWalking 通过探针机制自动收集所需的服务链路信息和相关的性能指标，并进行分布式追踪。通过这些服务链路信息和性能指标，Skywalking 能够梳理出各服务间的调用关系，并进行相应的分析和预警。SkyWalking 并不是 Spring Cloud Alibaba 内部的微服务组件，但是能够很好地支持 Spring Cloud Alibaba 架构，因此，在 Spring Cloud Alibaba 架构项目中也有广泛应用。

除了 SkyWalking 外，目前主流的开源 APM 工具还有 CAT、Zipkin、Pinpoint 等。

CAT：CAT 由国内美团点评开源，基于 Java 语言实现，需要开发人员手动在应用程序中埋点,对代码侵入性比较强。

Zipkin：Zipkin 由 Twitter 公司开发并开源,基于 Java 语言实现,有一定侵入性,但侵入性低于 CAT,可方便地与 Spring Cloud 框架进行集成,是 Spring Cloud 官方推荐的 APM 工具。

Pinpoint：Pinpoint 是由韩国团队开发并开源,基于 ASM 字节码增强技术,只需要在启动时添加启动参数即可实现 APM 功能,对代码无侵入,但性能较差。

与上述 APM 工具相比,SkyWalking 同时具备以下优势,使之成为最热门的 APM 工具之一。

(1) Skywalking 探针性能优秀,比 Zipkin、CAT、Pinpoint 拥有更高的请求吞吐量。

(2) SkyWalking 基于 ASM 字节码增强技术调用拦截和数据收集,开发人员无须在项目中引入任何 SkyWalking 相关依赖,实现了真正的代码无侵入。

(3) SkyWalking 提供了一套丰富的插件系统,可以方便地与各种第三方组件和应用程序集成。Skywalking 拥有很大的包容性和扩展性,支持 Java、.NET 和 Node.js 等多种编程语言实现探针,同时支持 Elasticsearch、MySQL、H2 等数据库存储采集的数据。

(4) Skywalking 使用简单、轻量、高效,不需要额外搭建大数据平台。

(5) Skywalking 支持告警功能,实现一站式问题跟踪、分析和告警。这是 Zipkin、CAT、Pinpoint 都不具备的。

(6) Skywalking 拥有控制台 UI,提供优秀的可视化效果。

8.1.2 SkyWalking 架构

根据 SkyWalking 官网的描述,SkyWalking 整体架构分为 4 个部分,分别是探针、可观测性分析平台、数据存储和 UI 数据展示,如图 8-1 所示。

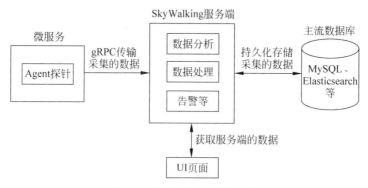

图 8-1 SkyWalking 整体架构

1. 探针

探针又称为 Agent,运行在各个服务实例中,负责采集服务实例性能指标、服务链路信息等数据,然后通过 gRPC 方式发送给可观测性分析平台。探针实际上是一种动态代理技术,在项目启动时通过字节码技术如 Java Agent 进行类加载和转换,生成增强的 Class 文件。在探针运行时拦截请求,然后将拦截的数据上报给可观测性分析平台。同时结合一些定时任务,采集应用服务器的一些物理数据如 JVM 信息等。

2. 可观测性分析平台

可观测性分析平台又称为 OAP,用于接收探针发送的服务实例性能指标、服务链路信息等数据,并在内存中使用分析引擎 Analysis Core 进行数据的整合运算,然后将数据存储到对应的存储介质上。同时 OAP 还使用查询引擎 Query Core 提供对外的 HTTP 查询接口用于 UI 控制台查询采集和分析的结果数据。

3. 数据存储

SkyWalking 支持使用多种存储方式持久化保存采集的数据,例如,Elasticsearch、MySQL 数据库、H2 数据库等。

4. UI 数据展示

SkyWalking 提供了一个基于 Web 的 UI 控制台页面来查看链路、指标和性能数据等。UI 控制台负责将用户的查询请求提交给 OAP 后端触发查询操作,并接收 OAP 发送的数据在前端页面进行可视化展现。

SkyWalking 架构

8.2 安装部署 SkyWalking

在使用 SkyWalking 之前,需要先安装部署。SkyWalking 主要分为服务端和探针客户端两部分。其中,SkyWalking 服务端以独立形式安装部署,内部集成了 OAP 和 UI 控制台的 Web 服务。探针客户端通过添加运行参数的方式部署在各微服务应用中。本节将介绍如何在 Windows 环境下部署 SkyWalking 服务端和探针客户端。

8.2.1 部署 SkyWalking 服务端

SkyWalking 服务端默认以 standalone 模式运行,也可集群部署,这里主要介绍 standalone 模式的部署。从官网得知目前 SkyWalking 的最新版是 9.7.0 版本。这里从官网下载 SkyWalking 服务端压缩包文件 apache-skywalking-apm-9.7.0.tar.gz,将压缩包解压。解压后 SkyWalking 根目录下的内容如图 8-2 所示。

这里介绍其中的一些常用目录,bin 目录内部是操作 SkyWalking 的运行脚本文件,包括 Windows 和 Linux 环境下的运行脚本。在使用时,一般直接执行 startup 脚本文件一键启动 SkyWalking AOP 和 Web UI 服务端即可。config 目录内部有很多 SkyWalking OAP

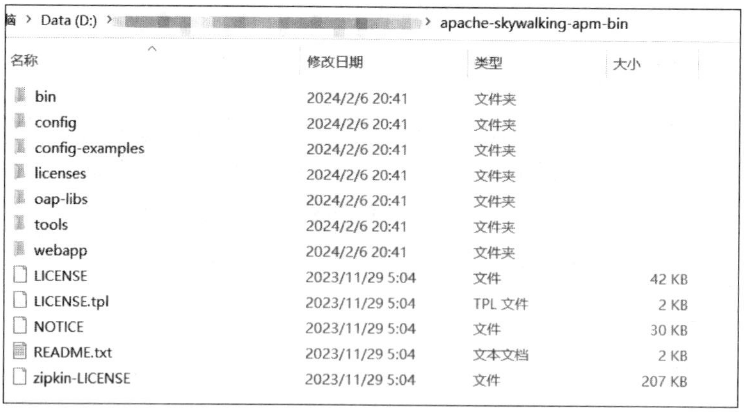

图 8-2　SkyWalking 根目录

的配置文件。后续需要用到的有 OAP 的主配置文件 application.yml、告警配置文件 alarm-settings.yml。oap-libs 目录内部是 OAP 运行依赖的一些 jar 包。webapp 目录内部是 SkyWalking 的 Web UI 控制台服务端的 jar 包、application.yml 主配置文件和 log4j2.xml 日志文件。

下面需要对 SkyWalking 的服务端配置做两点改动。

（1）SkyWalking 的 Web UI 控制台服务端默认端口号为 8080，可能会与其他服务冲突。这里先修改 webapp 目录下 Web UI 控制台服务端的配置文件 application.yml，将其中的 serverPort：${SW_SERVER_PORT:-8080}改为 serverPort：${SW_SERVER_PORT:-8818}。

（2）SkyWalking OAP 默认使用内存数据库 H2 来保存收集的数据，重启后数据就丢失了，没有实现数据的持久化存储。这里修改 config 目录下的 AOP 主配置文件 application.yml，将其中的数据库配置改为 MySQL，并设置 MySQL 数据库的 URL、用户名和密码。SkyWalking 服务端启动后会自动在 swtest 数据库中创建数据表来保存收集的数据。

```
storage:
  selector: ${SW_STORAGE:mysql}
  mysql:
    properties:
      jdbcUrl:${SW_JDBC_URL:"jdbc:mysql://localhost:3306/swtest?&useUnicode=true&characterEncoding=utf8&serverTimezone=UTC&useSSL=false"}
      dataSource.user: ${SW_DATA_SOURCE_USER:root}
      dataSource.password: ${SW_DATA_SOURCE_PASSWORD:123456}
```

注意：上述内容并没有配置 MySQL 对应版本的驱动包 driver，并且 SkyWalking 的 oap-libs 目录下也没有任何 MySQL 驱动包，如果使用 MySQL 存储数据，需要手动复制与 MySQL 版本匹配的驱动包到 oap-libs 目录下。

在 MySQL 数据库中新建 swtest 数据库。然后在 SkyWalking 的 bin 目录下执行 ./startup.bat 脚本文件，启动 SkyWalking 服务端，此时会开启和 Webapp 服务和 OAP 服务。其中，Webapp 服务默认端口号为 8818，用于接收 UI 中用户请求并输出响应信息。OAP 服务默认会占用两个端口 11800 和 12800。11800 号端口用于 gRPC 收集探针数据；

12800 端口负责和 Webapp 端进行交互,Webapp 端接受的用户请求通过 12800 号端口发送给 OAP 处理并返回响应信息。可以在命令提示符中输入命令"netstat -an | findstr:端口号"查看 11800 号和 12800 号端口的占用情况,如图 8-3 所示。

图 8-3　OAP 服务端口占用情况

在浏览器中输入 http://localhost:8818,可以看到如图 8-4 所示的 SkyWalking 首页。首页左侧有市场、告警、仪表盘、设置 4 个菜单项。首页中间可以看到默认的根仪表盘 General-Root 下的 Service(服务)、Topology(拓扑)、Trace(跟踪)和 Log(日志)4 个选项卡。目前没有接入任何 SkyWalking 的客户端 Agent,因此页面没有数据。

图 8-4　SkyWalking 首页

至此,SkyWalking 服务端就部署完成。

8.2.2　部署 SkyWalking 客户端

SkyWalking 的客户端探针是无侵入的,部署时不需要修改各微服务代码和引入依赖,只需在微服务启动时添加如下启动参数即可。

```
-javaagent:skywalking-agent.jar 文件所在路径
-DSW_AGENT_NAME=探针名称
-DSW_AGENT_COLLECTOR_BACKEND_SERVICES=主机名:端口
```

其中,-javaagent 用于指定 agent.jar 所在的本地位置,-DSW_AGENT_NAME 用于指定探针名,-DSW_AGENT_COLLECTOR_BACKEND_SERVICES 用于指定 AOP 接收探针数据的地址。

需提前在 SkyWalking 官网下载探针客户端,目前最新版为 9.2.0 版本,压缩包文件为 apache-skywalking-java-agent-9.2.0.tgz。解压即可在 skywalking-agent 目录下看到 skywalking-agent.jar 探针客户端 jar 文件。

这里创建一个 SpringCloudDemo8 项目，在 SpringCloudDemo8 项目中添加 SpringCloudDemo7 项目中的订单模块 OrderService 和库存模块 StockService 来演示 SkyWalking 客户端的部署。在树状服务列表视图中右击 OrderServiceApplication 应用，在弹出的快捷菜单中选择 Edit Configuration 命令，进入 Edit Configuration 页面。单击 Build and run 面板右侧的 Modify options 选项，弹出 Add Run options 对话框。在对话框中勾选 Java 选项下的 Add VM options 子选项，Build and run 面板会多出一条 VM options 输入框。在其中添加如下 VM options 内容，服务名为 order-service-agent，如图 8-5 所示。

```
-javaagent:D:\skywalking\apache-skywalking-java-agent-9.2.0\skywalking-agent\skywalking-agent.jar
-DSW_AGENT_NAME=order-service-agent
-DSW_AGENT_COLLECTOR_BACKEND_SERVICES=localhost:11800
```

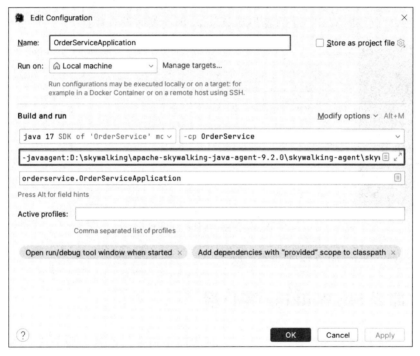

图 8-5　在订单模块 OrderService 中添加探针客户端

同样，在库存模块 StockService 的 Edit Configuration 对话框中添加如下 VM options 内容，服务名为 stock-service-agent，这样就完成了 SkyWalking 客户端的部署。部署完 SkyWalking 服务端和客户端后，就可以开启 SkyWalking 服务端和微服务应用并执行链路追踪任务了。

```
-javaagent:D:\skywalking\apache-skywalking-java-agent-9.2.0\skywalking-agent\skywalking-agent.jar
-DSW_AGENT_NAME=stock-service-agent
-DSW_AGENT_COLLECTOR_BACKEND_SERVICES=localhost:11800
```

8.3 使用 SkyWalking

SkyWalking 支持通过 Web 页面以可视化图表的方式展现 OAP 收集和分析的数据。本节将依托 OrderService 和 StockService 模块来介绍 SkyWalking 的常用功能,主要包括如何认识和使用 SkyWalking Web 页面,如何对各微服务的业务方法实施链路跟踪,如何集成主流日志框架采集日志,以及如何实现 Web 页面告警功能等。

8.3.1 初识 SkyWalking 的 Web 页面

SkyWalking Web UI 页面是开发人员观察服务链路最直观的工具。当执行 SkyWalking 的 bin 目录下的 startup.bat 脚本文件时,就同步开启了 SkyWalking OAP 和 Web 服务。可通过浏览器访问 http://localhost:8818/地址进入 SkyWalking 的 Web UI 页面。如果不进行任何服务调用,SkyWalking 的 Web UI 页面没有追踪任务,不显示任何内容。

由于 OrderService 和 StockService 内部集成了 Seata,这里分别启动 Nacos 服务端、Seata 服务端、SkyWalking 服务端、OrderService 和 StockService 应用程序,在浏览器中输入地址 http://localhost:7070/submitOrder/1/2,进行多次服务调用。然后访问 http://localhost:8818/,即可看见 submitOrder 请求的服务链路信息,如图 8-6 所示。SkyWalking 的 UI 页面默认显示"常规服务"→"服务"菜单下的页面,该页面有 Service、Topology、Trace 和 Log 4 个选项卡,默认全局展示 Service 选项卡下的内容。Topology 选项卡用于显示链路调用拓扑图;Trace 选项卡用于显示链路调用的执行流程;Log 选项卡目前没有内容显示,须额外导入日志依赖包实现。

图 8-6 submitOrder 请求的链路调用情况

1. Service 选项卡

Service 选项卡以列表形式展示链路上所有服务的性能指标，其中 Service Names 为服务调用链路中各微服务注册的探针名称，对应于各微服务，可以看到服务调用涉及 order-service 和 stock-service 两项。Load 为各服务的每分钟平均负载率；Success Ratio 为各服务的执行成功率；Latency 为各服务的时延；Apdex 为应用性能指数，用于衡量用户体验，值为 0～1，越接近 1 表示用户越满意。还可以单击左侧列表中的 Service→Virtual Database 菜单，查看数据库的 Latency（时延）、Successful Rate（操作成功率）、Traffic（每分钟调用次数）这些性能指标，如图 8-7 所示。

图 8-7　查看数据库的性能指标

在 Service 选项卡内单击某个 Service Names，可以进入该探针对应的仪表盘页面，仪表盘页面包含 Overview（总览）、Service（服务）、Instance（服务实例）、Endpoint（端点/接口）、Topology（拓扑图）、Trace（追踪）、Log（日志）等选项卡，用于从多角度展示各项性能指标，默认显示 Overview 选项卡内容。在 Overview 选项卡中以折线图的方式显示了服务的 Apdex 应用性能指数、每分钟负载率、响应时间、成功率等性能指标，如图 8-8 所示。

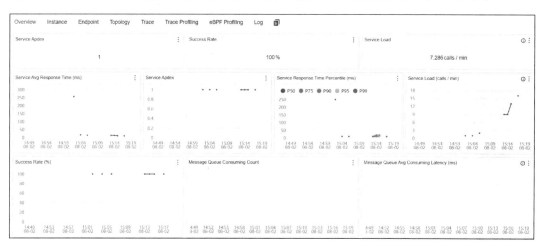

图 8-8　Overview 选项卡显示的服务性能页面

图 8-9 所示就是单击 Instance 选项卡从服务实例角度去查看性能指标。用户还可以根据实际需求自定义仪表盘来监控自己关注的一些性能指标，新建仪表盘可以通过单击 SkyWalking 首页的"仪表盘"→"新建仪表盘"菜单实现。

从 Service 选项卡内对应指标下面的折线图标中可以看到各服务每一时刻的指标情况，例如，单击 order-service-agent 探针的 Load 指标下面的"折线"按钮，可以看到如图 8-10

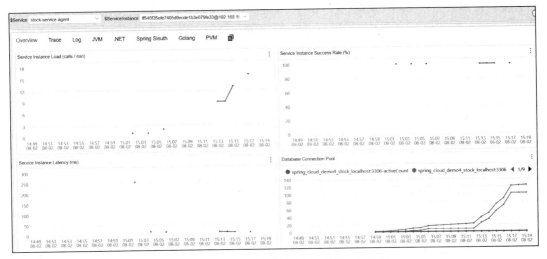

图 8-9 Instance 选项卡显示的服务性能指标

图 8-10 order-service-agent 探针的 Load 指标的折线图

所示 Load 指标的折线图。从折线图可以看出 order-service 服务在 15：01—15：17 这段时间进行了多次服务调用，平均负载为 7.286。

2. Topology 选项卡

可单击 Topology 选项卡显示 submitOrder 请求链路调用拓扑图，如图 8-11 所示。从图中可以看出 submitOrder 请求先被 orderservice 服务处理，然后调用 stock-service 服务处理。其间 order-service 服务和 stock-service 服务都操作了数据库。

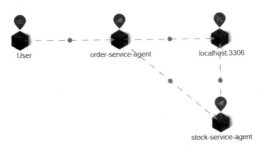

图 8-11 submitOrder 请求链路拓扑图

3. Trace 选项卡

可单击 Trace 选项卡，对请求进行链路跟踪，显示整个请求的执行流程。Trace 选项卡页面支持按照服务名、实例、端点、状态、时间等条件查询请求执行流程信息,如图 8-12 所示。

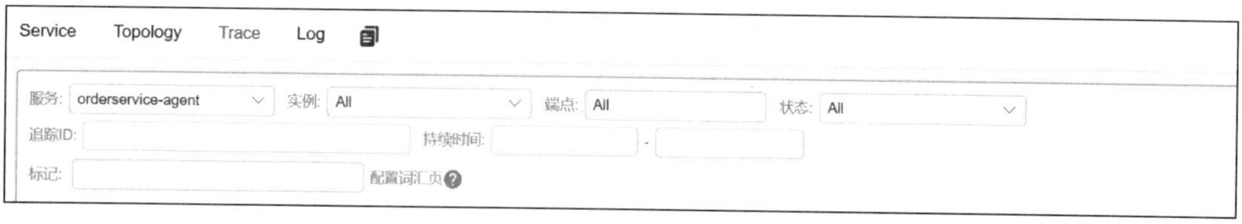

图 8-12 Trace 选项卡查询条件

例如,服务选择 order-service-agent,单击右侧的搜索按钮,就可以在下面左侧的列表中就看到许多 order-service-agent 探针跟踪的轨迹。其中有跟踪 GET 请求信息,也有跟踪 Druid 数据库连接的信息。单击 GET:/submitOrder/1/2 选项,右侧就会出现 GET:/submitOrder/1/2 这条请求的执行流程,如图 8-13 所示。

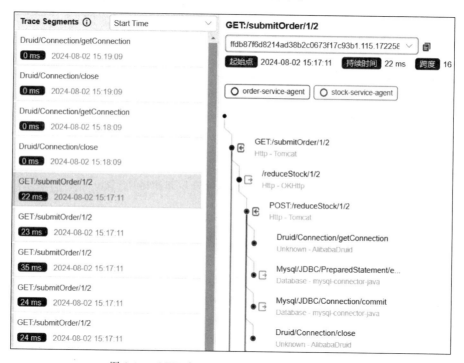

图 8-13 GET:/submitOrder/1/2 请求执行流程

执行流程默认通过列表形式展现,还可切换到树形、表格等形式。列表中每个节点都可以通过单击进入详情页面查看详细信息,如图 8-14 所示。

除此之外,还可以单击右侧的统计按钮,以端点形式统计请求执行过程中各端点的最大、最小、平均响应时间等,如图 8-15 所示。

如果服务链路中出现异常,SkyWalking 会在请求的执行流程页面爆红显示,同时在列表中的异常节点使用小红点标识,可以单击进去看到详细的异常信息。例如,这里输入地址 http://localhost:7070/testSeata/1/2 发送请求,由于 OrderService 模块中的业务方法中存在 int i=1/0 异常,SkyWalking 请求的执行流程页面爆红显示 GET:/testSeata/1/2,如图 8-16 所示。同时仪表盘页面成功率也不再是 100% 了,如图 8-17 所示。

第 8 章　Spring Cloud Alibaba 之分布式链路追踪

服务:	order-service-agent
实例:	7eea3e9a606442e9ab76b7fd94294c04@192.168.153.1
端点:	GET:/submitOrder/1/2
跨度类型:	Entry
组件:	Tomcat
Peer:	No Peer
错误:	false
标记.	
url:	http://localhost:7070/submitOrder/1/2
http.method:	GET
http.status_code:	200

图 8-14　节点详细信息

Endpoint Name	Type	Max Time(ms)	Min Time(ms)	Sum Time(ms)	Avg Time(ms)	Hits
/reduceStock/1/2	Exit	12	12	12	12	1
Druid/Connection/getConnection	Local	0	0	0	0	3
Mysql/JDBC/PreparedStatement/execute	Exit	1	0	2	0	3
insertorderinfo	Local	1	1	1	1	1
Mysql/JDBC/Connection/commit	Exit	5	1	10	3	3
Druid/Connection/close	Local	0	0	0	0	3
GET	/submi...	4	4	4	4	1
POST	/reduc...	4	4	4	4	1

图 8-15　统计请求执行过程中个端点的响应时间

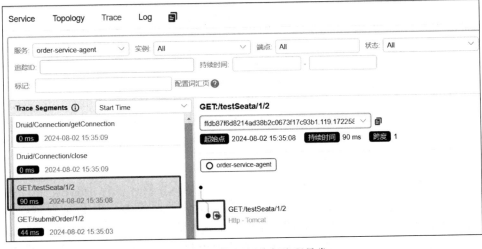

图 8-16　服务调用执行流程异常

273

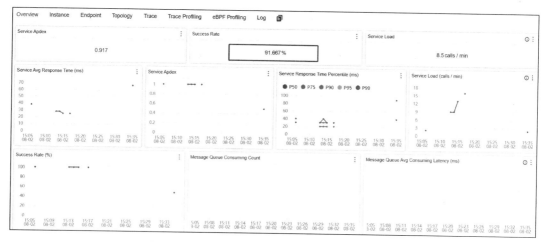

图 8-17　仪表盘显示服务调用率为 91.667%

8.3.2　SkyWalking 方法级的链路追踪

SkyWalking 默认从 Service(服务)、Instance(服务实例)、Endpoint(端点/接口)这三个维度进行链路追踪,但是有时候想使追踪的维度用更细粒度。例如,对接口调用的特定业务方法也进行追踪,追踪每次调用业务方法的参数和返回值等,SkyWalking 也能够实现。

SkyWalking 实现方法级的链路追踪需要用到 apm-toolkit-trace 依赖。apm-toolkit-trace 依赖提供了一些注解用于追踪业务方法。具体使用示例如下,主要包括@Trace 注解和@Tag 注解。

```
@Trace(operationName = "traceName")
@Tags({
        @Tag(key = "tag1", value = "arg[0]")
        @Tag(key = "tag2", value = "arg[1]")
        @Tag(key = "tag3", value = "returnedObj")
})
public String method(String param1, String param2) {}
```

其中,@Trace 注解只能用在方法上,用于标识该业务方法将被 SkyWalking 追踪。operationName 属性为可选属性,用于为追踪指定一个名字,以区分不同的方法追踪。也可直接写@Trace,此时以方法名作为追踪的名字。@Tags 注解用于指定追踪的具体指标对象,内部可以通过@Tag 注解指定多个追踪的指标对象。@Tag 内部有两个属性：Key 为追踪标识,value 为值。例如,@Tag(key = "tag1", value = "arg[0]")代表追踪方法第一个输入参数的值,arg[1]代表追踪方法第二个输入参数值。@Tag(key = "tag3", value = "returnedObj")代表追踪方法的返回值。如果返回值为一个 Java 对象,可通过"returnedObj.属性名"的方式指定追踪对象内某个属性的值。

下面演示 SkyWalking 实现方法级链路追踪的步骤,这里追踪 OrderService 模块中业务类 OrderService 内部的业务方法 insertOrderInfo()。

在 OrderService 模块的 pom.xml 文件中引入如下 apm-toolkit-trace 依赖，apm-toolkit-trace 版本为 9.2.0，与 Agent 版本保持一致。

```xml
<dependency>
    <groupId>org.apache.skywalking</groupId>
    <artifactId>apm-toolkit-trace</artifactId>
    <version>9.2.0</version>
</dependency>
```

在 OrderService 类的业务方法 insertOrderInfo() 上添加如下 @Trace 注解和 @Tags 注解，追踪输入参数和返回值。

```java
@Trace(operationName = "insertOrderInfo")
@Tags({
        @Tag(key= "param1",value= "arg[0]"),
        @Tag(key= "returnVal",value= "returnedObj")
})
public int insertOrderInfo(Order order){
    return orderMapper.insertOrderInfo(order);
}
```

重新启动 OrderService 应用程序，在浏览器中输入地址 http://localhost:7070/testSeata/1/2 并发送请求。在 SkyWalking 的 Web UI 页面中查看 order-service-agent 服务的 Trace 选项卡下的链路追踪列表。可以看到列表中多出了一个名为 insertOrderInfo 的节点，如图 8-18 所示，这就是自定义追踪的业务方法 insertOrderInfo()。

图 8-18　追踪列表中显示 insertOrderInfo 节点

单击列表中的 insertOrderInfo 节点，进入追踪详情页面，页面显示了 insertOrderInfo() 方法的输入参数 Order 对象的具体内容和返回值 1，如图 8-19 所示。

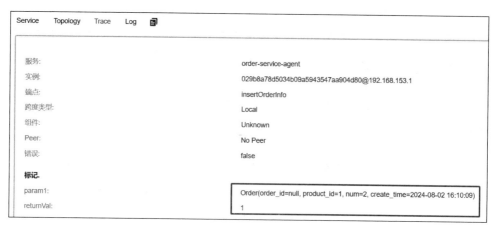

图 8-19　insertorderinfo( )方法的详细追踪信息

8.3.3　SkyWalking 日志收集

在 SkyWalking UI 界面上"常规服务"→"服务"菜单中有一个 Log 选项卡,该选项卡用于显示 SkyWalking 收集的各服务运行日志。默认情况下,Log 选项卡没有日志内容,需在各微服务的 pom.xml 文件中引入 Log4j、Log4j2 或 LogBack 等日志工具,并进行相应配置,才能上报日志给 SkyWalking 服务端。本小节将介绍如何在微服务中使用 LogBack 日志工具上报日志给 SkyWalking 服务端,具体步骤如下。

1. 引入 LogBack 日志依赖

分别在 OrderService 模块和 StockService 模块的 pom.xml 文件中引入如下 SkyWalking 的 LogBack 日志依赖。依赖包的版本为 9.2.0 版本,与 SkyWalking Agent 客户端版本保持一致。

```xml
<dependency>
    <groupId>org.apache.skywalking</groupId>
    <artifactId>apm-toolkit-logback-1.x</artifactId>
    <version>9.2.0</version>
</dependency>
```

2. 配置 LogBack 文件

Spring Boot 基于约定大于配置的原则,会默认读取带有-spring 的文件作为配置文件。因此,这里使用 logback-spring.xml 作为 LogBack 日志配置文件名,以便 Spring Boot 能够自动读取配置。分别在 OrderService 模块和 StockService 模块的 src/main/resources 目录下新建 logback-spring.xml 日志配置文件,在 logback-spring.xml 中添加如下配置。主要是在日志格式中添加 tid 属性,这样就可以在 SkyWalking 中通过 tid 来追踪同一条服务链路中各微服务的调用日志。

```xml
<?xml version="1.0" encoding="UTF-8"?>
<configuration scan="true" scanPeriod="5 seconds">
    <!--引入SpringBoot默认的LogBack日志配置-->
    <include resource="org.springframework.boot.logging.logback.DefaultLogbackConfiguration"></include>
    <!--LogBack控制台输出日志格式-->
    <appender name="stdout" class="ch.qos.logback.core.ConsoleAppender">
        <encoder class="ch.qos.logback.core.encoder.LayoutWrappingEncoder">
            <layout class="org.apache.skywalking.apm.toolkit.log.logback.v1.x.mdc.TraceIdMDCPatternLogbackLayout">
                <Pattern>%d{yyyy-MM-dd HH:mm:ss.SSS} [%X{tid}] [%thread] %-5level %logger{36} -%msg%n</Pattern>
            </layout>
        </encoder>
    </appender>
    <!--LogBack通过gRPC上报给Skywalking的日志格式-->
    <appender name="grpc-log" class="org.apache.skywalking.apm.toolkit.log.logback.v1.x.log.GRPCLogClientAppender">
        <encoder class="ch.qos.logback.core.encoder.LayoutWrappingEncoder">
            <layout class="org.apache.skywalking.apm.toolkit.log.logback.v1.x.mdc.TraceIdMDCPatternLogbackLayout">
                <Pattern>%d{yyyy-MM-dd HH:mm:ss.SSS} [%X{tid}] [%thread] %-5level %logger{36} -%msg%n</Pattern>
            </layout>
        </encoder>
    </appender>
    <!--确定启用哪个appender-->
    <root level="INFO">
        <appender-ref ref="stdout"/>
        <appender-ref ref="grpc-log"/>
    </root>
</configuration>
```

分别启动 Nacos 服务端、Seata 服务端、SkyWalking 服务端、OrderService 和 StockService 应用程序。在 OrderService 和 StockService 服务的控制台中可以看到如下的输出日志,其中 TID:N/A 就是在 LogBack-spring 配置中添加的[%X{tid}]配置,由于此时还没有执行服务调用,TID 值为 N/A。

```
2024-08-02 16:38:13.632 [TID:N/A] [main] INFO o.OrderServiceApplication - Started OrderServiceApplication in 12.562 seconds (process running for 15.719)
```

在浏览器中输入地址 http://localhost:7070/submitOrder/1/2,进行多次服务调用。即可在 SkyWalking 的 Web UI 页面 Log 选项卡这一栏看到链路调用的日志信息。如图 8-20 所示是 OrderService 模块的日志信息,其中 TID 为 a71b27a5491941ee9bef04c9368edf7c.xxxx。可通过服务、服务实例、端点和追踪 ID 等条件查询日志,其中追踪 ID 就是日志信息中的 TID。

如图 8-21 所示是 StockService 模块的日志信息,可以看到 TID 与 OrderService 模块的 TID 一样,证明这两次服务调用属于同一个服务链路。

单击 Service 选项卡下的 order-service-agent 记录,进入 order-service-agent 仪表盘页面,在页面的最后一栏 Log 选项卡中也能看到同样的日志信息,如图 8-22 所示。

图 8-20　OrderService 模块的日志信息

图 8-21　StockService 模块的日志信息

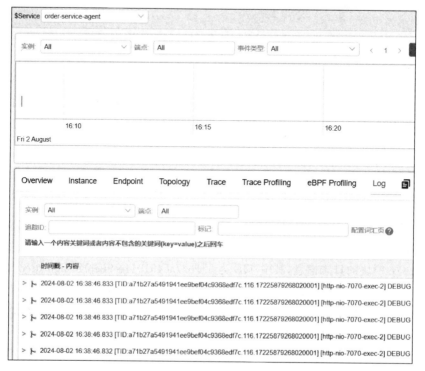

图 8-22　通过 Log 选项卡查看 StockService 模块的日志信息

8.3.4 SkyWalking 告警功能

SkyWalking 6.x 版本开始支持告警功能。告警功能是 SkyWalking 的一个特色功能，通过事先定义一组告警规则来驱动告警。SkyWalking 默认定义了很多告警规则，这些规则在 SkyWalking 的 config 目录下的 alarm-settings.yml 配置文件中定义。本小节将介绍如何配置及使用 SkyWalking 的告警功能。

SkyWalking 通过 alarm-settings.yml 配置文件定义告警规则，alarm-settings.yml 配置文件分为 rules 和 webhooks 两部分。其中，rules 用于定义告警规则；webhook 则用于定义告警触发时，通过什么接口告知外界。SkyWalking 官网介绍了默认的一些常用告警规则，具体如下。

（1）过去 3min 内服务平均响应时间超过 1s。
（2）过去 2min 内服务成功率低于 80%。
（3）过去 3min 内超过 1s 的服务响应时间百分比。
（4）服务实例在过去 2min 内的平均响应时间超过 1s，并且实例名称与正则表达式匹配。
（5）过去 2min 内端点平均响应时间超过 1s。
（6）过去 2min 内数据库访问的平均响应时间超过 1s。
（7）过去 2min 内端点关系的平均响应时间超过 1s。

例如，alarm-settings.yml 配置文件中定义的如下规则就对应于上述第一条告警规则，过去 3min 内服务平均响应时间超过 1s。

```
rules:
  service_resp_time_rule:
    expression: sum(service_resp_time > 1000) >= 3
    period: 10
    silence-period: 5
    message: Response time of service {name} is more than 1000ms in 3 minutes of last 10 minutes.
```

SkyWalking 发送告警的流程是每隔一段时间查询收集到的链路追踪的数据，再匹配所配置的告警，如果超过阈值，就自动调用 Webhook 接口发送告警信息。Webhook 接口需用户自定义实现并在 alarm-settings.yml 中进行配置，接口类型必须为 POST 类型，告警消息将以 JSON 格式发送到 SkyWalking Web UI 页面，同时 Webhook 接口内部也可根据需求编写代码以邮件、短信和微信等其他方式发送告警信息。一条 JSON 格式的告警信息内容如下。

```
{
  "scopeId": 1,
  "scope": "SERVICE",
  "name": "serviceA",
  "id0": "12",
```

```
"id1": "",
"ruleName": "service_resp_time_rule",
"alarmMessage": "alarmMessage xxxx",
"startTime": 1560524171000,
  "tags": [{
     "key": "level",
     "value": "WARNING"
  }]
}
```

其中，name 是告警的服务名，ruleName 是在 alarm-settings.yml 中配置的规则名称，alarmMessage 是告警信息的具体内容。

在 SkyWalking Web UI 页面左侧的菜单栏中有一个"告警"菜单，单击"告警"菜单可进入"告警"页面，如图 8-23 所示。"告警"页面默认不显示任何"告警"信息，需要在 alarm-settings.yml 中配置"告警"信息发送的 Webhook 接口。

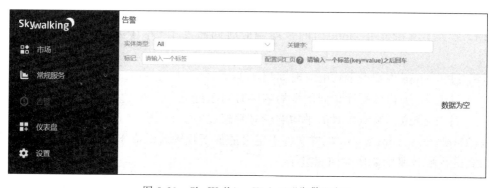

图 8-23　SkyWalking Web UI"告警"页面

在 alarm-settings.yml 配置文件的尾部有 webhook 的配置示例，默认发送告警信息的接口地址为 http://localhost/notify/，也可手动更改成其他接口，更改后需在各微服务内实现接口方法。这里直接使用默认接口，在 alarm-settings.yml 配置文件中进行如下配置。

```
hooks:
  webhook:
    default:
      is-default: true
      urls:
        - http://localhost/notify/  #默认以该接口发送"告警"信息到 UI 页面
```

重新启动 SkyWalking 服务端，在浏览器中多次访问 http://localhost:7070/testSeata/1/2 并发送请求，由于 OrderService 模块中的业务方法中存在 int i=1/0 异常，会产生告警信息。等待一小会，刷新"告警"页面，就会看到如图 8-24 所示告警信息时间轴。时间轴显示在 17:02 和 17:06，order-service-agent 探针所在的服务成功率在 2min 内低于 80%。

还可以单击告警信息下方的"服务"按钮进入告警详情页面，如图 8-25 所示。在告警详情页面可以看到有两段时间触发了 Alarm 告警事件，服务状态都是 Error，两段告警信息上报的时间间隔是 4min。

第 8 章 Spring Cloud Alibaba 之分布式链路追踪

图 8-24 告警信息页时间轴

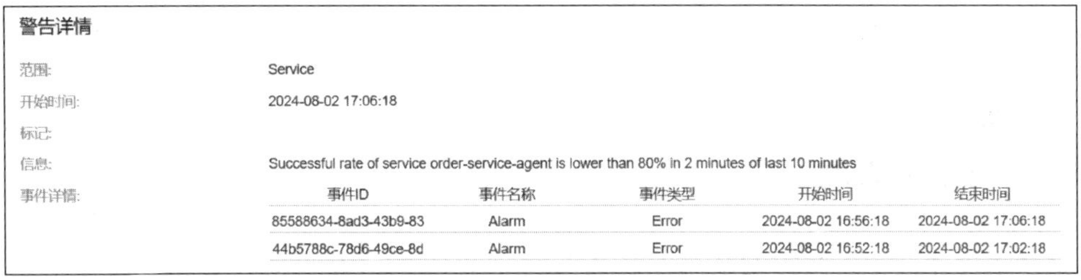

图 8-25 告警详情页面

8.4 综合案例：SkyWalking 利用邮件发送告警信息

告警功能是 SkyWalking 特有的功能，通过前面的学习，读者已经学会了如何配置 alarm-settings.yml 配置文件将告警信息发送到 Web 页面。但是在实际应用时，用户不可能随时都盯着 Web 页面看，需要在用户不在线的情况下及时地将告警信息以邮件、短信等方式发送给用户，缩短用户的告警处理时间。本节将介绍 SkyWalking 如何利用邮件发送告警信息。

8.4.1 案例任务

任务内容：在 OrderService 和 StockService 模块中自定义一条远程服务通信链路，结合 Spring Boot 的邮件服务功能编写一个 webhook 接口发送邮件，并在 SkyWalking 的 alarm-settings.yml 配置文件中配置。当服务链路发生异常告警时，SkyWalking 能够自动通过 webhook 接口发送邮件给指定的邮箱。

8.4.2 任务分析

此任务需利用 Spring Boot 的邮件服务组件和 SkyWalking 的 webhook 接口实现。SkyWalking 默认的 webhook 接口是 notify，会直接将告警信息发送给 SkyWalking Web UI 页面。如果要将告警信息发送给指定邮箱，就不能使用默认的 notify 接口，需要用户自定义实现一个新的 webhook 接口，任务中的关键步骤如下。

（1）Spring Boot 邮件服务组件默认利用 SMTP 发送邮件，需指定邮件发送方和接收方。由于此处是通过第三方微服务程序发送邮件，因此首先需要设置邮件发送方允许第三方应用程序登录访问。

（2）在微服务中编写一条远程服务通信链路，并人为设置一个异常。

（3）在微服务中引入 Spring Boot 的邮件服务启动器依赖，并在 application.yaml 配置文件中配置。

（4）在微服务中创建一个 webhook 接口，webhook 接口内部编写邮件发送的业务代码。

（5）在 SkyWalking 的 alarm-settings.yml 配置文件中配置 webhook 接口。

8.4.3 任务实施

这里以使用两个不同的 QQ 邮箱作为告警信息的发送方和接收方。下面介绍任务的具体实施步骤。

1. 开通发送方邮箱的第三方 SMTP 服务

进入 QQ 邮箱，单击邮箱中的"设置"→"账户"，在页面中找到 POP3/IMAP/SMTP/Exchange/CardDAV/CalDAV 服务，如图 8-26 所示。

图 8-26 开启 POP3/IMAP/SMTP/Exchange/CardDAV/CalDAV 服务

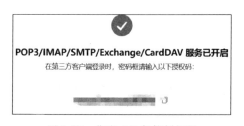

图 8-27 获取 QQ 邮箱授权码

单击"开启服务"按钮，按照提示的步骤操作，最终会获取一个授权码，如图 8-27 所示。该授权码在发送邮件时需要配置在代码中。

2. 编写远程服务通信链路

为方便演示，这里将 OrderService 模块 OrderController 类中的 testSeata 接口复制并重命

名为 testSendMail，作为新的服务调用链路。

```
@GetMapping("/testSendMail/{pid}/{num}")
public String testSendMail (@PathVariable("pid") Integer pid,
                            @PathVariable("num") Integer num){
    return seataServiceTest.addOrderAndReduceStock(pid,num);
}
```

3. 引入 Spring Boot 的邮件服务启动器依赖并配置

在 OrderService 模块的 pom.xml 文件中引入 Spring Boot 的邮件服务启动器依赖。

```
<dependency>
    <groupId>org.springframework.boot</groupId>
    <artifactId>spring-boot-starter-mail</artifactId>
</dependency>
```

在 OrderService 模块的 application.yaml 文件中添加邮件服务的相关配置。

```
mail:
  #SMTP 服务器地址
  host: smtp.qq.com
  #邮件发送方的邮箱地址
  username: xxxxx@qq.com
  #不是邮箱的登录密码，是申请的邮箱授权码
  password: xxxxxxxxxxxx
  #向 SMTP 服务器发送邮件的端口号
  port: 587
  #发送邮件的协议
  protocol: smtp
  #邮件编码，默认为 UTF-8
  default-encoding: UTF-8
  # 配置 SSL 加密工厂
  properties:
    mail:
      smtp:
        socketFactoryClass: javax.net.ssl.SSLSocketFactory
```

4. 编写 sendmail 接口发送告警并配置

在 OrderService 模块的 controller 目录下新建 MailController 控制器类，在类内部编写 sendMail()方法。

【MailController.java】

```
package orderservice.controller;
import com.alibaba.fastjson.JSON;
import org.springframework.beans.factory.annotation.Autowired;
import org.springframework.beans.factory.annotation.Value;
import org.springframework.mail.SimpleMailMessage;
```

```
import org.springframework.mail.javamail.JavaMailSender;
import org.springframework.web.bind.annotation.PostMapping;
import org.springframework.web.bind.annotation.RequestBody;
import org.springframework.web.bind.annotation.RequestMapping;
import org.springframework.web.bind.annotation.RestController;
import java.util.Date;
@RestController
public class MailController {
    /* 此处要注入 JavaMailSender 对象,会自动加载配置文件中的配置,不能自己用 new 创建 */
    @Autowired(required = false)
    private JavaMailSender javaMailSender;
    //获取配置文件中的邮件发送者邮箱
    @Value("${spring.mail.username}")
    private String mailAddress;
    //自定义发送告警 webhook 接口
    @PostMapping("/sendMail")
    public void sendMail(@RequestBody Object alarmMessage){
        //创建 SimpleMailMessage 邮件对象
        SimpleMailMessage mailMessage = new SimpleMailMessage();
        //设置邮件主题
        mailMessage.setSubject("SkyWalking 测试邮件");
        //设置邮件发送方
        mailMessage.setFrom('<'+mailAddress+'>');
        //设置邮件接收方
        mailMessage.setTo("xxxxxx@qq.com");
        //设置邮件发送时间
        mailMessage.setSentDate(new Date());
        //设置邮件发送内容
        mailMessage.setText(JSON.toJSONString(alarmMessage));
        //创建 JavaMailSender 对象,并调用 send()方法发送邮件
        System.out.println("发送邮件");
        javaMailSender.send(mailMessage);
    }
}
```

修改 SkyWalking 的 config 目录下的 alarm-settings.xml 配置文件,在其中配置 sendMail 接口,用于发送告警信息。

```
hooks:
  webhook:
    default:
      is-default: true
      urls:
        - http://localhost:7070/sendMail #配置自定义的邮件发送接口
```

5. 测试发送告警邮件

启动 Nacos 服务端、Seata 服务端、SkyWalking 服务端、OrderService 和 StockService 应用程序,在浏览器中输入地址 http://localhost:7070/testSeata/1/2,多次请求触发

SkyWalking 告警机制,当 SkyWalking 触发告警时,邮件接收方就会立刻接收到告警邮件,如图 8-28 所示。

图 8-28　邮件接收方成功收到告警邮件

8.5　小　　结

随着微服务架构的兴起以及分布式架构的广泛应用,系统的运维过程越来越复杂,很难通过传统查看日志的方式去定位问题。SkyWalking 的出现就是为了解决这个问题,它提供了多维度的应用性能分析方法,能够从拓扑图、性能指标、踪迹、日志和告警等不同角度追踪微服务的链路调用过程,最终以可视化的方式将结果展现给用户,对于用户理解复杂的分布式架构起到至关重要的作用。本章主要介绍 SkyWalking 的基础理论知识以及实践应用,包括 SkyWalking 的架构、安装部署、UI 页面的使用、方法监控、日志收集和告警功能等,使读者掌握 SkyWalking 的常用功能的使用方法。最后通过一个综合案例,结合 Spring Boot 邮件功能介绍 SkyWalking 告警功能的综合应用,使读者能够更好地在真实项目中应用 SkyWalking 分析和定位问题。

8.6　课后练习:集成网关模块实现分布式链路追踪

在真实项目中,各微服务通过网关统一访问。这里通过配置将 Spring Cloud Demo8 中的网关模块 Gateway 也纳入 SkyWalking 的监控中。在服务调用时统一通过网关模块访问各微服务资源,同时对网关到微服务系统整个调用链路实时监控。

第 9 章 Spring Cloud Alibaba 项目部署

Spring Cloud Alibaba 项目一般作为前后端分离架构下的后端项目存在。一个 Spring Cloud Alibaba 项目由父工程以及下属的若干子微服务组成,其中每个子微服务都是一个 Spring Boot 项目,需要单独执行。因此在项目部署时,无法像 Spring Boot 项目一样直接将整个项目整体打包成一个 Jar 项目或 War 项目部署。需要分别打包各子微服务项目,并将父工程中携带的信息和依赖也打包进子微服务项目中,再以 Jar 项目或 War 项目形式进行部署,分别运行各子微服务项目。本项目将以 Spring Cloud Demo8 为例介绍 Spring Cloud Alibaba 项目在 Windows 环境下的打包部署,包括基于 Jar 项目和 War 项目的两种部署方式。

9.1 基于 Jar 部署 Spring Cloud Alibaba 项目

基于 Jar 部署 Spring Cloud Alibaba 项目需要,将 Spring Cloud Alibaba 项目中的若干子微服务依次按照 Spring Boot 项目打包流程,打包成一个个 Jar 项目单独部署,整个打包部署流程与部署单个 Spring Boot 项目类似。下面新建一个 Spring Cloud Demo9 项目,在项目中加入 Spring Cloud Demo8 项目的网关模块 ServiceWithGateway、两个微服务模块 Order Service 和 Stock Service,演示 Spring Cloud Alibaba 基于 Jar 项目的打包部署流程。

1. 准备工作

(1) 由于 Spring Cloud Gateway 是基于 WebFlux 实现的,启动服务后,在 Skywalking 的 UI 页面看不到网关模块的信息,需要将 Skywalking 的 agent 目录下的 optional-plugins 目录内的 apm-spring-cloud-gateway-4.x-plugin-9.2.0.jar 和 apm-spring-webflux-6.x-plugin-9.2.0.jar 这两个 Jar 包复制到 agent 的 plugins 目录下,这样 Skywalking 才能监测到网关模块。

(2) 在网关模块运行时,为了使 Skywalking 能够收集到网关模块的日志信息,还需要在 ServiceWithGateway 的 pom.xml 文件中导入如下日志依赖,并将 OrderService 模块的 logback-spring.xml 日志配置文件复制到 ServiceWithGateway 模块的 resources 目录下。

```xml
<dependency>
    <groupId>org.apache.skywalking</groupId>
    <artifactId>apm-toolkit-logback-1.x</artifactId>
    <version>9.2.0</version>
</dependency>
```

(3) 在网关模块 ServiceWithGateway 的 application.yaml 配置文件中添加一条 OrderService 模块的路由转发配置，以便用户发送的请求能够通过网关转发给 OrderService。

```yaml
#订单服务的路由转发
- id: orderServiceReq
  uri: lb://order-service
  order: 0
  predicates:
    - Path=/os/**
  filters:
    - StripPrefix=1
```

2. 对网关模块和两个微服务模块添加打包配置

Spring Cloud Alibaba 项目由父项目统一管理各子微服务项目的配置和版本依赖，打包时各子微服务项目需配置打包插件 spring-boot-maven-plugin，默认打包成 Jar 项目。ServiceWithGateway 的 pom.xml 文件中打包插件的具体配置如下。

```xml
<build>
    <plugins>
        <plugin>
            <groupId>org.springframework.boot</groupId>
            <artifactId>spring-boot-maven-plugin</artifactId>
            <version>3.0.2</version>
            <configuration>
                <!--设置入口类-->
                <mainClass>gateway.ServiceWithGatewayApplication</mainClass>
                <excludes>
                    <!--打包排除 lombok-->
                    <exclude>
                        <groupId>org.projectlombok</groupId>
                        <artifactId>lombok</artifactId>
                    </exclude>
                </excludes>
            </configuration>
            <executions>
                <execution>
                    <!--打包成一个独立的可执行jar文件-->
                    <goals>
                        <goal>repackage</goal>
                    </goals>
                </execution>
            </executions>
        </plugin>
    </plugins>
</build>
```

其中，<mainClass>标签用于设置 Jar 项目的入口主类，不配置运行 Jar 项目时会找不到入口类；<goal>repackage</goal>用于把父项目和子项目所有的依赖的包都打包到 Jar

项目中,使得 Jar 项目可以独立运行。

OrderService 和 StockService 模块的 pom.xml 文件内部打包插件配置与 Gateway 类似,只不过入口类配置不一样。OrderService 模块的入口类配置如下：

```
<mainClass>orderservice.OrderServiceApplication</mainClass>
```

StockService 模块的 pom.xml 文件内部入口类配置如下：

```
<mainClass>stockservice.StockServiceApplication</mainClass>
```

3. 打包子微服务项目

在 Idea 右侧的 Maven 操作栏中双击 ServiceWithGateway 模块下 Lifecycle 的 clean 选项,清除 target 目录的历史内容；然后双击 compile 选项,编译网关模块；最后再双击 package 选项进行打包,如图 9-1 所示。

等待一会儿,如果控制台出现 Build SUCCESS 字样,则打包成功。打包完毕,生成的 Jar 项目位于 ServiceWithGateway 模块的 target 目录下,如图 9-2 所示。

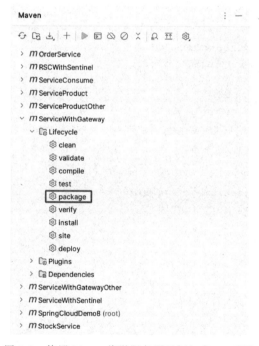
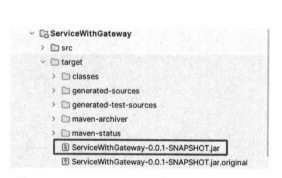

图 9-1 使用 Maven 将微服务项目打包成 Jar 项目　　图 9-2 ServiceWithGateway 模块的 Jar 项目位置

以相同的方式打包 OrderService 和 StockService 模块,打包结果如图 9-3 所示。

4. 运行 Jar 项目

Spring Boot 3.x 版本项目内置 Tomcat 10 服务器,不需借助外部 Web 服务器运行项目。打包成功后,可在命令提示符界面中进入 jar 项目所在目录,输入命令直接运行 Jar 项目。由于 OrderService 和 StockService 模块中已集成了 Nacos、Seata、Skywalking 组件,在

图 9-3 OrderService 和 StockService 模块的 Jar 包位置

运行各微服务 Jar 项目之前,需确保已开启 Nacos、Seata、Skywalking 服务端。

在 ServiceWithGateway-0.0.1-SNAPSHOT.jar 文件所在目录下打开命令提示符窗口,在其中输入以下命令,开启 Gateway 模块。

```
java -javaagent:D:\skywalking\apache-skywalking-java-agent-9.2.0\skywalking-
    agent\skywalking-agent.jar=agent.service_name=gateway-agent,collector.backend_
    service=localhost:11800 -jar ServiceWithGateway-0.0.1-SNAPSHOT.jar
```

在 OrderService-0.0.1-SNAPSHOT.jar 文件所在目录下打开命令提示符窗口,在其中输入以下命令,开启 OrderService 模块。

```
java -javaagent:D:\skywalking\apache-skywalking-java-agent-9.2.0\skywalking-
    agent\skywalking-agent.jar=agent.service_name=order-service-agent,collector.
    backend_service=localhost:11800 -jar OrderService-0.0.1-SNAPSHOT.jar
```

在 StockService-0.0.1-SNAPSHOT.jar 文件所在目录下打开命令提示符窗口,在其中输入以下命令,开启 StockService 模块。

```
java -javaagent:D:\skywalking\apache-skywalking-java-agent-9.2.0\skywalking-
    agent\skywalking-agent.jar=agent.service_name=stock-service-agent,collector.
    backend_service=localhost:11800 -jar StockService-0.0.1-SNAPSHOT.jar
```

正常情况下,在 Nacos 控制台页面中可以看到 service-gateway、seata-server、order-service 和 stock-service 4 个服务都注册成功,如图 9-4 所示。

服务名	分组名称	集群数目	实例数	健康实例数	触发保护阈值
nacos-pro	DEFAULT_GROUP	1	3	0	true
order-service	DEFAULT_GROUP	1	1	1	false
service-gateway	DEFAULT_GROUP	1	1	1	false
nacos-con	DEFAULT_GROUP	1	1	0	true
seata-server	SEATA_GROUP	1	1	1	false
stock-service	DEFAULT_GROUP	1	1	1	false

图 9-4 Nacos 页面显示 4 个 Jar 服务正常注册

5. 测试服务调用并查看服务链路情况

在浏览器中输入地址 http://localhost:9099/os/submitOrder/1/2，通过网关模块访问 OrderService 服务，正常情况下页面显示"下单成功"，说明网关模块 ServiceWithGateway 和两个微服务模块 OrderService 和 StockService 都运行正常。

此时在浏览器中输入地址 http://localhost:8818/，进入 Skywalking Web UI 页面，查看 Skywalking 页面的监控信息是否正常。在首页中可以看到 order-service-agent、stock-service-agent 和 gateway-agent 3 个服务的情况，如图 9-5 所示。

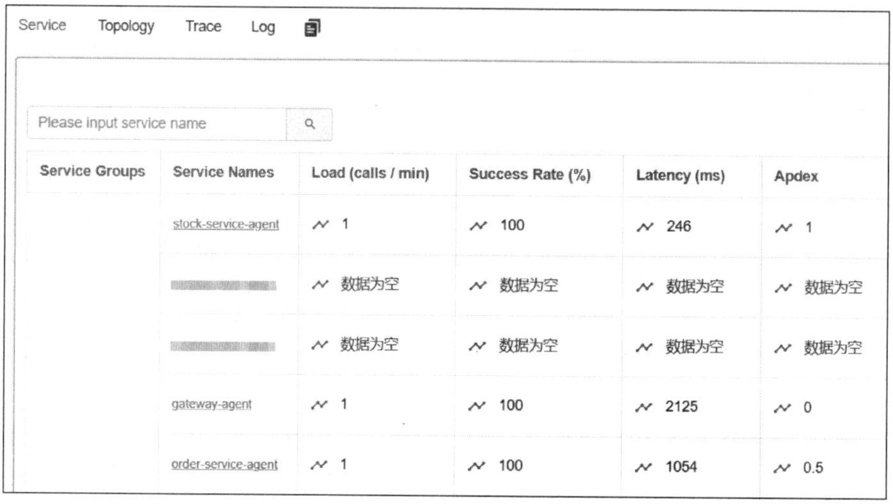

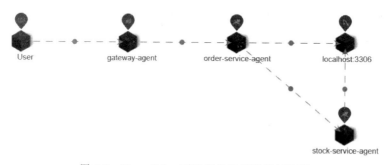

图 9-5　Skywalking 页面中的 3 个 agent

进入 Topology 选项卡页面，查看服务调用链路拓扑图，如图 9-6 所示。从拓扑图中可以看到请求是通过网关模块转发后再进入 OrderService 模块，进而由 OrderService 模块调用 StockService 模块。

图 9-6　Skywalking 页面服务调用链路拓扑图

进入 Trace 选项卡页面，查看网关模块的链路流程图，如图 9-7 所示。从流程图中可以看到请求到达网关模块后进行了路由转发，并转发给 OrderService 模块。

进入 Log 选项卡页面，也能够正常查看到 OrderService、StockService 模块和网关模块的日志信息，如图 9-8 所示。

第 9 章　Spring Cloud Alibaba 项目部署

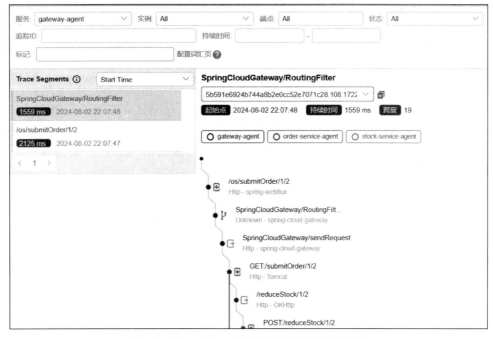

图 9-7　Skywalking 页面网关模块的链路流程图

图 9-8　Skywalking 页面网关模块的日志信息

9.2　基于 War 部署 Spring Cloud Alibaba 项目

　　默认情况下，Spring Cloud Alibaba 内部各微服务模块打包成 Jar 项目部署运行，但是某些特殊情况下，如果要将各微服务模块放在外部的 Web 容器（如 Tomcat）中部署运行，就需要将项目打包成 War 项目。

　　下面演示 Spring Cloud Alibaba 基于 War 项目的打包部署流程。由于 Spring Cloud Gateway 是基于 WebFlux 实现的响应式 API 网关，即使打包成 War 项目，也不能在传统的 Servlet 容器（如 Tomcat）中工作。这里网关模块仍然打包成 Jar 项目，其他微服务如 OrderService 和 StockService 模块打包成 War 项目，在 Tomcat 中运行。

　　本书使用的 Spring Cloud Alibaba 版本为 2022.0.0.0-RC2，对应的 Spring Boot 版本为 Spring Boot 3.0.2，开发环境默认支持的 Tomcat 版本为 Tomcat 10。为与开发环境保持一致，部署时使用的 Tomcat 为 Tomcat 10.1.11 版本。部署之前需先下载并安装

Tomcat 10.1.11,还要确保环境变量 JAVA_HOME 的值为 Java17 的安装目录。

要将 OrderService 和 StockService 模块打包成 War 项目,需对原有项目部做一些修改。具体步骤如下。

1. 在 application.yaml 配置文件中添加 server.servlet.context-path 配置

由于 OrderService 和 StockService 模块打包成的 War 项目会放到外部的 Tomcat 的 webapps 目录下运行。默认情况下访问服务需要指定项目名,例如,War 项目名为 orderservice,访问地址应为 "http://IP 地址:端口号/项目名/xxxx"。但是在 Idea 中,OrderService 和 StockService 模块使用的是 Spring Boot 内置的 Tomcat,默认访问当前资源,访问地址为 "http://IP 地址:端口号/xxxx",不包含项目名。因此这里需要分别在 OrderService 和 StockService 模块的配置文件 application.yaml 中添加 server.servlet.context-path 配置,在访问路径中添加项目名,以免 War 项目打包并部署到 Tomcat 后,访问路径不对。

在 OrderService 模块的 application.yaml 中添加如下配置。

```yaml
server:
  port: 7070
  servlet:
    context-path: /order-service #设置项目名
```

在 StockService 模块的 application.yaml 中添加如下配置。

```yaml
server:
  port: 7071
  servlet:
    context-path: /stock-service #设置项目名
```

2. 对 StockFeignService 的 @FeignClient 注解添加 path 配置

由于 StockService 模块打包成的 War 项目放在外部 Tomcat 的 waebapps 目录下运行时,访问路径中需要指定项目名,因此 OrderService 模块远程服务调用访问 StockService 模块的 reduceStock 接口时,@FeignClient 注解需要添加 path 属性,指定项目名为 /stock-service。

```java
//War 项目打包 StockService 时配置了 context-path 属性,就需要添加 path
@FeignClient(value = "stock-service",path= "/stock-service")
public interface StockFeignService {
    @PostMapping("/reduceStock/{pid}/{num}")
    String reduceStock(@PathVariable("pid") Integer pid,
                       @PathVariable("num") Integer num);
    @PostMapping("/tccReduceStock/{pid}/{num}")
    Boolean tccReduceStock(@PathVariable("pid") Integer pid,
                           @PathVariable("num") Integer num);
}
```

3. 在 pom.xml 文件中去除 spring-boot-starter-web 内置的 Tomcat 依赖

由于部署时 OrderService 和 StockService 模块使用外部 Tomcat 运行，需要分别在二者的 pom.xml 文件中进行如下配置，设置 spring-boot-starter-web 内置的 Tomcat 不随着项目一起打包部署，仅在开发时使用。其中，\<scope>provided\</scope>用于设置在开发时使用内置的 Tomcat。

```xml
<dependency>
    <groupId>org.springframework.boot</groupId>
    <artifactId>spring-boot-starter-web</artifactId>
    <!--设置排除内置的Tomcat-->
    <exclusions>
        <exclusion>
            <groupId>org.springframework.boot</groupId>
            <artifactId>spring-boot-starter-tomcat</artifactId>
        </exclusion>
    </exclusions>
</dependency>
<!--设置只在开发阶段使用内置的Tomcat-->
<dependency>
    <groupId>org.springframework.boot</groupId>
    <artifactId>spring-boot-starter-tomcat</artifactId>
    <scope>provided</scope>
</dependency>
```

4. 在 pom.xml 文件中添加打包成 War 项目的相关配置

在 OrderService 和 StockService 模块的 pom.xml 文件中的\<project>标签下添加如下配置，设置项目打包成 War 项目。

```xml
<packaging>War</packaging>
```

修改 OrderService 和 StockService 模块的 pom.xml 文件中的\<build>标签内部配置，将之前打包成 Jar 项目的配置注释掉，添加如下 Maven 插件打包成 War 项目的配置。此处需要指定一个较高的 maven-war-plugin 版本，默认版本太低会导致打包失败。

```xml
<build>
    <!--打包War项目的项目名-->
    <finalName>orderService</finalName>
    <plugins>
        <!--打包War项目配置-->
        <plugin>
            <groupId>org.apache.maven.plugins</groupId>
            <artifactId>maven-war-plugin</artifactId>
            <!--这里指定版本为3.4.0,默认为2.2版本,版本太低则打包会失败-->
            <version>3.4.0</version>
        </plugin>
```

```
    </plugins>
</build>
```

5. 修改启动类来继承 SpringBootServletInitializer 接口

修改 OrderService 和 StockService 模块的启动类，使之继承 SpringBootServletInitializer 类，并重写内部的 configure() 方法。OrderService 启动类修改如下。

```
package orderservice;
import org.springframework.boot.SpringApplication;
import org.springframework.boot.autoconfigure.SpringBootApplication;
import org.springframework.boot.builder.SpringApplicationBuilder;
import org.springframework.boot.web.servlet.support.SpringBootServletInitializer;
import org.springframework.cloud.openfeign.EnableFeignClients;
@SpringBootApplication
@EnableFeignClients
public class OrderServiceApplication extends SpringBootServletInitializer {
    public static void main(String[] args){
        SpringApplication.run(OrderServiceApplication.class,args);
    }
    @Override
    protected SpringApplicationBuilder configure(SpringApplicationBuilder builder) {
        return builder.sources(OrderServiceApplication.class);
    }
}
```

StockService 启动类修改如下。

```
package stockservice;
import org.springframework.boot.SpringApplication;
import org.springframework.boot.autoconfigure.SpringBootApplication;
import org.springframework.boot.builder.SpringApplicationBuilder;
import org.springframework.boot.web.servlet.support.SpringBootServletInitializer;
@SpringBootApplication
public class StockServiceApplication extends SpringBootServletInitializer {
    public static void main(String[] args){
        SpringApplication.run(StockServiceApplication.class,args);
    }
    @Override
    protected SpringApplicationBuilder configure(SpringApplicationBuilder builder) {
        return builder.sources(StockServiceApplication.class);
    }
}
```

6. 添加 Nacos 配置类以便服务能够在 Nacos 正常注册

当 Spring Boot 服务启动时，如果使用内置 Tomcat，会发布一个 WebServerInitializedEvent

事件，之后 Nacos 客户端会从 WebServerInitializedEvent 事件获取配置文件 application.yaml 中的端口号并向服务端注册服务。如果使用外部 Tomcat 部署服务，服务启动时就不会初始化内嵌 Tomcat，不会触发 WebServerInitializedEvent 事件，Nacos 客户端也不会向服务端注册服务。这样在服务远程通信时，会出现找不到资源报错 404 的情况。因此需要自定义一个 Nacos 配置类，在 Spring Boot 服务启动时手动获取外部 Tomcat 端口号并向 Nacos 服务端注册服务。

这里分别在 OrderService 模块和 StockService 模块内新建一个 config 文件夹，内部添加 NacosRegisterWarConfig 配置类。OrderService 模块的 NacosRegisterWarConfig 配置类代码如下。

【NacosRegisterWarConfig.java】

```java
package orderservice.config;
import com.alibaba.cloud.nacos.registry.NacosAutoServiceRegistration;
import com.alibaba.cloud.nacos.registry.NacosRegistration;
import org.springframework.beans.factory.annotation.Autowired;
import org.springframework.beans.factory.annotation.Value;
import org.springframework.boot.ApplicationArguments;
import org.springframework.boot.ApplicationRunner;
import org.springframework.context.annotation.Configuration;
import javax.management.MBeanServer;
import javax.management.ObjectName;
import javax.management.Query;
import java.lang.management.ManagementFactory;
import java.util.Set;
@Configuration
public class NacosRegisterWarConfig implements ApplicationRunner {
    @Autowired(required = false)
    private NacosRegistration nacosRegistration;
    @Autowired(required = false)
    private NacosAutoServiceRegistration nacosAutoServiceRegistration;
    @Value("${server.port}")
    private Integer port;
    @Override
    public void run(ApplicationArguments args) throws Exception {
        if(nacosRegistration!=null&&port!=null){
            //使用内部端口号向 Nacos 注册服务
            Integer tomcatPort=port;
            try{
                //加载外部 tomcat 配置端口号并向 Nacos 注册服务
                tomcatPort=getTomcatPort();
            }catch (Exception e){
                System.out.println("获取外部 tomcat 端口失败,使用内部端口号");
            }
            nacosRegistration.setPort(tomcatPort);
            nacosAutoServiceRegistration.start();
        }
    }
```

```
private int getTomcatPort() throws Exception {
    MBeanServer beanServer = ManagementFactory.getPlatformMBeanServer();
    Set<ObjectName> objectNames = beanServer.
            queryNames(new ObjectName("*:type=Connector,*"),
            Query.match(Query.attr("protocol"), Query.value("HTTP/1.1")));
    String port = objectNames.iterator().next().getKeyProperty("port");
    return Integer.valueOf(port);
}
```

NacosRegisterWarConfig 配置类继承 ApplicationRunner 接口并在 Spring Boot 服务启动后，马上执行 run()方法。run()方法内部通过 getTomcatPort()方法获取 Tomcat 的 conf 目录下 server.xml 文件中的端口号，并使用 NacosRegistration 对象的 setPort()方法将端口号设置进去，最后利用 NacosAutoServiceRegistration 对象的 start()方法向 Naocs 服务端注册服务。

7. 打包子微服务项目

依次对网关模块 ServiceWithGateway、OrderService 模块和 StockService 模块进行编译打包。其中网关模块打包成 Jar 项目，OrderService 模块和 StockService 模块打包成 War 项目。打包步骤和打包成 Jar 项目类似，首先双击 Idea 右侧的 Maven 操作栏中相应模块 Lifecycle 下的 clean 选项，清除 target 目录的历史内容；然后双击 compile 选项，执行编译操作；最后再双击 package 选项进行打包。如果控制台最终出现 Build SUCCESS 字样，则打包成功。打包文件会存在相应模块的 target 目录下。

8. 配置外置的 Tomcat 容器

准备 Tomcat1 和 Tomcat2 两个 Tomcat 容器。其中，Tomcat1 用于部署 OrderService 模块，Tomcat2 部署 StockService。修改 Tomcat1 的 conf 目录下的 server.xml 配置，修改 Tomcat 服务启动端口号为 7070。

```
<Connector port= "7070" protocol= "HTTP/1.1"
        connectionTimeout= "20000"
        redirectPort= "8443"
        maxParameterCount= "1000"
    />
```

修改 Tomcat1 的 bin 目录下的 catalina.bat 文件，在第一行添加如下配置，这样 Tomcat1 启动后就会开启 Agent 采集数据并发送给 SkyWalking 服务端。

```
set "JAVA_OPTS=%JAVA_OPTS% -javaagent:D:\skywalking\apache-skywalking-java-
    agent-9.2.0\skywalking-agent\skywalking-agent.jar -DSW_AGENT_COLLECTOR_BACKEND_
    SERVICES=localhost:11800 -DSW_AGENT_NAME=order-service-agent"
```

修改 Tomcat2 的 conf 目录下的 server.xml 配置，修改 Tomcat 服务启动端口号为 7071，同时修改 Tomcat 服务停止端口号为 8006，以免和 Tomcat1 的服务停止端口号 8005 冲突。

```
<Server port= "8006" shutdown= "SHUTDOWN">
<Connector port= "7071" protocol= "HTTP/1.1"
          connectionTimeout= "20000"
          redirectPort= "8443"
          maxParameterCount= "1000"
    />
```

修改 Tomcat2 的 bin 目录下的 catalina.bat 文件,在第一行添加如下配置,这样 Tomcat2 启动后就会开启 Agent 采集数据并发送给 SkyWalking 服务端。

```
set "JAVA_OPTS=%JAVA_OPTS% -javaagent:D:\skywalking\apache-skywalking-java-
    agent-9.2.0\skywalking-agent\skywalking-agent.jar -DSW_AGENT_COLLECTOR_BACKEND_
    SERVICES=localhost:11800 -DSW_AGENT_NAME=stock-service-agent"
```

9. 部署 War 项目

将 OrderService 模块的打包文件 orderService.War 复制到 Tomcat1 容器的 webapps 目录下。将 StockService 模块的打包文件 stockService.War 复制到 Tomcat2 容器的 webapps 目录下。

10. 启动网关模块和两个 Tomcat 容器

启动之前需确保已开启 Nacos 服务端、Seata 服务端、SkyWalking 服务端。网关模块 ServiceWithGateway 以 Jar 项目形式启动,启动命令和 9.1 节中的一样,这里不再赘述。双击 Tomcat1 容器 bin 目录下的 startup.bat,开启 OrderService 服务;双击 Tomcat2 容器 bin 目录下的 startup.bat,开启 StockService 服务。正常情况下,在 Nacos 控制台页面中也能看到 service-gateway、seata-server、order-service 和 stock-service 4 个服务注册成功。

11. 测试服务调用,查看服务链路情况

在浏览器中输入地址 http://localhost:9099/os/order-service/submitOrder/1/2,通过网关模块访问 OrderService 服务,正常情况下页面显示"下单成功",说明网关模块 ServiceWithGateway 和两个 Tomcat 容器都运行正常。此时进入 Skywalking Web UI 页面,也能查看到如 9.1 节所描述的链路监控信息。

9.3 小 结

项目开发测试完毕,就进入了项目上线部署阶段。Spring Cloud Alibaba 项目部署本质上也是部署一个个 Spring Boot 项目,只不过在部署时需要考虑服务注册、远程服务通信、链路监控、分布式事务等组件的配置和使用,与单纯部署 Spring Boot 项目相比,部署流程略微复杂。本章以一个综合性的 Spring Cloud Alibaba 项目为例详细介绍了 Spring Cloud Alibaba 基于 Jar 项目和 War 项目的打包部署。本章涉及前面章节中介绍的 Nacos、

Gateway、Sentinel、Seata、Feign、SkyWalking 等 Spring Cloud 常用组件的使用和部署。通过本章的学习，读者能够熟练掌握 Spring Cloud Alibaba 项目基于 Jar 和 War 两种方式的打包部署。

9.4 课后练习：打包部署 Spring Cloud Alibaba 项目

按照第 9 章中介绍的步骤，在自己计算机上打包部署 Spring Cloud Demo8 项目，要实现 Jar 项目和 War 项目两种不同方式的部署，部署完毕，检查各 Spring Cloud Alibaba 组件是否正常运行。

参 考 文 献

[1] 谭锋.Spring Cloud Alibaba微服务原理与实战[M].北京:电子工业出版社,2020.
[2] 周仲清.Spring Cloud Alibaba微服务实战[M].北京:北京大学出版社,2021.
[3] 高洪岩.Spring Cloud Alibaba核心技术与实战案例[M].北京:北京大学出版社,2023.
[4] 胡永锋,胡亚威,甄瑞英.Spring Cloud Alibaba微服务框架电商平台搭建与编程解析[M].北京:人民邮电出版社,2023.
[5] 胡弦.Spring Cloud Alibaba微服务架构实战派[M].北京:电子工业出版社,2021.
[6] 曹宇,王宇翔,胡书敏.Spring Cloud Alibaba与Kubernetes微服务容器化实践[M].北京:清华大学出版社,2022.